严寒地区湖库型水源净水厂运行管理

张　成　刘胜利　崔崇威　许铁夫　编著

哈爾濱工業大學出版社

内容提要

本书在系统总结北方某寒冷地区净水厂运行改造以及维护管理过程中经验的基础上，全面介绍了基于色度去除为控制目标的工艺运行控制条件。主要内容为：湖库型水源地的保护策略、高色水成因、水中硬度控制、混凝沉淀方式的选择（变水位末端集水沉淀池技术）、混凝药剂的优选、过滤池工艺控制、水厂用电能耗分析、水工艺自动控制、在线仪表管理、滤后水输出（高压配水或重力流配水）模式，水厂水质常规检测方法及水厂管理等内容。

本书图文并茂，内容丰富，并具有一定的广度和深度，适合从事给水工程工作的科技人员和管理人员选用和参考。

图书在版编目（CIP）数据

严寒地区湖库型水源净水厂运行管理/张成等编著.
—哈尔滨：哈尔滨工业大学出版社，2013.6
ISBN 978-7-5603-4079-1

Ⅰ.①严… Ⅱ.①张… Ⅲ.①水源卫生-净水-水厂-管理-高等学校-教材 Ⅳ.①TU991.2

中国版本图书馆CIP数据核字（2013）第093082号

策划编辑 贾学斌
责任编辑 李广鑫
出版发行 哈尔滨工业大学出版社
社　　址 哈尔滨市南岗区复华四道街10号　邮编150006
传　　真 0451-86414749
网　　址 http://hitpress.hit.edu.cn
印　　刷 哈尔滨工业大学印刷厂
开　　本 787mm×1092mm　1/16　印张 15　字数 371千字
版　　次 2013年6月第1版　2013年6月第1次印刷
书　　号 ISBN 978-7-5603-4079-1
定　　价 48.00元

前　言

东北地区是我国的老工业基地,它的振兴直接关系国家的经济发展,具有重要的战略意义。供水行业对于老工业基地的振兴,对于城乡一体化的建设,对于提高居民的生活质量及社会稳定与和谐起着重大的作用。提升供水企业的管理水平,强化传统的净水工艺,提高产水效率,执行我国新颁布的城镇生活饮用水水质标准(GB 5749—2006),是摆在供水企业面前的重要任务。

湖库型地表水已成为我国寒冷地区城市供水系统的主要水源,其水质特征与我国南方此类水源相比,有着显著的差别。在冬季条件下,这类水源腐殖质含量偏高,浊度偏低,水质检测的感官性状指标为低浊高色,这给地表水的常规处理工艺带来许多困难。而且,当前缺乏针对这类水源水质高效净化的技术与工艺。因此,研发新技术或改良传统工艺迫在眉睫。

本书在系统总结北方某寒冷地区净水厂运行改造以及维护管理过程中经验的基础上,全面介绍了基于色度去除为控制目标的工艺运行控制条件。主要内容为:湖库型水源地的保护策略、高色水成因、水中硬度控制、混凝沉淀方式的选择(变水位末端集水沉淀池技术)、混凝药剂的优选、过滤池工艺控制、水厂用电能耗分析、水工艺自动控制、在线仪表管理、滤后水输出(高压配水或重力流配水)模式,水厂水质常规检测方法及水厂管理等内容。本书在撰写过程中,既兼顾了科研成果,又注重了寒区净水工艺的关键技术,并满足了供水企业员工培训的需求。本书图文并茂,内容丰富,并具有一定的广度和深度,适合从事给水工程工作的科技人员和管理人员选用和参考。

本书共分 16 章,参加编写的人员均是从事供水工作的工程技术人员和管理人员,具有丰富的实践经验。其中,张成编写第 1 章、第 5 章、第 9 章、第 14 章,刘胜利编写第 9 章、第 10 章、第 11 章、第 13 章,崔崇威编写第 3 章、第 7 章、第 12 章,许铁夫编写第 2 章、第 4 章、第 5 章、第 6 章。参加编写工作的还有魏星际、庄钊、刘伟、郭春花、邵婷、关晓宇、孙保权等。全书由许铁夫统稿,终稿由崔崇威和许铁夫审定。

限于作者知识水平和写作能力,书中疏漏之处恳请读者提出宝贵意见。

作　者

2013 年 5 月

目　录

第 1 章　概　述 …… 1
1.1　国内外水源管理现状 …… 1
1.2　水质标准 …… 3
1.3　饮用水安全评价 …… 9
1.4　寒冷地区传统水源形式及常规处理方法 …… 12
1.5　寒冷地区湖库型水源水净水工艺特点 …… 17
第 2 章　寒冷地区水源特点 …… 23
2.1　寒冷地区湖库型水源特征 …… 23
2.2　水源保护及取水方式 …… 28
2.3　寒区湖库型水源水污染物成因及安全风险 …… 31
第 3 章　预处理方法 …… 34
3.1　预氧化 …… 34
3.2　其他预处理方法 …… 36
第 4 章　混凝 …… 43
4.1　混凝剂及助凝剂选择 …… 43
4.2　混合及絮凝方式 …… 53
4.3　最佳工况及水力条件 …… 59
第 5 章　沉淀及澄清 …… 68
5.1　沉淀池类型及应用 …… 68
5.2　澄清池类型及应用 …… 76
第 6 章　过滤 …… 81
6.1　净水系统滤池形式 …… 81
6.2　净水滤池工况 …… 87
第 7 章　消毒及深度处理 …… 93
7.1　消毒剂及其副产物产生 …… 93
7.2　优质水技术 …… 100
7.3　传统净水工艺升级改造 …… 108
第 8 章　寒区湖库型水源水净水厂节能减排 …… 116
8.1　寒区湖库型水源水净水厂节能、降耗 …… 116
8.2　排泥水与反冲洗水及其他工艺排水处理 …… 120

第 9 章　寒区净水厂供电 …… 124
9.1　水厂供配电 …… 124
9.2　水厂供配电安全运行管理 …… 138
第 10 章　寒区净水厂自控系统 …… 141
10.1　寒区净水厂自控模式 …… 141
10.2　寒区净水厂中控系统及软件操控 …… 146
10.3　寒区水厂自控系统案例 …… 154
第 11 章　寒区净水厂仪表 …… 158
11.1　寒区净水厂常用仪表 …… 158
11.2　寒区净水厂仪表设置及使用 …… 165
11.3　寒区净水厂在线仪表使用案例 …… 168
第 12 章　寒区净水质指标监测方案 …… 173
12.1　寒区净水厂水质指标检测 …… 173
12.2　工艺过程指标监控 …… 182
第 13 章　净水厂建设与运行管理 …… 183
13.1　寒区净水厂设计特点 …… 183
13.2　寒区净水厂成本控制与经济技术核算 …… 184
第 14 章　寒区净水厂运行 …… 191
14.1　寒区净水厂典型运行模式 …… 191
14.2　典型寒区净水厂运行工艺参数 …… 208
14.3　寒区净水厂保温防冻及低温运行方法 …… 214
14.4　寒区净水厂设备维护与调控 …… 215
第 15 章　寒区净水厂应急方案 …… 225
15.1　净水厂可能出现的突发事件分析 …… 225
15.2　寒区净水系统应急处理方案 …… 227
参考文献 …… 232

第1章　概　述

1.1　国内外水源管理现状

随着工农业生产的发展,世界人口不断增长,尤其近几十年来人民生活水平日益提高,用水量逐年增加。因此,每个国家都把水当作一种宝贵的资源,加以开发、保护和利用。各国对水资源的概念理解有所不同。水资源一词最早出现在1894年美国地质调查局水资源处,其主要指测量和观察地表水和地下水。水资源可以定义为:人类长期生存、生活和生产过程中所需要的各种水,既包括了数量和质量的定义,又包括了使用价值和经济价值。水资源从广义上讲是指人类能够直接或间接使用的各种水和水中的物质,作为生活资料和生产资料的天然水,在生产过程中具有经济价值和使用价值的水都可为水资源;从狭义上讲,就是人类能够用来满足生活、农业、工业等方面的直接使用的淡水,这部分水主要指江、河、湖泊、水库、沼泽及渗入地下的地下水。不论从广义上还是狭义上讲,水资源都包含着“量与质”的要求,不同的用水对质与量有不同的要求,其在一定的条件下可以相互转化。

国外的水资源从整体性和系统性考虑的流域环境综合管理是水环境管理的发展趋势,从以行政区域为主的水环境管理模式向“分区、分类、分级、分期”多维空间的水环境管理模式发展,必须按照流域的自然特性、社会经济发展水平实行流域尺度的综合管理。

1.1.1　我国水资源概况

我国国土面积为960万km^2,由于地域辽阔,降雨量地区分布不均匀,特点如下:西北地区干旱,东南地区多雨;山区降雨多于平原,年降水量总的趋势为西北内陆向东南沿海递增。

据统计,我国平均年降雨量为6.2×10^{13} m^3,平均年降雨深度648 mm,与全世界陆地平均降水深度798 mm相比,小于世界平均降雨量,也小于亚洲平均年降水深度741 mm。多年河川年径流量为2.71×10^{13} m^3,多年平均地下水资源量为8.29×10^{12} m^3,扣除两者重复量,全国多年平均年水资源量为2.81×10^{13} m^3。从总淡水量上看,我国的水资源并不算缺乏,但我国人口众多,人均占有资源量仅为2 360 m^3,相当于世界人均占有量的1/4,美国的1/6,巴西和俄罗斯的1/11,加拿大的1/50。人均占有水量为世界的121位,属贫水国。近年来,随着我国经济的迅猛发展和城市人口的不断增加,国内有限的水资源污染严重,水质急剧恶化。

我国水资源具有以下几个特点:

1. 水资源地区分布不均匀

从地表水资源看,东南部地区丰富,西北部地区缺乏。全国90%的地表径流,70%的地下径流在南方地区,而占全国50%的北方地区只占10%的地表径流和30%的地下径流。

2. 时间分布不均匀

我国大部分地区的降水年内分配不均,年际变化大。南方地区受东南季风影响,雨季一般长达半年,每年集中在3~7月份降雨,占全年降雨量的50%~60%;北方地区降水期较集中,一般在6~9月份,降水量占全年的70%~80%。西北地区为最干旱地区,主要位于新疆、宁夏、甘肃、内蒙这片西北部的沙漠地带,降雨量的年际变化率大,因此上述地区大多干旱少雨,河流较少,且有较大面积的无河流区域。

3. 水资源过度开采、水污染严重

我国的用水量近几十年来迅速增加,使河川径流减少,西北、华北的环境和生态引起较大的变化,由于这些年的大量引水灌溉和一些不合理的开发利用,使下游流量迅速减少,流域面积减小。地下水的大量开采使得地面下沉,同时国内97%的河流和超过60%的地下水受到了污染,形成水质型缺水的现状。

1.1.2 国外水资源与管理

1. 美国水资源

美国地处北美洲中部,总面积937万平方公里,山地占国土面积的三分之一,丘陵及平原占三分之二,境内地势东、西两侧高,中间低,东部与西部大致以南北向的落基山东麓为界,也是美国太平洋水系和大西洋水系的分水岭,两边的气候和自然条件差异较大。美国河流大多为南北走向,根据降水量的自然分布,美国水资源特点可以概括为:东多西少,人均丰富。全美多年平均降水深度为760 mm。以西经95°为界,可将美国本土化分成两个不同区域:西部17个州为干旱和半干旱区,年降水深度在500 mm以下,西部内陆地区只有250 mm左右,科罗拉多河下游地区不足90 mm,是全美水资源较为紧缺的地区;东部年降水深度为800~1 000 mm左右,是湿润与半湿润地区。美国水资源总量为2.9×10^{13} m^3,人均水资源量接近12 000 m^3,是水资源较为丰富的国家之一。

美国水资源开发利用工程已基本形成体系,对局部洪水的控制和西部水资源的配置都达到了较高水平,可以说,美国大规模开发利用水资源的阶段已经结束。在进一步开发利用水资源已受到生态和环境强力制约的今天,美国水资源工作的重心已转向高效管理,重点是提高水的利用效率和防治水污染。其水资源管理的主要特点是:

(1)以州为主的水资源管理体制

由于美国是联邦制国家,水资源属州所有,水资源管理基本以州为主进行。全国无统一的水资源管理法规,管理行为以州立法和州际协议为准绳。

(2)行政措施主要体现在规划的制定和实施

在以州为主的水资源管理体制的基础上,有一些规划、计划在制定或执行中,其所涉及水资源调查评价、水质监测、节水、水生态系统恢复等,都由联邦投资保证执行。通过规划、计划的制定实施,促进美国水资源管理更趋科学和高效。

(3)发挥市场在水资源配置中的作用,水价制定遵循市场规律

美国是一个高度市场化国家,市场驱动机制无所不在。从大型水利工程的建设到供水区域内水资源的配置,其融资、供求均通过市场机制调控。

(4)节约和保护水资源是管理的重点

美国在水资源开发利用过程中,对生态系统的维护进行了大量研究。联邦垦务局所管理的西部水库,都规定要下泄生态水量,以保证动植物对水的需求。美国地调局近年启动了一项计划,对全国地下水进行监测评价,以推动各州采取回灌等措施,加强对地下水的保护。

(5)新技术应用于水资源管理

在水资源调查评价、规划、实时监控等方面,美国有关部门广泛地应用先进的科学技术,如遥感技术、卫星传送、地理信息系统等,近年来,还率先运用数学模型进行了全美地下水的

水量和水质方面的研究工作,其技术方法值得我们借鉴。

2. 日本水资源

日本国土基本上处在多雨地带的亚洲季风气候区,近百年的平均降雨量约为1 714 mm,相当于世界平均降水量970 mm的两倍。但由于日本国土面积相对较小,人口密度相对较大,所以日本的年人均降水量仅530 m^3,为世界平均值2 700 m^3 的1/5,属资源型缺水国家。

日本全国的水资源赋存量(从降水量中减去因蒸发汽化所散失之量,再乘以该地区的面积所得的值)平水年约为$4.2\times10^{12}m^3$,枯水年约为$2.8\times10^{12}m^3$,但这些水资源赋存量有相当大的部分集中在梅雨期以及台风期,加之河川长度不大,降雨后产生的水量未被利用即流入大海。实际上可利用的水资源量,约为枯水年水资源赋存量的六七成左右。

为了有效地开发、利用、保护好有限的水资源,日本政府制定了较完善的水资源法律体系,各直属机构按照法律赋予的权限,依法行政,如国土厅负责水资源的管理,农林水产省负责灌溉排水工作,通商产业省负责工业用水,厚生省负责生活用水。

3. 欧盟水资源

欧洲是实现联合国"千年目标"关于到2015年前将没有安全饮用水和基本水卫生条件的人口数量减半的积极行动者,欧盟研究机构、欧洲政府和其他权威机构正通过实现他们的发展目标进行着相同的努力,这包括水质恢复的问题,建立完善水服务体系完成对公众的水服务使命等。欧洲水资源短缺的主要原因有:

①局部地区的水资源紧张是由于资源和需求的平衡被破坏。水资源短缺和干旱的不同之处在于水需求结构超过了水资源在可持续发展条件下可实现的水供应。统计表明,欧洲水资源紧张的局面并不是广泛分布,但区域性限制相当明显,由于这个原因,欧洲的水短缺还要根据区域性具体情况具体解决,水资源紧张是区域性问题,而非全局性问题,水基本是可再生资源,但分布不均。

②城市化的迅速发展打破了水需求与可获得水源问题的平衡。水需求的增加主要发生于城市,欧洲在过去的40年,由于人口的增加使水需求增加了一倍,或者是高水平的生活,或者是一些地区季节性的旅游给城市可获得水资源带来很多压力。

③由于水的输运和转移代价昂贵,故重点要放在更好管理区域可获得水资源上。

④气候变化对可获得水资源的不可避免的影响具有长期性,并且比城市化和人类活动更加难以测量。未来气候变化的效果将会于地中海地区最明显地表现出来,降雨将发生广泛变化,长久干旱的发生概率将会增加,现存的水需求与水供应的平衡将会被打破。

1.2 水质标准

水质标准体系与一定时期的卫生安全、技术条件及环境保护法规法律、经济发展水平以及水环境污染的状况相适应。因此,随着我国经济技术的发展,对水质标准的要求不断提高。水质标准包括水环境标准和用水标准。我国各类水质标准形成相对较晚,但20世纪以来相关制度完善工作进度大大加快,并已经达到或接近发达国家及国际组织(WHO)的水平。

1.2.1 国外水环境及用水标准

1. 欧盟

欧盟的环境标准是以指令形式发布的。自1975年发布第一条有关饮用水水源地的第

75P1440PEEC 号指令以来，到目前为止，共发布了约 20 条有关水环境标准的指令，欧盟水环境标准体系包括质量标准、排放标准、监测及分析方法等。

75P1440PEEC 指令后经 79P869PEEC 指令和 91P692PEEC 指令修订，要求各成员国将地表水划分为 3 类（第 3 类不能作为饮用水源地），并确定所有的采样点位置及应达到的限值和指导值。

有关饮用水质量标准的 80P778PEEC 指令规定了 67 种污染物的最大允许浓度，同时还规定了取样次数、监测方法和达到这些质量标准的措施和条件。该指令后由 98P83PEC 指令代替。

有关地表水质量监测方法的 79P869PEEC 指令（后经 81P855PEEC 指令修订）规定了地表水取样、采样频率、监测和分析方法；同时，针对洪水、自然灾害和反常气候条件等情况也做了特殊规定。更多的监测及分析方法采用的是 ISO（国际标准化组织）和 CEN（欧洲标准化委员会）的标准。相关标准有《人类消费用水水质指令》(80 /778 / EEC)、《饮用水指令》(98/83/EC)、《环境质量标准指令》(2008/105/EC)等。

2. 德国

在德国，一般河流的水质主要分成四个级和三个中间级水质级别，决定河流水质级别的基础是污水生物系统。它是一个生物值，不同的水生有机体和水生物群落能够表示有机污染的密度、自净化程度和氧的状态，能够论证某一长时期的最坏情况。它与地表水化学分析相比，有其优点，甚至不同物质的浓度短期内变化很明显。

水质Ⅲ级是有机污染进行分解的区域，许多不同的原生物表示这个区域，一些藻类和昆虫能在这里生存。水质Ⅱ级是有机物的分解几乎完成的区域，大量不同种类的藻类、昆虫、腹足类软体动物的存在表明了这一点，它也是具有丰富生物动物群落和渔业最好的区域。水质Ⅰ级是几乎无负荷水体的区域，特别是山泉水和山间小溪流或湖水支流，这种水体没有富营养态。

1986 年 5 月 22 日开始实行“德国饮用水法”。其中德国标准（DIN）2000 提出饮用水必须满足以下 6 项要求：

①无致病菌，不具有危害人体健康的性质。

②不含有大量的微生物。

③无色、无嗅、清凉、味美。

④溶解性物质的含量必须低于限值。

⑤与饮用水接触的物质不得产生腐蚀。

⑥送到用户时保证足够的流量和压力。

3. 美国

由于美国是联邦制国家，美国没有全国统一的水环境质量标准。按照 1972 年美国联邦政府制定的清洁水法 CWA §304(a)部分的要求，美国环保局（USEPA）负责制定、发布水质基准，即推荐污染物浓度的科学参考值，并需要经常修订以准确反映最新的科研成果。该推荐性的水质基准为各州和授权的地区制定其各自的水质标准以保护人体健康和水生生物提供了指南。因此针对不同的地理情况和环境要求，其联邦内的州也具有发布相关水质标准的能力和需求，因此基于联邦实施的水项目文件，各个州也制定了相关符合其情况的州一级水质标准，其中诸如：亚利桑那州水质标准（针对亚利桑那州，联邦规则 CFR §131. 31），爱达荷州水质标准（针对爱达荷州，CFR §131. 33），卡萨斯州水质标准（针对卡萨斯州，CFR

§131.34)等。

4. 日本

日本的水环境标准依据水体形式和使用功能进行区分,特别是基于用水对象对相关指标进行明确规定,包括河流水体、湖泊水体等。日本执行的自来水水质标准是参照世界卫生组织(WHO)制定并颁发的《饮用水水质准则》制定的。到目前为止,日本不仅每10年对自来水水质标准进行修正补充,而且根据最新研究结果不断完善自来水水质指标。最新的水质标准是在2004年修订的,与先前标准有所不同,水质管理目标不仅要求保证各检测项目达标,而且要求各自来水公司根据自身存在的问题积极改善其现有处理工艺,积极采用实用的深度净水技术。水质标准项目由46项增加到50项,其中新追加项目13项,删减项目9项。在新水质标准中对部分项目水质标准值进行了修正,在新水质标准制定中,有机污染物占的比重为70%左右,体现出日本对饮用水体中有机污染物的重视。

1.2.2 我国饮用水标准

水质标准是用水对象(如生活饮用和工业用水及其他杂用等)所要求的各项水质参数应达到的指标和限值。不同的用水对象,要求的水质标准不同,如生活饮用水水质标准,它与人类身体健康有直接关系。随着人们生活水平的提高和科学技术的进步以及水源的污染日益严重,饮用水标准不断修改。我国政府十分重视饮用水对人民身体健康造成的影响,早在1956年就颁布了第一个《生活饮用水水质标准(试行)》,此标准只包括了16项水质指标;1976年修订此标准(TJ 20—76),将用水标准增加到23项。1985年又对此标准修订(GB 5749—85),用水标准增至35项。2001年卫生部对饮用水标准重新修订,这次修订规定了饮用水源中有害物质的最高容许浓度,其中有机物的指标调整较大。调整以后,我国水质标准已基本与国际接轨。我国自颁布生活饮用水卫生标准以来进行了多次修订,水质指标项目不断增加,主要增加项目是化学污染物的项目。对于污染较严重的水源来说,目前的常规给水处理工艺,还不能对人体的安全有绝对保证,再有人类对一些有毒有害的物质认识还需要一个过程,因此可能还有一些有毒害作用的物质仍未被列入标准。

生活饮用水标准所列的水质项目主要有以下4项:

1. 感官性状指标

感官性状指标主要包括水的浊度、色度、嗅味及肉眼可见物等,这类指标虽然对人体健康无直接危害,但能引起使用者的厌恶感。浊度高低取决于水中形成浊度的悬浮物多寡,并且有些病菌和病毒及其他一些有害物质可能裹挟在悬浮物中,因此饮用水水质标准中尽量降低水的浊度。

2. 化学物质指标

水中含有一些如钠、钾、钙、铁、锌、镁、氯等人体必需的化学元素,但这些物质的浓度过高,能对人们的正常使用产生不良影响。

3. 毒理学指标

水源污染必须控制,如源水中含有汞、镉、铬、氰化物、砷及氯仿等物质,这些物质对人体的危害极大,常规的给水处理工艺很难去除这些物质,因此要想控制这些有害物质在饮用水中的浓度,主要控制水源的污染。

4. 细菌学指标

细菌学指标主要列出细菌总数及总大肠菌数和游离余氯量;另外还有一类为放射性指标,这类指标含两项,即总α放射性、总β放射性。放射性指标为最近两次水质标准修订所增项目,这两项指标过高能使人体引起白血病及生理变异等现象。

我国卫生部2001年颁布的《生活饮用水水质标准》,着重规定饮用水源中有害物质的最高容许浓度,共计64项。2006年颁布的国家标准《生活饮用水卫生标准》(GB 5749—2006)主要指标见表1.1~1.3。

表1.1 水质常规指标及限值

指 标	限 值
1. 微生物指标[a]	
总大肠菌群(MPN/100 mL或CFU/100 mL)	不得检出
耐热大肠菌群(MPN/100 mL或CFU/100 mL)	不得检出
大肠埃希氏菌(MPN/100 mL或CFU/100 mL)	不得检出
菌落总数(CFU/mL)	100
2. 毒理指标	
砷(mg/L)	0.01
镉(mg/L)	0.005
铬(六价,mg/L)	0.05
铅(mg/L)	0.01
汞(mg/L)	0.001
硒(mg/L)	0.01
氰化物(mg/L)	0.05
氟化物(mg/L)	1.0
硝酸盐(以N计,mg/L)	10,地下水源限制时为20
三氯甲烷(mg/L)	0.06
四氯化碳(mg/L)	0.002
溴酸盐(使用臭氧时,mg/L)	0.01
甲醛(使用臭氧时,mg/L)	0.9
亚氯酸盐(使用二氧化氯消毒时,mg/L)	0.7
氯酸盐(使用复合二氧化氯消毒时,mg/L)	0.7
3. 感官性状和一般化学指标	
色度(铂钴色度单位)	15
浑浊度(散射浑浊度单位)/NTU	1,水源与净水技术条件限制时为3
臭和味	无异臭、异味
肉眼可见物	无
pH值	不小于6.5且不大于8.5
铝(mg/L)	0.2
铁(mg/L)	0.3
锰(mg/L)	0.1
铜(mg/L)	1.0
锌(mg/L)	1.0
氯化物(mg/L)	250
硫酸盐(mg/L)	250
溶解性总固体(mg/L)	1 000
总硬度(以$CaCO_3$计,mg/L)	450
耗氧量(COD_{Mn}法,以O_2计,mg/L)	3;水源限制,原水耗氧量>6 mg/L时为5
挥发酚类(以苯酚计,mg/L)	0.002
阴离子合成洗涤剂(mg/L)	0.3
4. 放射性指标[b](指导值)	
总α放射性(Bq/L)	0.5
总β放射性(Bq/L)	1

a. MPN表示最可能数;CFU表示菌落形成单位。当水样检出总大肠菌群时,应进一步检验大肠埃希氏菌或耐热大肠菌群;水样未检出总大肠菌群,不必检验大肠埃希氏菌或耐热大肠菌群

b. 放射性指标超过指导值,应进行核素分析和评价,判定能否饮用

表1.2　饮用水中消毒剂常规指标及要求

消毒剂名称	与水接触时间	出厂水中限值 /(mg·L^{-1})	出厂水中余量 /(mg·L^{-1})	管网末梢水中余量 /(mg·L^{-1})
氯气及游离氯制剂(游离氯)	≥30 min	4	≥0.3	≥0.05
一氯胺(总氯)	≥120 min	3	≥0.5	≥0.05
臭氧(O_3)	≥12 min	0.3	—	≥0.02 如加氯,总氯≥0.05
二氧化氯(ClO_2)	≥30 min	0.8	≥0.1	≥0.02

表1.3　水质非常规指标及限值

指　　标	限　　值
1. 微生物指标	
贾第鞭毛虫(个/10 L)	<1
隐孢子虫(个/10 L)	<1
2. 毒理指标	
锑(mg/L)	0.005
钡(mg/L)	0.7
铍(mg/L)	0.002
硼(mg/L)	0.5
钼(mg/L)	0.07
镍(mg/L)	0.02
银(mg/L)	0.05
铊(mg/L)	0.000 1
氯化氰 (以 CN^- 计,mg/L)	0.07
一氯二溴甲烷(mg/L)	0.1
二氯一溴甲烷(mg/L)	0.06
二氯乙酸(mg/L)	0.05
1,2-二氯乙烷(mg/L)	0.03
二氯甲烷(mg/L)	0.02
三卤甲烷(三氯甲烷、一氯二溴甲烷、二氯一溴甲烷、三溴甲烷的总和)	该类化合物中各种化合物的实测浓度与其各自限值的比值之和不超过1
1,1,1-三氯乙烷(mg/L)	2
三氯乙酸(mg/L)	0.1
三氯乙醛(mg/L)	0.01
2,4,6-三氯酚(mg/L)	0.2
三溴甲烷(mg/L)	0.1
七氯(mg/L)	0.000 4
马拉硫磷(mg/L)	0.25
五氯酚(mg/L)	0.009
六六六(总量,mg/L)	0.005
六氯苯(mg/L)	0.001
乐果(mg/L)	0.08
对硫磷(mg/L)	0.003

续表 1.3

指　　标	限　　值
灭草松(mg/L)	0.3
甲基对硫磷(mg/L)	0.02
百菌清(mg/L)	0.01
呋喃丹(mg/L)	0.007
林丹(mg/L)	0.002
毒死蜱(mg/L)	0.03
草甘膦(mg/L)	0.7
敌敌畏(mg/L)	0.001
莠去津(mg/L)	0.002
溴氰菊酯(mg/L)	0.02
2,4-滴(mg/L)	0.03
滴滴涕(mg/L)	0.001
乙苯(mg/L)	0.3
二甲苯(mg/L)	0.5
1,1-二氯乙烯(mg/L)	0.03
1,2-二氯乙烯(mg/L)	0.05
1,2-二氯苯(mg/L)	1
1,4-二氯苯(mg/L)	0.3
三氯乙烯(mg/L)	0.07
三氯苯(总量,mg/L)	0.02
六氯丁二烯(mg/L)	0.000 6
丙烯酰胺(mg/L)	0.000 5
四氯乙烯(mg/L)	0.04
甲苯(mg/L)	0.7
邻苯二甲酸二(2-乙基己基)酯(mg/L)	0.008
环氧氯丙烷(mg/L)	0.000 4
苯(mg/L)	0.01
苯乙烯(mg/L)	0.02
苯并[a]芘(mg/L)	0.000 01
氯乙烯(mg/L)	0.005
氯苯(mg/L)	0.3
微囊藻毒素-LR(mg/L)	0.001
3.感官性状和一般化学指标	
氨氮(以 N 计,mg/L)	0.5
硫化物(mg/L)	0.02
钠(mg/L)	200

1992 年,建设部根据我国各地区发展情况及城市的规模,将自来水公司划分为四类:

第一类为最高日供水量超过 100 万 m^3/d 的直辖市、对外开放城市、重点旅游城市和国家一级企业的自来水公司(以下简称水司);

第二类水司为最高日供水量超过 50 万 m^3/d,100 万 m^3/d 以下的城市、省会城市和国家二级企业的水司;

第三类为最高日供水量为10万m^3/d以上,50万m^3/d以下的水司;

第四类为最高日供水量小于10万m^3/d以下的水司。

同时建设部组织编制了《城市供水行业2000年技术进步发展规划》,规定了四类水司的水质标准,其中对三、四类水司出水标准的要求基本与国家标准GB(5749—85)相同,此标准代表我国20世纪80年代国内水平;二类水司标准参照世界卫生组织(WHO)的水质,代表20世纪80年代国际水平;一类水司标准指标值取自欧洲共同体(EC)标准,其中包括感官性状指标4项,物理及物理化学指标15项,不希望过量的物质指标24项,有毒物质指标13项,微生物指标6项,硬度有关指标4项,共66项,该水质标准反映了20世纪80年代国际先进水平。

1.2.3 我国水环境标准

依照《地表水环境质量标准》(GB 3838—2002)规定,根据地面水使用目的和保护目标,中国地面水分五大类:

Ⅰ类:主要适用于源头水,国家自然保护区;水质良好。地下水只需消毒处理,地表水经简易净化处理(如过滤)、消毒后即可供生活饮用。

Ⅱ类:主要适用于集中式生活饮用水、地表水源地一级保护区,珍稀水生生物栖息地,鱼虾类产卵场,仔稚幼鱼的索饵场等;水质受轻度污染。经常规净化处理(如絮凝、沉淀、过滤、消毒等),其水质即可供生活饮用。

Ⅲ类:主要适用于集中式生活饮用水、地表水源地二级保护区,鱼虾类越冬、回游通道,水产养殖区等渔业水域及游泳区;适用于集中式生活饮用水源地二级保护区、一般鱼类保护区及游泳区。

Ⅳ类:主要适用于一般工业用水区及人体非直接接触的娱乐用水区;适用于一般工业保护区及人体非直接接触的娱乐用水区。

Ⅴ类:主要适用于农业用水区及一般景观要求水域。适用于农业用水区及一般景观要求水域。超过五类水质标准的水体基本上已无使用功能。

目前由于我国各主要水系均存在不同程度的污染,特别是部分河流由原有Ⅱ、Ⅲ类水体退化为Ⅳ、Ⅴ类,逐步丧失水源功能,这也是导致我国逐步进入到水质型缺水的重要原因。目前我国寒区地区各主要城市面临此类问题尤为严重(水体流动性差,水源更新速度慢,污染难以消除),因此水源的修复和置换将是未来供水工作的重要问题。

1.3 饮用水安全评价

安全饮用水指的是一个人终身饮用,也不会对健康产生明显危害的饮用水。根据世界卫生组织的定义,所谓终身饮用是按人均寿命70岁为基数,以每天每人饮水2 L计算。安全饮用水还应包含日常个人卫生用水,如洗澡用水、漱口用水等。如果水中含有害物质,这些物质可能在洗澡、漱口时通过皮肤接触、呼吸吸收等方式进入人体,从而对人体健康产生影响。

1.3.1 我国饮用水标准与饮用水安全

生活饮用水包含两个含义,即日常饮水和生活用水,但不包括饮料和矿泉水。我国最新的饮用水标准《生活饮用水卫生标准》(GB 5749—2006)主要针对饮水设定安全阈值,考虑人群饮用后的健康影响，也有少量指标是针对其他用水。例如，铁锰的浓度对于洗涤效果的影响，并限制相关指标，并不单纯考虑人喝了这种水会对健康不利，而还要考虑对生活和社会活动的影响。

新标准具有以下3个特点：

①加强了对水质有机物、微生物和水质消毒等方面的要求。新标准中的饮用水水质指标由原标准的35项增至106项，增加了71项。

②统一了城镇和农村饮用水卫生标准。新标准颁布之前，我国农村饮用水一直参照《农村实施〈生活饮用水卫生标准〉准则》进行评价，此次将标准适用范围扩大至农村。但是，由于我国地域广大，城乡发展不均衡，乡村地区受经济条件、水源及水处理能力等限制，实际尚难达到与城市相同的饮用水水质要求。

③实现饮用水标准与国际接轨。新标准水质项目和指标值的选择，充分考虑了我国实际情况，并参考了世界卫生组织的《饮用水水质准则》及其他国家的饮用水标准。

据世界卫生组织调查，人类疾病80%与水有关，水质不良可引起多种疾病。新标准中明确规定，生活饮用水必须满足以下三项基本要求：第一，保证流行病学安全，即要求生活饮用水中不得含有病原微生物，应防止介水传染病的发生和传播；第二，水中所含化学物质和放射性物质不得对人体健康产生危害，不得产生急性或慢性中毒及潜在的远期危害（致癌、致畸、致突变）；第三，生活饮用水必须确保感官性状良好，能被饮用者接受。

饮用水消毒是确保微生物安全的重要技术手段。目前，我国氯液虽然是主要的消毒剂，但氯氨、臭氧、二氧化碳制成的功能消毒剂也有应用，因此，新标准中消毒剂由1项增至4项。

为了防止饮用水在管道输送时被再次污染，新标准要求在饮用水出厂时保留一定的消毒剂余量，使之在饮用水出厂时和到达用户取水点之间仍保有一定的消毒能力。但消毒剂是化学物质，在消毒过程中会产生相应的消毒副产物，因此，新标准还扩充了对氯仿、溴酸盐等消毒副产物的卫生要求。

新标准中将水质指标分为常规指标与非常规指标两类。所谓"常规指标"是指能反映生活饮用水水质基本状况的水质指标；"非常规指标"是指相对局限存在于某地区或者不经常被检出的指标项目，可根据具体情况，降低检测频率和有选择地进行检测。

在106项指标中，42项常规指标，属水质监测有普遍意义的项目；64项非常规指标，由省级人民政府根据当地实际情况确定实施项目和日期，但最迟于2012年7月1日必须实施。

1.3.2 饮用水指标及其对健康的影响

目前已知水中的物质已达数十万种，各种污染物质对于人体健康的影响不尽相同，绝大多数水中物质的毒理性有待考察，但在浓度较高的情况下均可能对饮用水感官和质量造成严重的影响。由于水源水及饮用水中大部分污染物浓度很低，一般情况下对于饮用者的健康影响不大，因此供水企业往往重点控制其中主要的污染物质，且为能够直观地表征水体的水质特征，同时部分指标属于"总量指标"或"间接指标"，并不是反映某一具体物质的量或浓度指标。

本书以典型的水质指标为例，简介其对于健康的影响如下：

1. 硬度

人体对水的硬度有一定的适应性，改用不同硬度的水（特别是高硬度的水）可引起胃肠功能的暂时性紊乱。水的硬度过高,容易在配水系统中形成水垢。

2. 溶解性总固体

水中溶解性总固体主要包括无机物,主要成分为钙、镁、钠的重碳酸盐、氯化物和硫酸盐。其浓度增高可使水产生不良的味觉,并能损坏配水管道和设备。它是评价水质矿化程度的重要依据。

3. 氰化物

氰化物主要来自工业废水,有剧毒,作用于某些呼吸酶,能引起组织窒息。首先影响呼吸中枢及血管舒缩中枢,慢性中毒时,甲状腺激素生成量减少。它使水呈杏仁气味,其味觉阈值浓度为0.1 mg/L,国家标准不得超过0.005 mg/L。

4. 砷

天然水中含微量的砷,水中含砷量高,除地质因素外,主要来自工业废水和农药的污染。砷对人体的损伤以慢性中毒为主,表现为皮肤出现白斑,随后逐步变黑,角化肥厚呈橡皮状,发生龟裂性溃疡。长期饮用砷含量高的水,还可使皮肤癌发病率增高。

5. 汞

汞为剧毒,可致急、慢性中毒,汞及其化合物为脂溶性,主要作用于神经系统、心脏、肾脏和胃肠道。水中汞主要来自工业废水和废渣。地面水中的无机汞,在一定条件下可转化为毒性更大的有机汞,并可通过食物链在水生生物(如鱼、贝类等)体内富集。人食用这些鱼、贝类后,可引起慢性中毒,如日本的“水俣病”。

6. 镉

镉也是有毒元素,主要来自工业污染,食用被镉污染的食物和水可能造成慢性中毒,在日本发生的“痛痛病”就是典型例子。

7. 铅

铅并非机体必需元素。常随饮用水和食物进入人体,摄入量过高可引起中毒。儿童、婴儿、胎儿和妊娠妇女对环境中的铅较成人和一般人群更为敏感。

8. 铬

铬污染来源有工业废水和含铬废渣淋洗渗入。三价铬是人体必须的微量元素,六价铬的毒性比三价铬高数十倍至百倍,铬中毒大多由六价铬引起。经口摄入含铬量高的水可引起口腔炎、胃肠道烧灼、肾炎和继发性贫血等。

9. 硝酸盐

硝酸盐在水中经常被检出,污染来源除来自地层外,主要有生活污染和工业废水、施肥后的径流和渗透、大气中的硝酸盐沉降、土壤中有机物的生物降解等。含量过高可引起人工喂养婴儿的变性血红蛋白血症。虽然对较年长人群无此问题,但有人认为某些癌症可能与高浓度的硝酸盐摄入有关。

10. 氟化物

氟化物在自然界广泛存在,是人体正常组织成分之一,但摄入量过多对人体有害,可引起急、慢性中毒,主要表现为氟斑牙和氟骨症。

11. 细菌总数

细菌总数作为评价水质清洁度和考核净化效果的指标,细菌总数增多说明可能被有机物污染,但不能说明污染来源。

12. 总大肠菌群

总大肠菌群是评价生活饮用水水质的重要卫生指标,污染来自人和温血动物粪便及植物和土壤。生活饮用水标准规定任意 100 mL 水样中不得检出。

13. 粪大肠菌群

粪大肠菌群直接来自人和温血动物粪便,是水质粪便污染的重要指示菌,检出表明饮用水已被粪便污染。

14. 硫酸盐

硫酸盐浓度过高易使锅炉和热水器内结垢,并引起不良的水味甚至引起轻度腹泻。

15. 氯化物

氯化物含量过高可使水产生令人嫌恶的味,并对配水系统具有腐蚀作用。

此外,水中更多的污染物质属于有机污染物,分为天然有机污染物(NOM)和人工合成有机污染物,其中天然有机污染物(NOM)主要为自然循环所形成,一般浓度相对稳定(但可受洪水、泥石流等自然灾害影响),而人工合成有机污染物往往受点源和面源污染影响较大,其时空分布和变化相对较大,且毒性往往更高更难于降解。有机污染物的存在一方面对饮用水安全具有直接的影响,另一方面易于在净水工艺,特别是消毒工艺中产生消毒副产物,其影响和危害更大。

1.4 寒冷地区传统水源形式及常规处理方法

1.4.1 我国常用的水源形式

1. 地表水源

地表水是人类最早应用的水资源,对于某些大城市、大型工业企业(如火力发电、冶金、化工、石油提炼厂等)以及某些对供水水质有特殊要求的用户,为了满足各种用水要求,常需用地表水源。如前所述,在一定条件下,例如供水规模大,从技术经济角度分析往往比单纯采用地下水源来得经济。在我国南部地区,气候温暖,河流较多且水量丰沛,具有较好的地表取水条件,地表取水技术得到很大的发展。再加上各种新型、小型、简易配套水处理装置的出现,促进了各种规模地表水源的开发利用,因此,对于地表水源及地表水取水构筑物的研究,在给水工程中占有重要的地位。

地表水源的类型很多,水源性质和取水条件各不相同,因而实际上存在许多类型的取水构筑物,如从河流中取水的岸边式、河床式、移动式取水构筑物以及从其他水体如水库、湖泊、海中取水的各种取水构筑物。

在我国,以往绝大多数地表水取水构筑物都以取用河流水进行设计建造,其取水条件受到河流的水文特征及其他特性影响。一方面,河流的径流变化、泥沙运动、河床演变、冰冻情况、水质、河床地质与地形等一系列因素对取水构筑物的正常工作条件及其安全可靠性有决定性的影响;另一方面,取水构筑物的建立又可能引起河流自然状况的变化,从而反过来又影响到取水构筑物本身及其他有关国民经济部门。

2. 地下水源

由于地下水水质较好,且取用方便,因此不少城市取用地下水作为水源,尤其宜作为生活饮用水水源。但长期以来,许多地区盲目扩大地下水开采规模,致使地下水水位持续下降,含水层贮水量逐渐枯竭,并引起水质恶化、硬度提高、海水入侵、水量不足、地面沉降,以及取水构筑物阻塞等情况,因此,相关规范规定了选择地下水取水构筑物位置的必要条件,取水构筑物位置应“不易受污染”。为了确保水源地运行后不发生安全问题,还要避开对取水构筑物有破坏性的强震区、洪水淹没区、矿产资源采空区和易发生地质灾害(包括滑坡、泥石流和坍陷)地区。近年来这方面问题较多,同时也要注意防止地下水过量开采,影响取水构筑物和水源地的寿命,不能引起区域地下水漏斗和地质灾害。

取水构筑物的形式除与含水层的岩性构造、厚度、埋深及其变化幅度等有关外,还与设备材料供应情况、施工条件和工期等因素有关,故应通过技术经济比较确定。地下水取水构筑物的形式主要有管井、大口井、渗渠和泉室等。我国传统地下水取水构筑物主要为大口井、渗渠和管井等。

工程实践中,因为管井可以采用机械施工,施工进度快、造价低,因而在含水层厚度、渗透性相似条件下,大多采用管井,而不采用大口井。但若含水层颗粒较粗又有充足河水补给时,仍可考虑采用大口井。当含水层厚度较小时,因不易设置反滤层,故宜采用井壁进水,但井壁进水常常受堵而降低出水量,当含水层厚度大时,不但可以井底进水,也可以井底、井壁同时进水,是大口井的最好选择方式。渗渠取水因施工困难,并且出水量易逐年减少,只有在其他取水形式无条件采用时方才采用。因此,在相关的规范及技术要求中,对渗渠取水的含水层厚度、埋深作了相应规定。

3. 寒冷地区传统水源形式

我国东北地区、新疆、内蒙古等地受纬度、季风等影响,年温差较大,特别是冬季漫长寒冷,降雨量相对较低,夏季水量相对丰沛,冬季地表水源常处于封冻状态,地下水源也容易受到冰冻线的影响,因此往往给城市供水带来一些隐患。

20世纪80年代,随着经济的发展,城市集中供水得到了普及,且水源主要以河流和地下水为主,水量水质年际变化较大;20世纪90年代以后逐渐出现水源匮乏、水污染严重等问题,21世纪以来逐步转换为湖库型水源。

1.4.2　寒区供水及主要处理工艺

供水是城市重要的基础设施,其供水情况的优劣不但直接影响地区的社会经济发展和居民的健康,且往往消耗巨大的能源资源。因此满足城市特别是寒区这种高纬度特大型城市的供水需要,为我们提出了新的技术要求。这些技术要求可以归纳为以下三方面:

第一,由于供水过程中需满足整个城市内部的水量、水压以及水质要求,往往在净水、输配水等各个环节上消耗大量的动力,现代的供水企业70%的成本来源于能源消耗,因此,如能够合理地节能降耗不但能够有效地降低企业成本,更符合国家低碳经济的发展策略。

第二,如何保证水源的水质,提高水源抗风险能力,并实现可持续开发的策略,是保障供水安全、提高供水质量的先决条件。

第三,如何在处理及输配水过程中优化单元节点,使得在工艺环节上达到最优参数,解决处理瓶颈,在输配水过程中注重水量和水压的优化,提高供水保障率并降低能耗。

1. 地表水处理

对于一般地表水处理工艺流程的选择,应当根据原水水质与用水水质要求的差距、处理规模、原水水质相似的城市或工厂的水处理经验、水处理试验资料、处理厂地区有关的具体条件等因素综合分析,进行合理的流程组合。

一般地表水处理系统,指的是常规水处理,即被处理原水在水温、浊度(含砂量)以及污染物含量方面均在常见的范围内。因此,一般地表水处理系统是指对一般浊度的原水采用混凝、沉淀、过滤、消毒等净水过程，以去除浊度、色度、细菌和病毒为主的处理工艺，在水处理系统中是最常用、最基本的方法。

根据原水水质的不同，一般地表水处理系统可以分为以下几种工艺流程。

(1)采用简单消毒处理工艺

对于没有受到污染、水质优良的原水，如果除细菌以外各项指标均符合出水水质要求，采用简单的消毒处理工艺即可满足净水水质要求的标准。这种方法在一般地表水系统中很难应用，而更多应用于处理优质地下水。

(2)采用直接过滤处理工艺

当原水浊度较低，经常在 15NTU 以下，最高不超过 25NTU，色度不超过 20 度时，一般在过滤前可以省去沉淀工艺，而直接采用过滤工艺。

直接过滤工艺又可以分为在过滤前设置和不设置絮凝设施两种情况。过滤前设置絮凝设施，是在原水加注混凝剂后，经快速混合而流入絮凝池，在池中形成一定大小的絮凝体，之后进入快滤池。不设置絮凝设施的情况是，采用煤、砂双层滤料，原水加注混凝剂并经快速混合后，直接进入滤池。这种情况中的絮凝过程是在滤层中进行的。加注混凝剂的原水悬浮物在煤层中一方面完成絮凝过程，同时也被部分截除，而在砂层中被充分去除掉。

直接过滤形成的絮体并不需要太大，故药耗相对较少，又被称为微絮凝过滤。由于直接过滤截留的悬浮物数量比一般滤池多，所以在滤层选择上应注意有较高的含污能力，一般采用双层滤料。

(3)混凝、沉淀、过滤、消毒处理工艺

由于人类对环境的影响，一般地表水浊度均超过了直接过滤所允许的范围，所以要求在过滤前设置混凝反应池、沉淀池，以去除大部分悬浮物质。

原水在投加混凝剂并经快速混合后进入絮凝反应池，在絮凝池中形成分离沉降所需要的絮状体。为有效提高絮状体的沉降性能，在快速混合后可以再投加高分子絮凝剂，通过架桥和吸附作用形成较易沉降的絮状体。

根据原水的水质情况，在进入混合前可投加 pH 调整剂和氧化剂。当原水碱度不能满足混凝要求的最佳 pH 值时，需要投加 pH 调整剂。例如，原水碱度较低时，投加石灰或氢氧化物，为了去除有机物需要形成较低 pH 值时，则加酸处理。投加氧化剂的目的是改善混凝性能，氧化部分有机物和保持净水处理构筑物的清洁，避免藻类滋生。

经过混凝、沉淀、过滤、消毒处理后，如果出水水质 pH 值不能满足水质稳定要求时，应在最后投加 pH 调整剂，使出水水质达到稳定。

①混凝。混凝是指水中杂质微粒和混凝剂进行混合，经过絮凝形成较大絮凝体的过程。混凝处理的工艺计算内容主要包括：确定混凝药剂的用量，计算药溶液配置设备、混合设备及絮凝设备的工艺几何尺寸等。

②沉淀。密度大于水的悬浮物在重力作用下从水中分离出去的现象称为沉淀。用于沉淀的构筑物称为沉淀池。按照水在池中的流动方向和线路，沉淀池可分为平流式沉淀池、竖流式沉淀池、辐流式沉淀池、斜管或斜板沉淀池等类型。沉淀池形式的选择，应根据水质、水量、水厂平面和高程布置的要求，并结合絮凝池结构形式等因素确定。

③过滤。水的过滤是水质净化工艺所不可缺少的处理过程。近年来，过滤技术有很大发展，滤池的种类也很多，如普通快滤池、虹吸滤池、无阀滤池、移动罩滤池、压力滤池及 V 型滤池等。各种滤池的过滤过程均基于砂床过滤原理而进行，其区别在于滤料设置方法、进

水方式、操作手段及冲洗设施等有所不同。

2. 地下水处理

地表水中由于含有丰富的溶解氧,水中铁、锰主要以不溶解 $Fe(OH)_3$ 和 MnO_2 存在,故铁、锰含量不高,一般无需进行除铁、除锰处理。而含铁、含锰地下水在我国分布很广,我国地下水中铁的质量浓度一般为5~10 mg/L,锰的质量浓度一般为0.5~2.0 mg/L。地下水中铁、锰含量高时,会使水产生色、嗅、味,使用不便;作为造纸、纺织、化工、食品、制革等生产用水,会影响其产品的质量。

我国生活饮用水卫生标准中规定,铁的质量浓度不得超过0.3 mg/L,锰的质量浓度不得超过0.1 mg/L。超过标准规定的原水须经除铁、除锰处理。

(1)地下水除铁方法

地下水中的铁主要是以溶解性二价铁离子的形态存在。二价铁离子在水中极不稳定,向水中加入氧化剂后,二价铁离子迅速被氧化成三价铁离子,由离子状态转化为絮凝胶体状态,从水中分离出去。常用于地下水除铁的氧化剂有氧、氯和高锰酸钾等,其中以利用空气中的氧气最为方便、经济。利用空气中的氧气进行氧化除铁的方法可分为自然氧化除铁法和接触氧化除铁法两种。在我国地下水除铁技术中,应用最为广泛的是接触氧化除铁法。

在自然氧化除铁过程中,由于二价铁的氧化速率比较缓慢,需要一定的时间才能完成氧化作用,但如果有催化剂存在,可因催化作用大大缩短氧化时间。接触氧化除铁法就是使含铁地下水经过曝气后不经自然氧化的反应和沉淀设备,立即进入滤池中过滤,利用滤料颗粒表面形成的铁质活性滤膜的接触催化作用,将二价铁氧化成三价铁,并附着在滤料表面上。其特点是催化氧化和截留去除在滤池中一次完成。

接触氧化法除铁包括曝气和过滤两个过程。

①曝气。曝气的目的就是向水中充氧。根据二价铁的氧化反应式可计算出除铁所需理论氧量,即每氧化1 mg/L的二价铁需氧0.14 mg/L。但考虑到水中其他杂质也会消耗氧及氧在水中扩散等因素,实际所需的溶解氧量通常为理论需氧量的3~5倍。曝气装置有多种形式,常用的有跌水曝气、喷淋曝气、射流曝气、莲蓬头曝气、曝气塔曝气等。

②过滤。滤池可采用重力式快滤池或压力式滤池,滤速一般为5~10 m/h。滤料可以采用石英砂、无烟煤或锰砂等。滤料粒径:石英砂为0.5~1.2 mm,锰砂为0.6~2.0 mm。滤层厚度:重力式滤池为700~1 000 mm,压力式滤池为1 000~1 500 mm。

滤池刚投入使用时,初期出水含铁量较高,一般不能达到饮用水水质标准。随着过滤的进行,在滤料表面覆盖有棕黄色或黄褐色的铁质氧化物即具有催化作用的铁质活性滤膜时,除铁效果才显示出来,一段时间后即可将水中含铁量降到饮用水标准,这一现象称为滤料的"成熟"。从过滤开始到出水达到处理要求的这段时间,称为滤料的成熟期。无论采用石英砂或锰砂为滤料,都存在滤料"成熟"这样一个过程,只是石英砂的成熟期较锰砂要长,但成熟后的滤料层都会有稳定的除铁效果。滤料的成熟期与滤料本身、原水水质及滤池运行参数等因素有关,一般为4~20 d。

(2)地下水除锰方法

锰的化学性质与铁相近,常与铁共存于地下水中,但铁的氧化还原电位比锰要低,相同pH值时二价铁比二价锰的氧化速率快,二价铁的存在会阻碍二价锰的氧化。因此,对于铁、锰共存的地下水,应先除铁再除锰。

地下水的含铁量和含锰量均较低时,除锰时所采用的工艺流程如下。

地下水⟶曝气⟶催化氧化过滤⟶出水

二价锰氧化反应为

$$2Mn^{2+}+O_2+2H_2O \xlongequal{} 2MnO_2+4H^+ \tag{1.1}$$

含锰地下水曝气后，进入滤池过滤，高价锰的氢氧化物逐渐附着在滤料表面，形成黑色或暗褐色的锰质活性滤膜（称为锰质熟砂），在锰质活性滤膜的催化作用下，水中溶解氧在滤料表面将二价锰氧化成四价锰，并附着在滤料表面上。这种在熟砂接触催化作用下进行的氧化除锰过程称为接触氧化除锰工艺。

在接触氧化法除锰工艺中，滤料也同样存在一个成熟期，但成熟期比除铁的成熟期要长得多。其成熟期的长短首先与水的含锰量有关，高含锰量的水质，成熟期约需 60～70 d，而低含锰量的水质则需 90～120 d，甚至更长；其次与滤料有关，石英砂的成熟期最长，无烟煤次之，锰砂最短。

根据二价锰的氧化反应式（1.1）可计算出除锰所需理论氧量，即每氧化 1 mg/L 的二价锰需氧 0.29 mg/L，实际所需溶解氧量须比理论值高。除锰滤池的滤料可用石英砂或锰砂，滤料粒径、滤层厚度和除铁时相同，滤速为 5～8 m/h。

（3）接触氧化法除铁、除锰工艺

当地下水的含铁量和含锰量均较低时，一般可采用单级曝气、过滤工艺，如图 1.1 所示。铁、锰可在同一滤池的滤层中去除，上部滤层为除铁层，下部滤层为除锰层。若水中含铁量较高或滤速较高时，除铁层会向滤层下部延伸，压缩下部的除锰层，剩余的滤层不能有效截留水中的锰，因而部分泄漏，滤后水不符合水质标准。为此，当水中含铁量、含锰量较高时，为了防止锰的泄漏，可采用两级曝气、过滤处理工艺，即第一级除铁，第二级除锰。其工艺流程为

含铁含锰地下水→曝气→除铁滤池→除锰滤池→出水

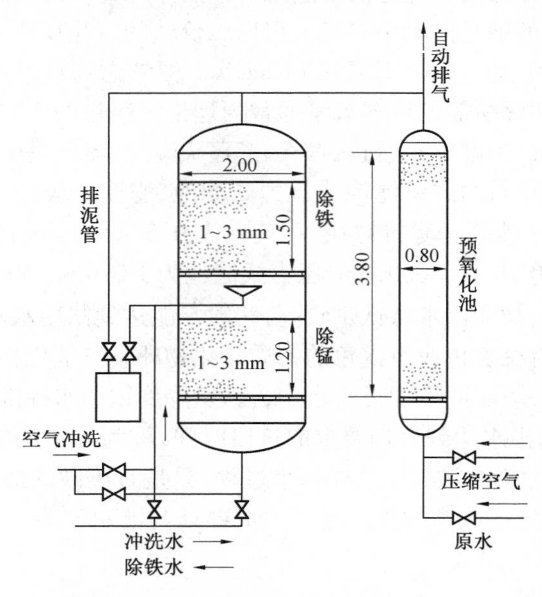

图 1.1　除铁除锰双层滤池

除铁、除锰过程中，随着滤料的成熟，在滤料上不但有高价铁锰混合氧化物形成的催化活性滤膜，而且还可以观测到滤层中有大量的铁细菌群体。由于微生物的生化反应速率远大于溶解氧氧化 Mn^{2+} 的速度，所以，铁细菌的存在对于长成活性滤膜有促进作用。

1.5　寒冷地区湖库型水源水净水工艺特点

1.5.1　寒冷地区湖库型水源水特点

水温在4 ℃以下、浊度在15度以下的地表水源水称为低温低浊水，低温低浊水在我国北方地区冬季供水中广泛存在，水源水往往受到有机物污染，部分指标超过饮用水源卫生标准的地表饮用水水源。当采用湖库作为水源水时其常规指标较好，特征污染物主要是有机污染物，一部分是属于天然的有机化合物，例如水中动、植物分解形成的产物如腐殖酸等，再就是人工合成的有机物，包括农药、重金属离子、氨氮、亚硝酸盐氮及放射性物质等有害污染物。湖库型水源水的水质特点表现在以下几个方面：

①水源受排放污水影响，使水质发生不良变化，水质波动。湖库型水源水的水质主要受排入的工业废水和生活污水影响，在江河水源上表现为氨氮、总磷、色度、有机物等指标超出生活饮用水源卫生标准；在湖泊水库水源上，表现为水库和湖泊水体的富营养化，并在一定时期藻类滋生，造成水质恶化，腐烂时腥臭逼人。

②有机物含量高，导致生产过程中的氯消毒副产物明显。水中溶解性有机物大量增加，特别是自来水出厂水、管网水经常于春末夏初、夏秋之交出现明显异味，氯耗季节性猛增。水中有机物多带负电，增大了混凝剂和消毒剂投量，腐蚀管壁，降低管网寿命。

③水质标准提高，有害微生物较难去除。2002年《生活饮用水卫生标准》颁布的《生活饮用水卫生规范》提出了更高的水质标准。而目前已发现的一些有害微生物较难去除，如贾第氏鞭毛虫、隐孢子虫、军团细菌、病毒等。

④内分泌干扰物质的去除效率不高。内分泌干扰物质又称环境荷尔蒙，指某些化学品不仅具有"三致"作用，还会严重干扰人类和动物的生殖功能。

1.5.2　寒冷地区湖库型水源水处理技术

针对湖库型水源水的水质特点，国内外学者进行了大量的研究和探讨。按照作用原理，可以分为物理、化学、生物净水工艺；按照处理工艺的流程，可以分为预处理、常规处理、深度处理；按照工艺特点，可以分为传统工艺强化技术、新型组合工艺处理技术。现就处理工艺的流程和特点不同，对湖库型水源水处理技术研究现状加以综述。

1. 预处理技术

一般把附加在传统净化工艺之前的处理工序称为预处理技术。采用适当物理、化学和生物处理方法，对水中的污染物进行初级去除，这种方法可以使常规处理更好地发挥作用，减轻常规处理和深度处理的负担，改善和提高饮用水水质。按对污染物的去除途径，预处理技术可分为化学氧化预处理技术、生物氧化预处理技术和吸附法。

(1)化学氧化预处理技术

化学氧化预处理技术依靠氧化剂氧化能力，破坏水中污染物的结构，转化或分解污染物。化学氧化可以有效降低水中的有机物含量，提高湖库型源水中有机物的可生化降解性，有利于后续处理，杀灭影响给水处理工艺的藻类，改善混凝效果，降低混凝剂的用量，去除水中三卤甲烷前体物。

①预氯化氧化。预氯化氧化是应用最早的和目前应用最为广泛的方法。为了解决湖库型水给净水处理所带来的困难，保证供水水质，自来水公司一般采用预氯化的措施。但是在

水源水中大量加氯所产生的三氯甲烷类对人体有致癌的潜在危险，且不易被后续的常规处理工艺去除，目前已普遍认识到应当尽量减少在净水工艺中氯的用量。

②臭氧氧化。由于氯化氧化处理的慎重采用，饮用水预处理技术正逐渐推广使用臭氧氧化法。由于臭氧具有很强的氧化能力，它可以通过破坏有机污染物的分子结构以达到改变污染物性质的目的。

③高锰酸钾及高锰酸盐复合剂氧化。高锰酸钾是强氧化剂，能显著控制氯化消毒副产物，使水中有机物数量、浓度都显著降低，水的致突变活性由阳性转为阴性或接近阴性。

将高锰酸钾与某些无机盐有机地复合制成的高锰酸盐复合剂，在水处理过程中形成具有极强氧化能力的中间态成分，强化去除水中有机污染物、强化除藻、除嗅、除味、除色、强化除浊等。

(2)生物氧化预处理技术

生物预处理是指在常规净水工艺之前增设生物处理工艺，是对污水生物处理技术的引用，借助微生物群体的新陈代谢活动，去除水中的污染物。目前饮用水净化中采用的生物反应器大多数是生物膜类型的。就现代净水技术而言，生物预处理已成物理化学处理工艺的必要补充，与物化处理工艺相比，生物预处理技术可以有效改善混凝沉淀性能，减少混凝剂用量，并能去除传统工艺不能去除的污染物，使后续工艺简单易行，减少了水处理中氯的消耗量，出水水质明显改善，已成为当今饮用水预处理发展的主流。

①生物接触氧化法是介于活性污泥法与生物滤池之间的处理方法。如图 1.2 所示，在池内设置人工合成的填料，经过充氧的水，以一定的速度循环流经填料，通过填料上形成的生物膜的絮凝吸附、氧化作用使水中的可生化利用的污染物基质得到降解去除。

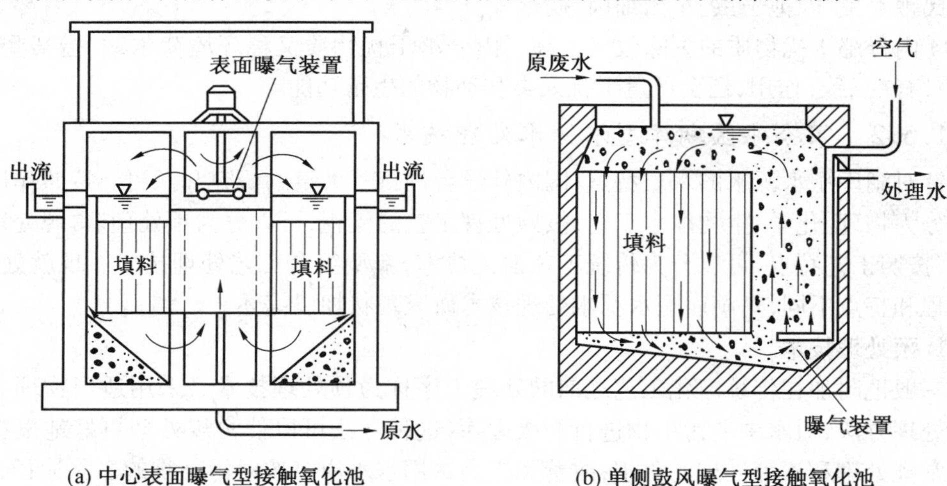

(a) 中心表面曝气型接触氧化池　　(b) 单侧鼓风曝气型接触氧化池

图 1.2　生物接触氧化法

②塔式生物滤池。如图 1.3 所示，塔式生物滤池通过填料表面生物膜的新陈代谢活动来实现净水功能，增加了滤池的高度，分层放置轻质滤料，通风良好。克服了普通生物滤池(非曝气)溶解氧不足的缺陷，改善了传质效果。塔式滤池负荷高，产水量大，占地面积小，对冲击负荷水量和水质的突变适应性较强，但动力消耗较大。

③生物转盘表现为生物膜能够周期性地运行于气液两相之间，微生物能直接从大气中吸收需要的氧气，减少了液体氧传质的困难，使生物过程更为有利地进行，如图 1.4 所示。

④淹没式生物滤池。滤池中装有比表面积较大的颗粒填料，填料表面形成固定生物膜，

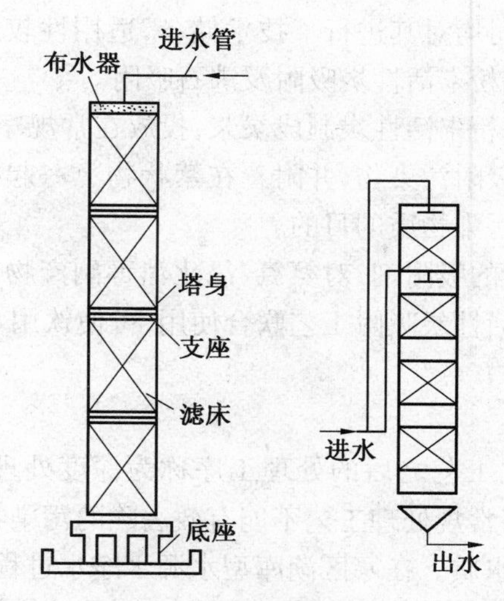

图1.3　塔式生物滤池

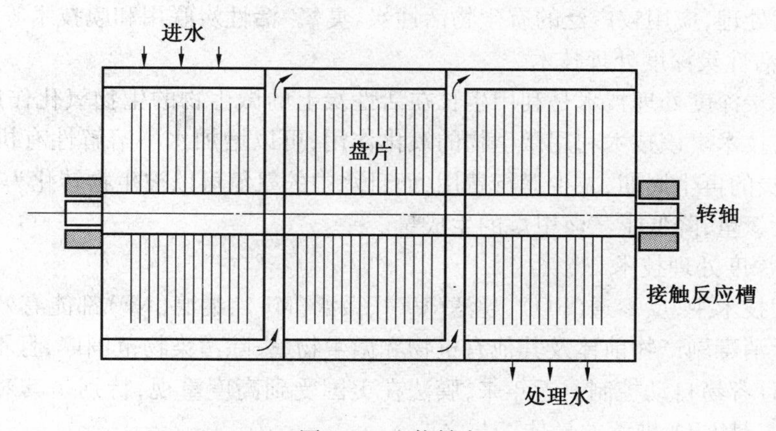

图1.4　生物转盘

水流经生物膜的不断接触过程中，使水中有机物、氨氮等营养物质被生物膜吸收利用而去除，同时颗粒填料滤层还有物理筛滤截留作用。常用的生物填料有卵石、砂、无烟煤、活性炭、陶粒等。

⑤生物流化床。生物流化床如图1.5所示，它具有比表面积大、载体与基质（污染物）的碰撞概率大、传质速率快、水力负荷和处理效率高、抗冲击负荷能力强等优点。

（3）吸附法

吸附法是指利用物质强大的吸附性能、交换作用或改善混凝沉淀效果来去除水中污染物，主要有粉末活性炭吸附和沸石吸附等。由于湖库型水体天然有机物浓度往往较高，在温度较高时常受到藻类生长的影响，此外一旦水源地发生突发性污染，其水体流动性差，更新速度慢，因此常常需要利用吸附技术作为稳定前段原水稳定的重要措施。调研发现，前端吸附技术（主要以粉末活性炭为主）已逐渐成为我国突发性水污染事件

图1.5　生物流化床

的主要工艺,目前各主要水司均对其进行了技术储备,适用性较好。吸附剂类型较多,但常用于前端原水控制的主要为粉末活性炭吸附及沸石吸附。

粉末活性炭吸附法是将粉末活性炭制成炭浆,投放在常规净水工艺之前,与受污染的原水混合后,在絮凝沉淀池中吸附污染物,并附着在絮状物上一起沉淀去除,少量未沉淀物在滤池中去除,从而达到脱除污染物质的目的。

沸石作为一种极性很强的吸附剂,对氨氮、氯化消毒副产物、极性小分子有机物均具有较强的去除能力,将沸石和活性炭吸附工艺联合使用,可使饮用水源中的各种有机物得到更全面和彻底的去除。

2. 深度处理技术

一般把附加在传统净化工艺之后的处理工序称为深度处理技术。在常规处理工艺以后,采用适当的处理方法,将常规处理工艺不能有效去除的污染物或消毒副产物的前驱物加以去除,以提高和保证饮用水质。在寒区湖库型水源水净水过程中,对于浊度等指标的控制相对容易,但如想进一步提高供水的安全与健康,需要在优化常规净水工艺的基础上增加后续工艺的深度处理,应用较广泛的有生物活性炭、臭氧-活性炭联用和膜技术等。

(1)生物活性炭深度处理技术

生物活性炭深度处理技术是利用生长在活性炭上的微生物的生物氧化作用,从而达到去除污染物的技术。该技术利用微生物的氧化作用,可以增加水中溶解性有机物的去除效率;延长活性炭的再生周期,减少运行费用,而且水中的氨氮可以被生物转化为硝酸盐,从而减少氯化的投氯量,降低了三卤甲烷的生成量。

(2)膜法深度处理技术

在膜处理技术中,反渗透(RO)、超滤(UF)、微滤(MF)、纳滤(NF)都能有效地去除水中的臭味、色度、消毒副产物前体及其他有机物和微生物,去除污染物范围广,且不需要投加药剂,设备紧凑且容易自动控制。近年来,膜法在美国受到高度重视,特别是其对消毒副产物的良好控制性,是 EPA 推荐的最佳工艺之一。

(3)臭氧-活性炭联用深度处理技术

臭氧-活性炭联用深度处理技术采取先臭氧氧化后活性炭吸附,在活性炭吸附中又继续氧化的方法,使活性炭充分发挥吸附作用。在炭层中投加臭氧,可使水中的大分子转化为小分子,改变其分子结构形态,提供了有机物进入较小孔隙的可能性,使大孔内与炭表面的有机物得到氧化分解,使活性炭可以充分吸附未被氧化的有机物,从而达到水质深度净化的目的。当然臭氧-活性炭联用技术也有其局限性,臭氧在破坏某些有机物结构的同时也可能产生一些带污染性质的中间产物。

(4)光催化氧化技术

光催化氧化是以化学稳定性和催化活性很好的 TiO_2 为代表的 n 型半导体为敏化剂的一种光敏化氧化,氧化能力极强,在合适的反应条件下,能将水中常见的有机污染物,包括难被臭氧氧化的六六六、六氯苯等氧化去除,其最终产物是 CO_2 和 H_2O 等无机物。

(5)紫外光和臭氧联用技术

紫外光和臭氧(UV-3)结合的方法基于光激发氧化法,产生的氧化能力极强的自由基(.OH,羟基自由基)可以氧化臭氧所不能氧化的湖库型水中的有机物,有效去除饮用水中的三氯甲烷、六氯苯、四氯化碳、苯等有机物,降低水中的致突变物活性。

3. 传统工艺强化处理技术

改进和强化传统净水处理工艺是目前控制水厂出水有机物含量最经济最具实效的手段。对传统净化工艺进行改造、强化,可以进一步提高处理效率,降低出水浊度,提高水质。

(1)强化混凝

强化混凝的目的在于合理投加新型有机及无机高分子助凝剂,改善混凝条件,提高混凝效果。包括无机或有机絮凝药剂性能的改善;强化颗粒碰撞、吸附和絮体成长的设备的研制和改进;絮凝工艺流程的强化,包括优化混凝搅拌强度、确定最佳反应 pH 值等。

原水中有机物去除率的大小主要受混凝剂的种类和性质、混凝剂的投加量以及 pH 值等因素的影响。过量的混凝剂会引起处理费用和污泥量的增加,所以寻求安全可靠的混凝剂和适当 pH 值是关键。

(2)强化沉淀

沉淀分离是传统水处理工艺的重要组成部分,新的强化沉淀技术针对改善沉淀水流流态,减小沉降距离,大幅度提高沉淀效率。当水进入沉淀区后,通过自上而下浓缩絮凝泥渣的过程,实现对原水有机物进行连续性网捕、卷扫、吸附、共沉等系列的综合净化,达到以强化沉淀工艺处理湖库型水的目的。

(3)强化过滤

强化过滤技术是在不预加氯的情况下,在滤料表面培养繁殖微生物,利用生物作用去除水中有机物。强化过滤就是让滤料既能去浊,又能降解有机物、氨氮、亚硝酸盐氮等。比较常见的方法是采用活性滤池,即在普通滤池石英砂表面培养附着生物膜处理湖库型水源水。该工艺不增加任何设施,在现有普通滤池基础上即可实现,是解决湖库型水源水质的一条新途径。

4. 新型组合工艺处理技术

采用新型组合工艺,可以有效去除水质标准要求的各种物质。如生物接触氧化-气浮工艺、臭氧-砂滤联用技术、生物活性炭-砂滤联用技术、臭氧-生物活性炭联合工艺、生物预处理-常规处理-深度处理组合工艺。利用生物陶粒预处理能有效去除氨氮、亚硝酸盐氮、锰和藻类,并能降低耗氧量、浊度和色度;强化混凝处理能提高有机物与藻类的去除率,降低出厂水的铝含量;活性炭处理对有机污染物有显著的去除效果,使 Ames 卫生毒理学试验结果由阳性转为阴性。

(1)臭氧、沸石、活性炭的组合工艺

沸石与活性炭如图 1.6、图 1.7 所示。沸石置于活性炭前处理含氨氮的原水,可充分

图 1.6　沸石

图 1.7　活性炭

利用沸石的交换能力及生物活性炭去除稳定量的氨氮的能力，对于进水的冲击负荷具有良好的削峰作用，且减少沸石再生次数，出水更加经济、稳定、可靠。

(2)高锰酸钾与粉末活性炭联合除污技术

高锰酸钾预氧化能够显著地促进粉末活性炭对水中微量酚的去除，两者具有协同作用。生产性应用结果表明，高锰酸钾与粉末活性炭联用可显著地改善饮用水水质，有效地去除水中各种微量有机污染物，明显降低水的致突变活性，并且对水的其他水质化学指标也有明显的去除效果。

(3)微絮凝直接过滤工艺处理湖库型水库水源

针对水库水源浊度低和受污染的水质特征，利用臭氧的强氧化性，结合微絮凝直接过滤工艺，强化了湖库型水库水的处理效果，提高了对水源浊度、COD_{Mn}、UV_{254}、NH_3—N 的去除率，降低了杀菌消毒投氯量，消除了三氯甲烷等卤代烃致癌物的副作用，省去了常规混凝-沉淀-过滤-投氯消毒工艺中的混凝和沉淀工序。以普通石英砂滤料替代活性炭滤料，大大降低了湖库型水的处理成本。

(4)气浮-生物活性炭湖库型水处理技术

在传统工艺沉淀池后半部分，加气浮工艺，以气浮的方式运行时，在气浮絮凝池前补充投加絮凝剂和活性炭浆，气泡与活性炭可直接黏附。由于水中的浊度低，活性炭吸附微气泡比重轻，形成的悬浮液容易加气上浮。

目前，各种湖库型水源水预处理和深度处理工艺技术有着广阔的发展前景，但由于这些技术目前的投资或运行操作费用较大，在我国经济还欠发达、居民生活水平和消费能力还不高的情况下，较难普遍地使用这些技术。结合当前我国的经济状况，要求普遍增加深度处理也是不现实的。因此改造已有常规的给水处理工艺，强化混凝处理过程，联系实际地充分挖掘已有设备的潜力，成为适合我国国情的湖库型水源水处理技术的一个重要发展方向。

(1)强化常规处理

强化常规处理包括强化混凝、强化沉淀、强化过滤等环节，这仍然是今后研究的方向。强化常规处理要从寻找混凝剂高效、低耗控制点入手，并且要使构筑物逐步倾向于简单化和管理方便化。

(2)改善氧化和消毒

面对复杂的原水水质，除选用液氯作为消毒剂外，还要选用既安全又经济、效果好的消毒措施，寻求合理的加注方式。

(3)组合工艺进一步深化

组合工艺在一定程度上具有互补性。根据湖库型水质的不同，在设计参数和工艺布置上，以实用化为导向，在其基础上不断提高应用范围。

(4)排泥水处理和污泥处置

水厂污泥中无机成分占大多数，排泥水悬浮物浓度很高，直接排入河道会产生不良影响，因此对排泥水处理和污泥处置的研究和应用势在必行。

(5)膜处理技术

膜技术的发展，已逐步引入生活饮用水领域的水质处理。这种技术的应用不仅成本较过去低，而且水质较为纯净，前景十分广阔。

第2章　寒冷地区水源特点

2.1　寒冷地区湖库型水源特征

从传统的观点来看，水库（或湖泊）相对于其他水源具有供水稳定、浊度低、受生活或生产污染小且易于保护等优点。从目前各城市主要供水厂情况来看，以水库作为水源的水厂进水情况远好于以其他地表径流作为水源的水厂，且出水水质及处理成本也明显具有优势。然而，在近年来的运行过程中，我们也发现这一供水模式下存在着许多隐患，诸如，低浊高色现象、消毒后卤代物超标问题、夏季水体富营养化问题以及后生动物爆发（如剑水蚤）等。这些问题相对于传统以浊度为基准的净水过程，无论是水源保护与控制、处理工艺、运行参数，还是检测方法、保障机制均有极大的不同。特别是对于我国寒区（主要是东北地区）城市供水，这些问题的出现已影响到了供水企业的生产以及居民用水的安全。

2.1.1　寒区湖库水源水特点

本章以寒区某水库（图2.1）为案例介绍寒区水源水体特点。根据所处地理位置以及水质变化情况，可以认为水库属于典型的严寒地区人工湖库，成库期短，相对于传统河流型水源，其所受到的生产和生活污水影响较小（水源保护），从水质指标来看，其浊度较低（一般不超过3NTU），水温变化缓慢（高热容），pH值夏季较冬季低，夏季还伴随有藻类及后生动物等滋生现象，产生一定的嗅与味，色度往往较高（一般不低于30度），经检测，水中高锰酸盐指数、TOC等指标均高于传统河流型水源。

图2.1　北方寒区某湖库型水源水库

这种水质类型可认为是典型的低浊高色水体，产生这一水质特征的主要原因在于：首先，各个水源水库多位于河流上游，周边往往有良好的水源保护区，污染源主要为面源污染，因此，水中悬浮和胶体类污染物质要低于传统的河流型水源；其次，水源水库内水流过缓，且成库时间短，库区内原址内往往残留一部分有机污染物，因此其在水库内可能长期存在，并随着季节因素而释放；第三，东北地区土壤中（多为腐质黑土）腐殖质含量较高，水库水源周边地区农（林）业面源污染长期存在，致使水库中天然有机污染物（NOM）较高，同时还存在农药等有机污染物；第四，寒区水库水源随季节变化明显，夏季容易发生水体富营养化，冬季水质类似于低温低浊水；最后，由于目前各个水库运营时间都不长，其库内水质及污染物迁移过程尚不明朗。同时，对于突发性事件的影响难以定论，各种外界输入污染物很可能持续积累，一方面这一过程可能随着库区水体和环境的平衡而平衡，另一方面，这种积累也可能为供水带来新的风险。

这一水体类型导致污染物可以轻易地穿透以浊度为目标的常规处理工艺（混凝—沉淀—过滤—消毒），因此经过相关工艺处理后（尤其是氯消毒后），往往出厂水中卤代消毒副产物及相关有机污染物质浓度较高，需确立基于色度去除目标的水处理工艺新体系。

2.1.2 寒区水源水变化规律

检测数据表明案例水库源水存在着明显的季节性变化规律，其大体上可以分为冰封期、春季变化期（或桃花水期）、夏秋稳定期和入冬变化期四个阶段。冬春两季（1～4 月）呈现典型的低温低浊特点，此时水库表面被完全冰封（冰层厚 2～4 m），水库上游汇水面积入流量为 0，库内成为封闭水体，库内水温3～8 ℃，该阶段被称为水库冰封期。根据冰封期内库区水力条件分析，其内水体处于层流状态，此时物质交换主要依靠扩散作用。此时，原水浊度低于 1 NTU（满足国家饮用水标准），如图 2.2（a）所示，色度也相对较低（20 度左右），如图 2.2（b）所示，由于无外界干扰，冰封期内浊度色度指标较为稳定。至 5 月上旬，由于冰封期结束，湖面冰层融化，冰层表面沉积物进入库内，同时外源水体也开始重新输入，此时浊度开始逐渐升高，而色度变化，这说明，形成浊度物质受外源污染影响较大。对库内耗氧量及 pH 值分析发现，如图 2.2（c）所示，冰封期内 pH 值与耗氧量逐渐降低，说明库内在冰封期内存在逐步厌氧的趋势，由于缺乏大气复氧作用，湖库内厌氧生化反应会使水体逐步酸化，尽管这一过程非常缓慢，但在长达 5 个月的冰封期内仍然对水体具有一定影响。此外，对于库内细菌总数进行分析发现，此时库内生物量较少，细菌总数均值不超过为 5 个/mL，且较为稳定。

进入 5 月后湖库完全解冻，外界气温逐步升高，大气降水逐步增强，水库上游水体入流量加大，其汇水面积内地表植被生长迅速。此时，进入水库内污染物总量加大，库内水体流动性不断提高，但水库底部仍暂时性处于相对稳定的厌氧状态，至 7 月中旬后，这一状态完全消失，在这一时期内，水温自 8 ℃逐步上升至 13 ℃，水质变化大，稳定性差，各种指标上升明显。具体表征为，色度仍处于较低范围，如图 2.3（a）所示，浊度变化剧烈，且呈逐渐升高趋势，如图 2.3（b）所示，在图中 5 月下旬出现浊度和色度突然增高的现象，是由于春汛和降雨等原因造成的（即所谓的桃花水），至 7 月下旬，色度和浊度增高已比较明显，同时水体中检测出的小虫和细菌指标也明显上升，其中 7 月末几乎天天可以通过肉眼观察到小虫，而细菌指标均值也从 5 个/mL 上升至 28 个/mL，这证明在这一阶段水体的生物活性不断增强。此外，pH 值和耗氧量指标变化情况也与以上规律相一致。

夏秋两季（7～11 月）水源水呈现高色特点，水温介于 15～30 ℃之间，色度和浊度明显升高，但各个指标稳定性差，常出现剧烈变化，这主要是由于降雨所造成的。此时浊度接近 3NTU，色度最高可达 50 度，水厂处理负荷加大，与此同时，水体 pH 值较低，水体耗氧量明显增高，水体还原性增强，如图 2.4 所示，同时水中生物活性极高，而细菌指标均值在40 个/mL 以上。

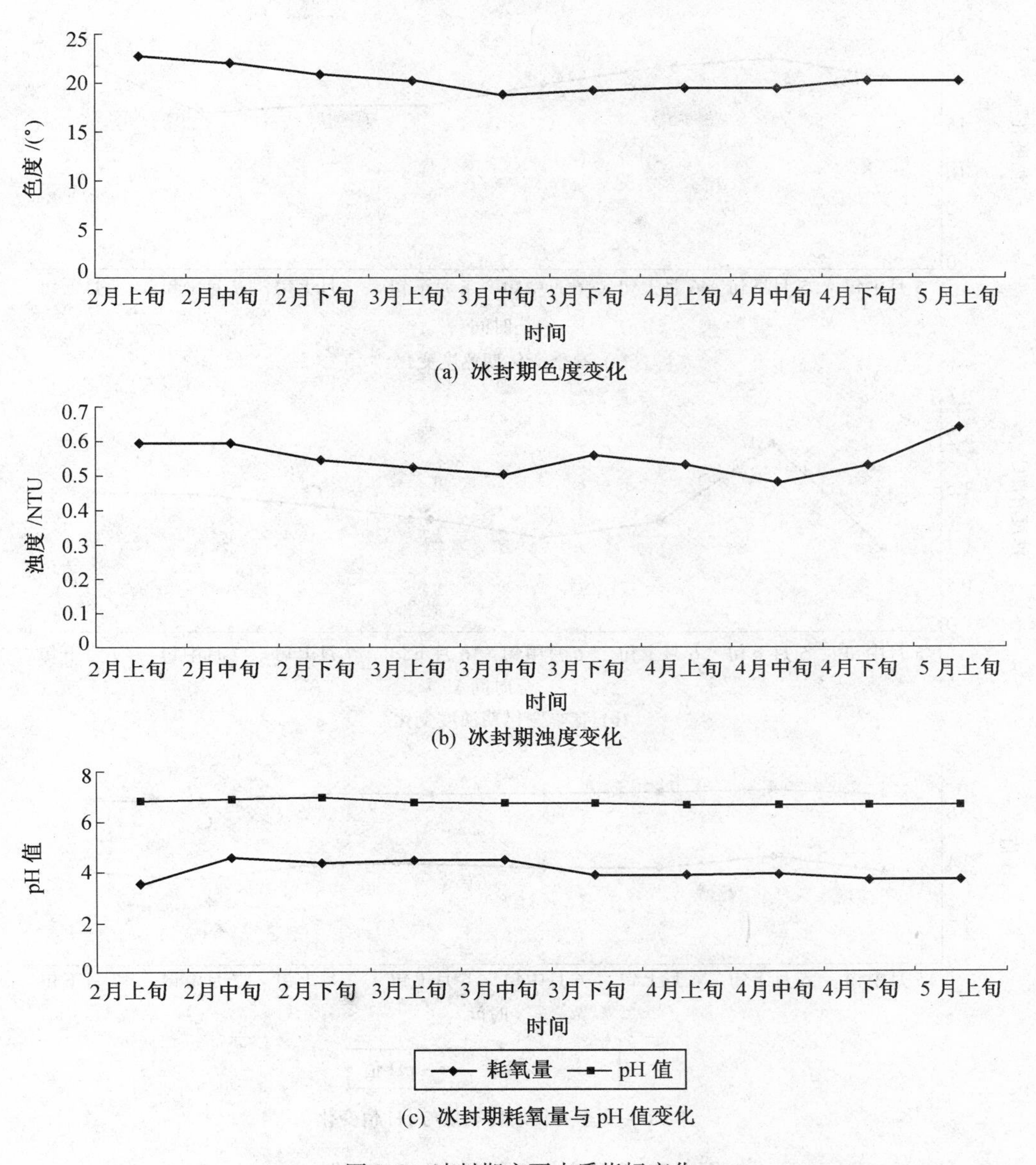

(a) 冰封期色度变化

(b) 冰封期浊度变化

(c) 冰封期耗氧量与 pH 值变化

图 2.2　冰封期主要水质指标变化

进入 11 月中旬后湖库逐步封冻,外界气温逐步降低,水库上游水体入流量减小,外界面源污染停滞。库内水体流动性不断降低,在这一时期内,水温自 20 ℃逐步下降至8 ℃,水质变化大,稳定性差。此外,pH 值继续升高,耗氧量有所下降,而细菌指标均值也从 40 个/mL 下降至 5 个/mL,这证明在这一阶段水体的生物活性不断降低,如图 2.5 所示。

通过对水样的进一步分析发现,原水的高锰酸盐指数和 TOC 等指标与色度的变化规律相一致,这说明成色物质可能是部分有机物质。同时通过对水体的氧化还原电位的测定我们发现,该湖库型水体具有一定的还原性,并与色度之间具有一定的相关性。

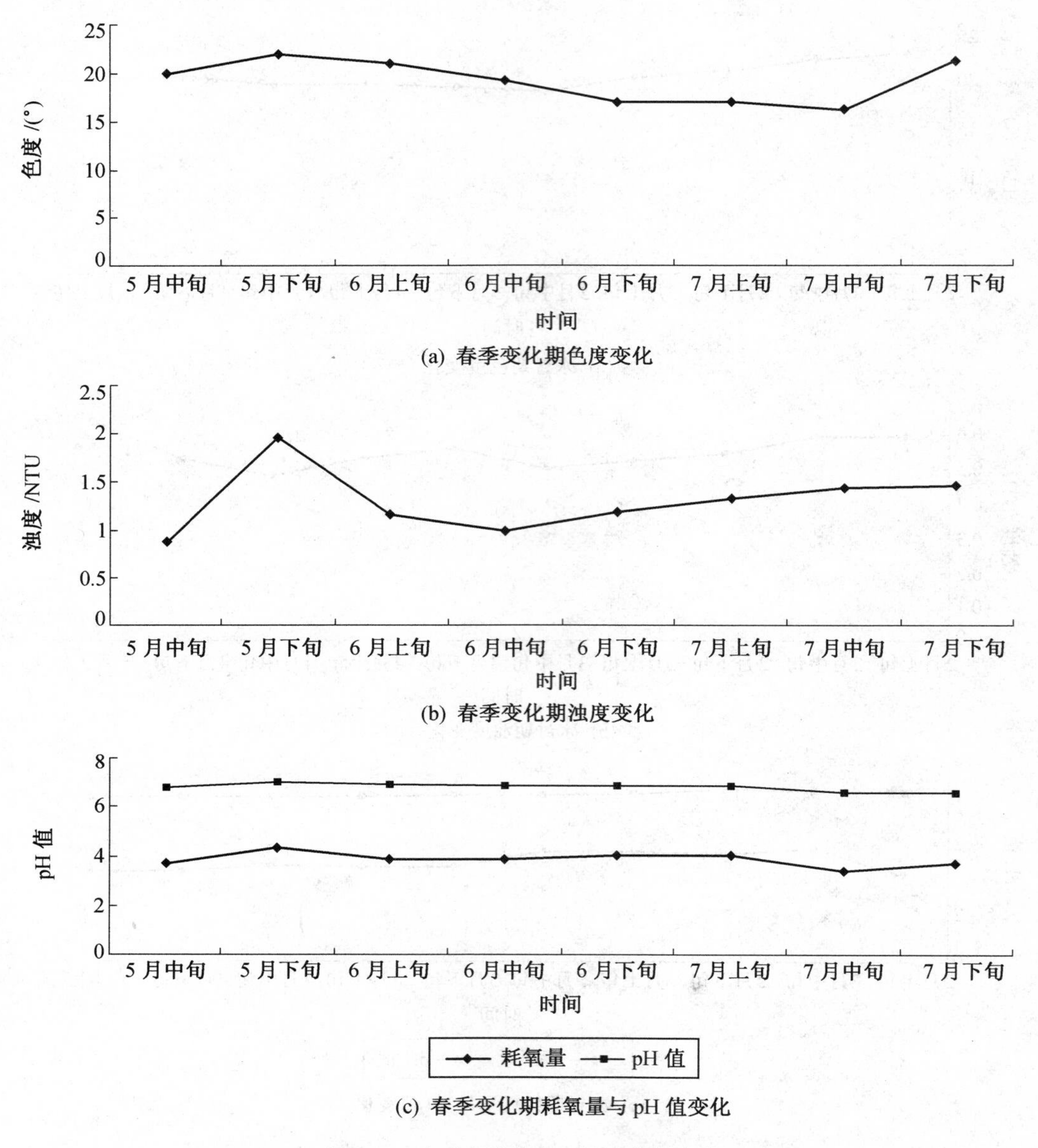

(a) 春季变化期色度变化

(b) 春季变化期浊度变化

(c) 春季变化期耗氧量与pH值变化

图2.3 春季变化期主要水质指标变化

对比净水工艺出水水质情况发现,水厂运行工况和出水水质也具有一定的季节性规律,这一点与原水水质变化相一致。由于原水浊度常年较低,并易于达到国家生活饮用水标准,因此浊度指标并不能直接反映出工艺运行状况,而当色度高时,往往出水中消毒副产物量较大,同时消耗更多的混凝药剂,可以认为色度是影响净水工艺处理效能的主导因素。此外,对比近5年来水库同期水质数据发现,不同检测点处的水质指标存在明显的差异性,其中河流入库点各项指标年季变化较大,且浊度较高,而水库中心和取水口处水质相对稳定,各项

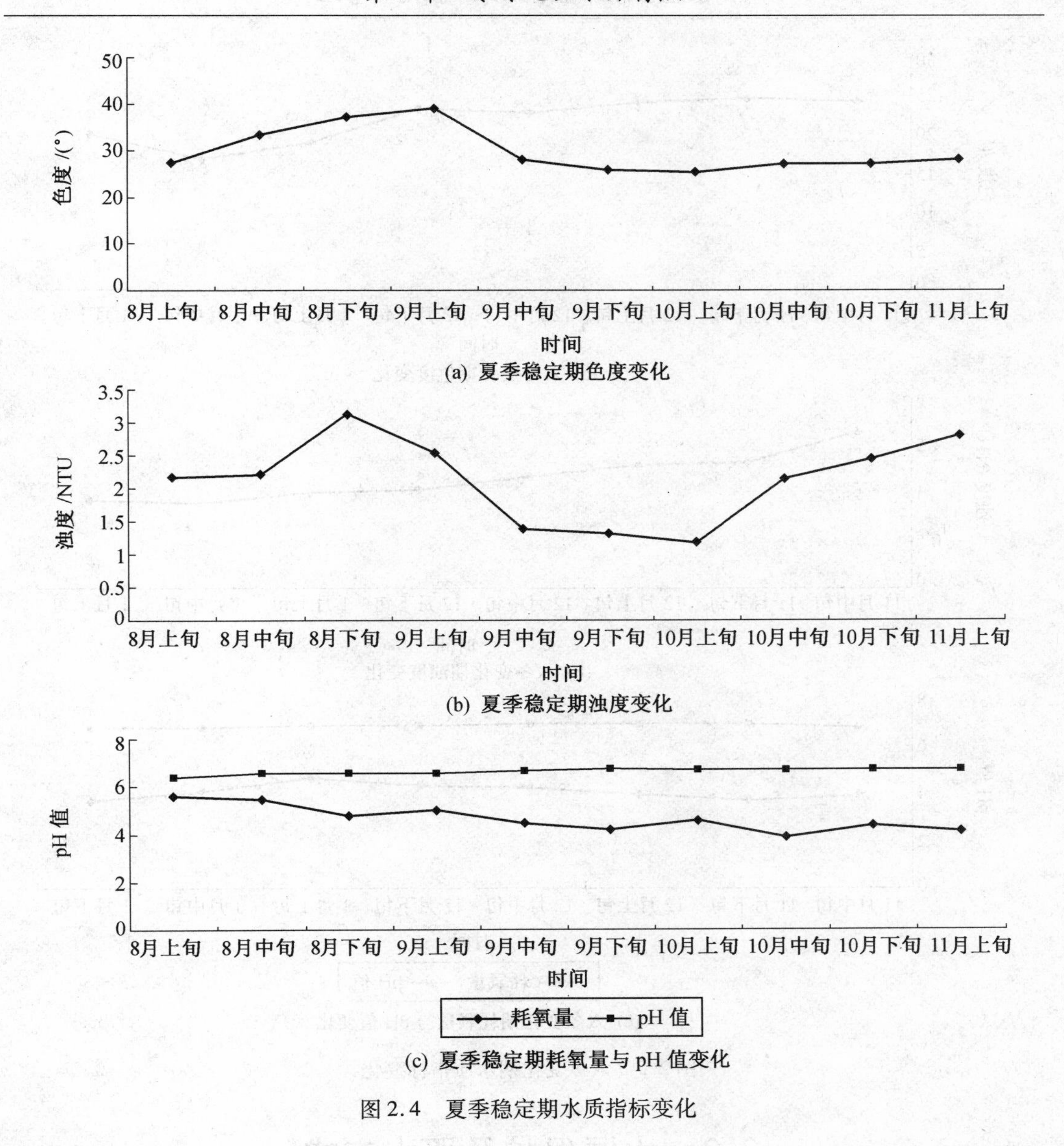

(a) 夏季稳定期色度变化

(b) 夏季稳定期浊度变化

(c) 夏季稳定期耗氧量与 pH 值变化

图 2.4　夏季稳定期水质指标变化

指标较低,同时,根据检测发现,水库中氨氮、总磷等典型有机指标逐步趋于稳定,但总大肠菌群、菌落总数和藻类含量有所上升,且优势藻类发生改变,长期来看,需预防水库水的生物相过快增长所带来的生物安全性问题。

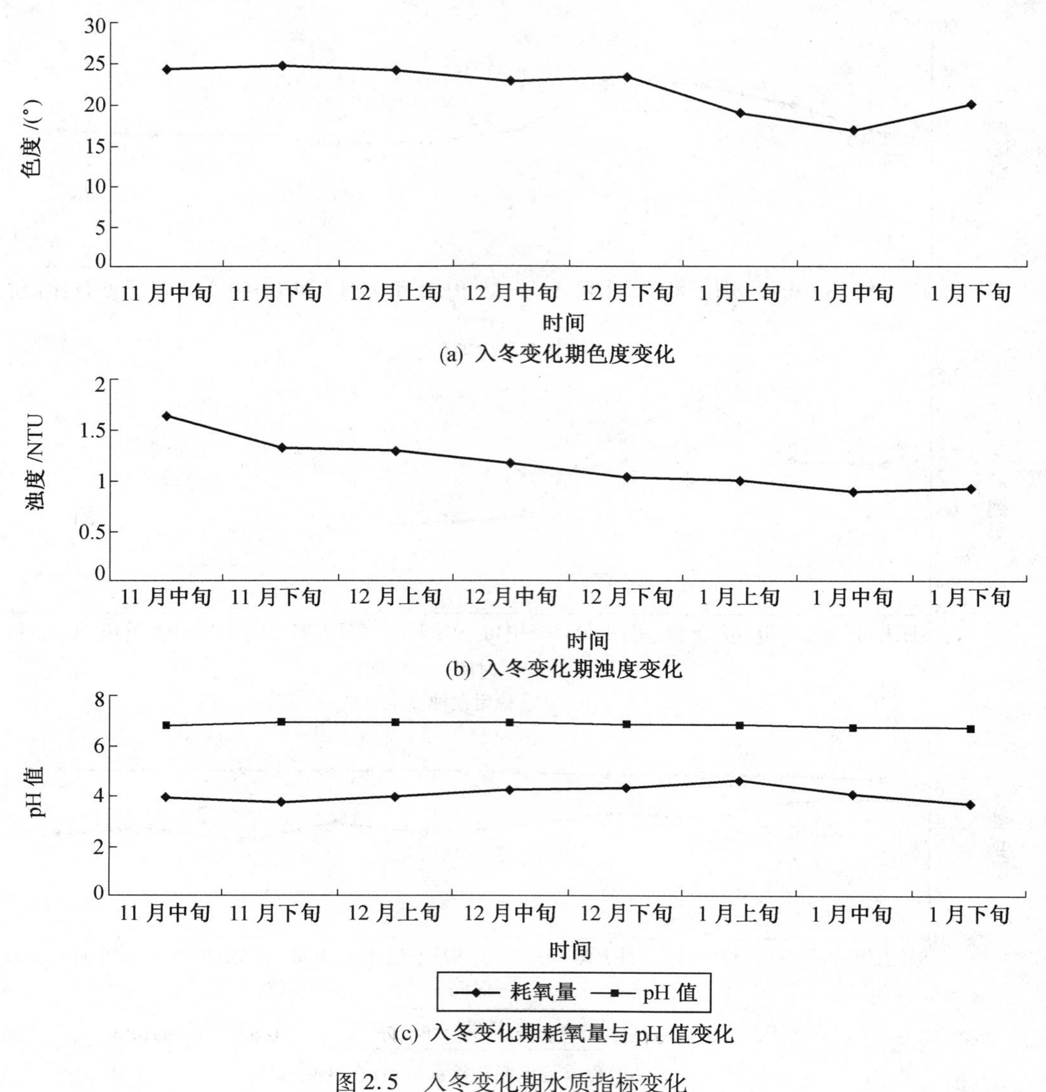

(a) 入冬变化期色度变化

(b) 入冬变化期浊度变化

(c) 入冬变化期耗氧量与pH值变化

图2.5　入冬变化期水质指标变化

2.2　水源保护及取水方式

根据《饮用水水源保护区划分技术规范》(HJ/T 338—2007)标准的相关内容,根据不同水源类型对于保护区的划分也有所区别,规范将水源划分为河流型饮用水水源、湖泊、水库饮用水水源、地下水饮用水水源以及其他饮用水水源。由于各种水源类型不同,其水质水力学模型也有所区别。这对其各种保护区设定的范围、保护的方式等问题也带来了不同的要求。

以河流型地表水源为例,对于一级保护区而言,一般河流水源地,一级保护区水域长度为取水口上游不小于1 000 m,下游不小于100 m范围内的河道水域。潮汐河段水源地,一级保护区上、下游两侧范围相当,范围可适当扩大,其宽度为5年一遇洪水所能淹没的区域。①通航河道:以河道中泓线为界,保留一定宽度的航行区,规定的航道边界线到取水口范围即为一级保护区范围;②非通航河道:整个河道范围。此外还规定在陆域范围上沿岸长度不小于相应的一级保护区水域长度。陆域沿岸纵深与河岸的水平距离不小于50 m;同时,一级保护区陆域沿岸纵深不得小于饮用水水源卫生防护规定的范围。对于二级保护区而言,一般河流水源地,二级保护区长度从一级保护区的上游边界向上游(包括汇入的上游支流)延伸不得小于2 000 m,下游侧外边界距一级保护区边界不得小于200 m。潮汐河段水源地,二级保护区不宜采用类比经验方法确定。二级保护区水域宽度:一级保护区水域向外10年一遇洪水所能淹没的区域,有防洪堤的河段二级保护区的水域宽度为防洪堤内的水域。此外还规定在二级保护区陆域沿岸长度不小于二级保护区水域河长。二级保护区沿岸纵深范围不小于1 000 m,具体可依据自然地理、环境特征和环境管理需要确定。对于流域面积小于100 km^2 的小型流域,二级保护区可以是整个集水范围。

对于湖泊、水库型地表水源而言,一级保护区范围不得小于卫生部门规定的饮用水源卫生防护范围。其中水域范围需满足:

①小型湖泊、中型水库水域范围为取水口半径300 m范围内的区域;

②大型水库为取水口半径500 m范围内的区域;

③大中型湖泊为取水口半径500 m范围内的区域。

对于陆域范围,需满足:

①小型湖泊、中小型水库为取水口侧正常水位线以上200 m范围内的陆域,或一定高程线以下的陆域,但不超过流域分水岭范围;

②大型水库为取水口侧正常水位线以上200 m范围内的陆域;

③大中型湖泊为取水口侧正常水位线以上200 m范围内的陆域;

④卫监发[2001]161号文生活饮用水集中式供水单位卫生规范;

⑤一级保护区陆域沿岸纵深范围不得小于饮用水水源卫生防护范围。对于二级保护区而言,其中水域范围需满足相关规定。

而最为复杂的是地下水饮用水水源保护区的划分,由于地下水水源分类较为复杂,按含水层介质类型的不同分为孔隙水、基岩裂隙水和岩溶水三类;按埋藏条件分为潜水和承压水两类。用水源地按开采规模分为中小型水源地(日开采量小于5万 m^3)和大型水源地(日开采量大于等于5万 m^3)。因此对于每一种分类方式,都对应着水源地保护区划分的方式。

此外该规范还对诸如饮用水源一级保护区或二级保护区内有支流汇入、完全或非完全封闭式饮用水输水河(渠)道、湖泊、水库为水源的河流型饮用水水源地等情况水源保护地的划分进行了界定,同时表述了准保护区的设定方法以及饮用水水源保护区的最终定界和监督实施方法。规范的各条规定相对明确,从技术角度基本解决了分类方式、划定方法、区域范围以及保护方式等多种问题,为饮用水源的保护提供了依据。

《饮用水水源保护区划分技术规范》(HJ/T 338—2007)提出了水源保护地的划分方法,为城市规划、工程实施提供了直接依据。但由于我国人口密度大、水环境污染本底值高以及城市区域规划等问题的存在,使得该规范在实施过程中遇到了很多问题,有技术上量化的争论,有综合规划的矛盾,有地域性差异问题,甚至有水资源与水环境的管理问题等,具体问题如下:

(1)起步晚,经验少

《饮用水水源保护区划分技术规范》(HJ/T 338—2007)是于2007年首次颁布实施的,而发达国家的相关标准大多在19世纪就开始制定了,以德国为例,水源保护区的建设始于18世纪末期,第一个水源保护区划定于科隆地区。而地下水源保护区的建设方面在英国已有近百年的历史。1902 年的玛基特法（Margate Act）就曾授权供水部门控制保护井口附近 1 500 码(1 码≈0.914 4 米)内的范围。其他诸如日本、美国该方面也都有近百年的历史。因此相关国家可以依据实际情况对本国的水源保护标准进行调整,也相关建立了相对完善的经验模型,各方意见也达成了共识。

而我国在 2006 年征求意见的时候,从各方提出的大量意见来看,对相关标准的制定和实施还存在一定的分歧,很多建议虽好却很难实施。如国土资源部提出“根据地下水流场的基本特征,保护区应该包围着取水口的一个椭圆形区域,上游边界距离取水口远,下游边界距离取水口近。建议在一级保护区划分的方法中,不宜采用以取水口为圆心,300 m 为半径划定保护区的方法”被认定在具体操作中难以实施。同时,很多条文仍主要以国外的相关标准为主,缺乏相关经验。

(2)水源多样,难以全面

我国地域广泛,水资源多样,这给规范的制定带来了很大难度,比如德国主要以地下水作为饮用水水源,而日本等国的水源类型也相对单一。而我国由于各地区差异明显,各种水源类型都有应用。由于水源类型差异大,水质、水量以及用水标准的不同,因此为该规范标准的全面覆盖和实施带来了很大难度。

基于这一问题,规范也指出须与当地的相关技术经济条件结合,但由于缺乏明确的规定,往往为水源地的保护带来了混乱。因此,需在未来的工作中对规范不断地修订和补充,或出台相关的区域水源标准,在得到论证和认可后,可以以此作为实施依据。

(3)水污染严重

随着我国经济技术的发展,水污染问题越来越严重,其造成的直接恶果是:水源地的水质指标下降,我国饮用水水源标准应设置为 2 级,但实质上绝大多数情况下 3 级标准都很难实施,这与未来水行业的发展产生了尖锐的矛盾。同时,由于季节性因素以及突发性问题,使得水源地的保护更存在一些不确定性。

可以预见的是,未来水环境的污染还有加重的趋势。因此如何保护水源地的水质,如何建立应急预案,如何进行水源的置换与备用都成为一个长期的议题。这些议题未来都会对规范的制定与修订带来直接的参考意见。

(4)用水密度大,与管理和规划有矛盾

从我国各大流域的分析来看,我国对于河流、湖泊水库以及地下水等资源的应用密度极大,并广泛存在着超采等问题。由于我国流域的城市密度极大(如长江流域),且城市的发展规模和速度极快,因此水源地的保护距离和范围在很多地区根本无法实现,而且由于涉及多方面的利益,为规范的实施添加了一定的阻力。同时由于水源地保护涉及卫生、农业、林业以及航运等多个部门,为规范的实施带来了很多的难度。

因此,必须考虑到流域(区域)水源的综合管理,合理地划分和保护水源地分配,各部门权责分明,才可能保证用水的安全,此外规范的修订未来对流域水的水源划分和水源的备选也应成为编制要点。

对于寒区湖库型水源水的水源地保护,目前来看,各主要用水城市综合考虑选址、上游保护、污染控制等措施,主要水源地距离污染区均较远,如寒区磨盘山水库、沈阳大伙房水库以及北京密云水库等。很多湖库为人工修葺而成,成库年限往往较短,库区内污染物质的积累处于较低水平,考虑到对于外源污染的控制,周边及上游库区的保护往往较为有利,因此主要的水源水中污染物质一般为天然有机污染物,其存在着年际变化规律,主要受自然环境和气候变化的影响。

根据区域内湖库水质的检测发现,人工湖库形成50年后仍可满足水源水需要,但水源水质存在着明显的退化。同时,人为活动及其所带来的外源输入能够加剧这一趋势,一旦发生严重的污染事件将会对其造成长达数年的影响。由于湖库往往具有农业灌溉功能,这一点对于污染物的输出尤为重要,但一定要防止农业面源对于湖库的影响。此外,湖库在成库过程的污染控制以及对于上游汇水区的控制是水源保护的重要环节,一旦管理不善,湖库将在短时间内水质恶化,影响供水的安全,如双鸭山寒葱沟水库等。

2.3 寒区湖库型水源水污染物成因及安全风险

近年来随着水体污染的日益加剧以及供水水质标准的逐步提高,我国供水水源形式出现了新的变化。以往我国城市水源多以地下水和地表河流为主,但由于流域水体的恶化以及地下水超采严重,近年来,我国各大城市纷纷进行水源置换,寻求以水库、湖泊等缓流水体作为城市的主要水源,特别是我国东北地区,这一问题已较为普遍(如沈阳的大伙房水库(图2.6)等),这也为我国城市的安全供水带来了新的课题。

图2.6 沈阳大伙房水库

以往东北地区主要城市均以河流或地下水作为主要水源,近年来,随着经济的不断发展,东北地区地表河流水严重恶化(如松花江),同时地下水的超采逐步危机城市的发展。因此,区域内各大城市纷纷选择水体置换策略,弱化原有水源功能,逐步实现以水库水作为主水源地的供水新模式,兴建了一大批水库水源地,如寒区水库、二龙山水库、沈阳大伙房水库、长春石头口门水源、新立城水库、大庆东湖水库等。这些工程项目的投产一定程度上缓解了各个城市的供水矛盾,但随着用水标准和检测技术的提高,水库水源的一些问题随之暴露,在近年来的检测过程中发现,东北地区各个主要水库水源地均存在着不同程度的有机污染,由于东北地区特有的气候和土质特征,水中腐殖质含量较高,造成水的浊度低(水源水浊度多小于3NTU),色度往往较高(常年不小于30度),同时在成库过程和运行管理过程中,不但残存大量有机底物,还常常受到周边面源污染的困扰。这些污染物可以轻易地穿透以浊度为目标的常规处理工艺(混凝—沉淀—过滤—消毒),因此,处理后(尤其是氯消毒后)出水,往往出现出厂水中卤代消毒副产物及相关有机污染物质浓度较高,甚至在个别时段出现超过国家标准的问题。

目前以混凝—沉淀—过滤—消毒为核心的处理工艺仍是国内外净水行业中应用最为广泛的工艺,其被证明是一种行之有效的处理方案。但大量的实验表明,该工艺对于有机物,特别是天然有机物(NOM)处理能力非常有限,滤后水中还残留有较高浓度的有机污染物,同时滤后消毒工艺仍然普遍采用以氯消毒为核心的技术。国内外的水处理经验表明,在滤后水存在大量有机污染物的情况下,采用加氯消毒的模式会产生的氯卤代消毒副产物,氯卤代消毒副产物会带来健康风险,并可能会提高癌症的发病率,这一点在大量的文献中得以证实,因此各国自20世纪90年代开始,逐步在饮用水标准中控制有机物和卤代消毒副产物的浓度,我国《生活饮用水卫生标准》(GB 5749—2006)中将三氯甲烷、四氯化碳等作为常规毒理指标,而将三卤甲烷等50项有机污染物和卤代消毒副产物作为非常规毒理指标,这也促使各水司及供水单位对现有水源、生产工艺等进行全面升级。

与浊度相似,色度也是一种混同指标,色度的高低并不能直接表征某单一物质浓度的大小。一般来讲,纯水为无色透明,天然水中含有泥土、有机质、无机矿物质、浮游生物等,往往呈现一定的颜色。与此同时,生产生活过程中所排放的含有染料、生物色素、有色悬浮物等物质的废水,也是可能是环境水体着色的主要来源。水源水中色度的增高,不仅影响水的感官性质,更可能表征该水体内可能含有有危害性的化学物质,特别是有机污染物质。根据以往的研究表明,天然有机物(NOM)对水源水的色度影响明显,研究表明,世界各地天然有机物(NOM)的组成随气候、土壤组成、植被分布显示出很大的不同。在我国东北地区水源水库的汇水区域内,地表植被较为丰富,土壤中腐殖质含量较高,并最终导致水库水中腐殖质含量较高。腐殖质及其他天然有机物将会造成水体色度增高,这一事实已经得到实验的证实,因此,控制水库水源水中色度过高实际上是以控制水体中腐殖质和其他天然有机物浓度和总量,进而控制消毒副产物前驱物(DBPs)。

根据国内外的研究发现,水体中的有机物可能在净水工艺过程中,成为消毒副产物前驱物(DBPs),特别是以氯作为消毒剂的情况下,往往会产生大量的卤代消毒副产物(THMs),对该类物质的毒理研究发现,其具有较强的致癌和致病性,是饮用水中重要的安全隐患。国内外相关规范标准均对其严格控制,我国《生活饮用水卫生标准》(GB 5749—2006)中将三氯甲烷、四氯化碳等作为常规毒理指标,而将三卤甲烷等50项有机污染物和卤代消毒副产物作为非常规毒理指标,此外各种新的卤代消毒副产物正不断地被发现,这些物质的致癌、致病性也不断被证实。这成为供水企业和相关管理部门的难题,首先,如果一味地增加控制指标,未来水质标准中卤代消毒副产物的指标突破100项仅是时间问题;其次,即使采用该方法,那么如何对水中该类指标进行检测和控制也成为一道难以逾越的技术鸿沟;更为重要的是,即使发现这类物质的存在,以现有的技术工艺仍将束手无策;因此,在未来供水行业发展过程中必须走出指标无限递增的误区。

水库中的NOM组分是以低相对分子质量的富里酸为主,NOM的相对分子质量主要分布范围为5 000~10 000以及500~1 000。单位DOC的三氯甲烷生成潜能随组分相对分子质量的减小而逐渐增大,尤其是相对分子质量小于500的组分,单位DOC的三氯甲烷生成潜能最高,而NOM对卤乙酸的生成规律是呈现一个先增大后减小再增大的趋势,相对分子质量小于500的组分依然氯乙酸生成潜能最大的部分。在水库水体及其周围环境中多环芳烃(PAHs)、历史使用的有机氯农药(OCPs)以及当前使用的农药(CUPs)都有很高的检出率。在枯水季节残留农药浓度范围高于在丰水期时的浓度范围。

随着行业对有机污染物的逐步重视,以及卤代消毒副产物毒理性研究的逐步深入,色度,特别是产生色度的天然有机物(NOM)等被认为可以作为卤代消毒副产物的前驱物(THMs)。水中腐殖质对于水的影响巨大。1974 年 Rook 发现,水源水经氯化消毒后生成的"三致物"三卤甲烷(trihalomethanes, THMs)会增加消化和泌尿系统癌症的危险性。1975 年,Robert 在其组建的 Oak Ridge 国家实验室的一次会议中,首次提出饮用水氯化后的环境影响和健康因素。Rook 研究了氯化腐殖酸的主要降解产物之一间苯二酚形成三卤甲烷和卤乙酸的情况,并证明天然有机物腐殖酸为三卤甲烷含量是形成提供前体物质,此外 Rockwell 等人还研究了氯化酚酸形成三卤甲烷的机理。这一系列的研究并可能在净水过程中形成潜在的消毒副产物,以及微生物可利用的物质。

目前饮用水氯化消毒生成的副产物大概有 700 多种,除三卤甲烷和卤乙酸外,还有卤乙腈、卤代酮、卤代醛及各种酚类,这些副产物中三卤甲烷和卤乙酸占到总量的 60% ~ 75%。近年来,很多学者将研究的方向集中于天然有机物各组分对消毒副产物形成的贡献。与此同时,近年来很多学者对水中卤代消毒副产物产生机理进行了深入细致的研究,建立了供水三氯甲烷的风险模型,国内相关学者也在氯化消毒等方面对卤代物的生成过程进行了研究,在此基础上大量的研究着重于卤代消毒副产物的控制技术方面。

各种研究都不约而同地将降低卤代消毒副产物的重点侧重于其前驱物质的控制(主要是腐殖质的控制),而在控制腐殖质、建立水源水腐殖质含量与色度关系、研究腐殖质的组成以及各分子组分对卤代消毒副产物的贡献度等方面,近年来国内外的研究也取得了一定的进展。国内外的研究表明,目前色度与腐殖质的关系,腐殖质作为卤代消毒副产物前驱物的关系,消毒副产物的产生、危害和控制,通过业内的大量的研究已经证实。在此基础上,相关检测方法、处理技术以及各个参数的影响,水质建模与水源控制等方面近年来也得到了长足的发展。相关研究表明,仅仅依靠现有的常规净水工艺,在面对高色度、高有机物含量(特别是高腐殖质含量)的水库水源水时,是很难保证安全供水标准的。但就这一问题的解决方法,各种研究出现了分歧,是在常规工艺基础上增加深度处理工艺还是颠覆传统的净水方法,是依靠水源的前端控制还是将所有问题置于厂内解决,从目前来看尚无定论。

第3章 预处理方法

3.1 预 氧 化

预氧化是通过氧化或还原将水中溶解性物质去除的技术手段，在湖库型水体中由于腐殖质相对较高，易于穿透常规净水工艺，因此往往可以通过预氧化来加以控制，其外预氧化还是控制藻类、去除有毒有害物质的重要手段，随着现代化工技术和水处理技术的交叉预氧化技术在前端预处理中的应用逐渐增加，所使用的氧化剂种类增加较快，以下介绍几种常用的预氧化剂及其使用方法。

3.1.1 臭氧氧化法

臭氧（O_3）是一种强氧化剂，其氧化能力仅次于氟，比氧、氯及高锰酸盐等常用的氧化剂都高。臭氧在空气中会自动分解为氧气，分解速度随温度升高而加快。质量分数为1%的臭氧，在常温常压下，其半衰期为16 h，所以臭氧不易贮存，需边生产边用。臭氧在纯水中的分解速度比在空气中快得多，水中臭氧3 mg/L在常温常压下，半衰期为5～30 min。臭氧还有一定的毒性和腐蚀性，一般从事臭氧处理工作人员所在的环境中，臭氧的浓度允许值定为0.1 mg/L。臭氧氧化法在水处理中主要是使污染物氧化分解，用于降低BOD、COD，脱色、除臭、除味、杀菌、杀藻，除铁、锰、氰、酚等。目前已成功应用于印染、含氰、含酚、炼油废水的处理。

臭氧能有效地去除原水中的臭味物质2-甲基异莰醇（2-MIB），还可以起到一定微絮凝作用，提高混凝的效果。臭氧氧化能力强，与水中的大多数有机污染物质和微生物迅速地反应，并完全氧化分解，其本身不产生任何副产物，但有研究表明臭氧可与天然有机物（NOM）产生包括醛类、醛（酮）类和小分子有机酸类在内的氧化副产物，如果水中含溴离子，还可以产生包括BrO^{3-}、溴仿、溴代乙酸类、三溴硝基甲烷和溴代乙腈类等在内的溴化副产物。大量的研究和工程实践证明单独的臭氧化对原水中的有机湖库型物质的去除率比较低，只有与其他方法联合作用，如活性炭吸附等才能广泛地用于工程实践，有效地去除水中的有机污染物。臭氧-生物活性炭（O_3/Biological Activated Cabon，O_3/BAC）工艺采取先氧化后活性炭吸附，可以增加有机物的可吸附性和可生物降解性，作为饮用水深度净化的核心工艺，是水源污染严重的城市饮用水处理设施的中心。以臭氧化和生物活性炭工艺为主的深度净化技术已经广泛地推广应用于欧洲国家，如法、德、意、荷等上千座水厂中；O_3/BAC工艺在我国也正在逐步推广应用，该工艺不仅仅是将臭氧氧化、活性炭吸附、微生物降解合为一体，而且适量的臭氧氧化所产生的中间产物有利于活性炭的吸附去除。实践证明，臭氧氧化和生物活性炭联用工艺可以使水中的TOC、高锰酸盐指数、UV_{254}、THM_{FP}、NH^{4+}—N、NO_2—N等都有显著的降低，出水水质良好。

臭氧氧化法的优缺点：

(1)优点

①氧化能力强，对除臭、脱色、杀菌、去除无机物和有机物都有显著的效果。

②处理后废水中的臭氧易分解，不产生二次污染。

③制备臭氧用的空气和电不必贮存和运输。

④处理过程中，一般不产生污泥。

(2)缺点

①造价高。

②处理成本高。

3.1.2　光氧化法

1. 光氧化法原理

光氧化法是利用光和氧化剂产生很强的氧化作用来氧化分解废水中有机物或无机物的方法。氧化剂有臭氧、氯、次氯酸盐、过氧化氢及空气加催化剂等，其中常用的为氧气。在一般情况下，光源多为紫外光，但它对不同的污染物有一定的差异，有时某些特定波长的光对某些物质比较有效；光对污染物的氧化分解起催化剂的作用。下边介绍以氯为氧化剂的光氧化法处理有机废水。

氯和水作用生成的次氯酸吸收紫外光后，被分解产生初生态氧[O]，这种初生态氧很不稳定且具有很强的氧化能力。初生态氧在光的照射下，能把含碳有机物氧化成二氧化碳和水，简化后反应过程如下：

$$Cl_2+H_2O \Longleftrightarrow HClO+HCl \tag{3.1}$$

$$HClO \xrightarrow{光} HCl+[O] \tag{3.2}$$

$$[H \cdot C]+[O] \xrightarrow{光} H_2O+CO_2 \tag{3.3}$$

式中，[H · C]代表含碳有机物。

2. 处理工艺流程

光氧化法工艺处理流程如图3.1所示。废水经过滤器去除悬浮物后进入光氧化池。废水在反应池内的停留时间与水质有关，一般为0.5~2.0 h。光氧化的氧化能力比只用氯氧化高10倍以上，处理过程一般不产生沉淀物，不仅可处理有机废水，也可处理能被氧化的无机物。此法作为废水深度处理时，COD、BOD可接近于零。光氧化法除对分散染料的一小部分外，其脱色率可达90%以上。

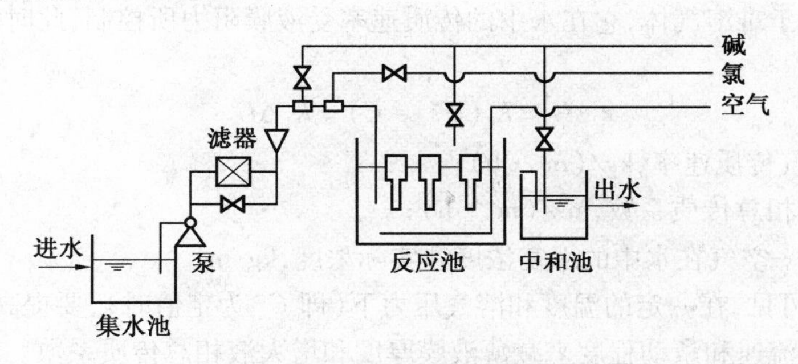

图3.1　光氧化法工艺处理流程

3.1.3 高级氧化工艺

高级氧化工艺(Advanced Oxidation Processes, AOPs)泛指反应过程中有大量羟自由基参与的化学氧化过程,AOPs 工艺可以分为两大类,第一类为 O_3/H_2O_2、Fe^{2+}/H_2O_2、UV/O_3、UV/H_2O_2和 $UV/O_3/H_2O_2$等氧化剂直接参加反应的均相反应过程,其中有紫外光参加的氧化反应通常称为光激发氧化;第二类为有固体催化剂(n 型半导体材料如 TiO_2、ZnO 和 CdS 等)存在,紫外光或可见光与 O_2或 H_2O_2作用下的非均相氧化反应过程,称为光催化氧化。这里我们以 Fenton 试剂氧化降解有机物为例来阐述高级氧化的机理。

$$Fe^{2+} + H_2O_2 \longrightarrow Fe^{3+} + OH^- + HO\cdot \tag{3.4}$$

$$RH + HO\cdot \longrightarrow RH + R\cdot \tag{3.5}$$

$$R\cdot \longrightarrow CO_2 + H_2O \tag{3.6}$$

Fenton 试剂氧化降解有机物,例如染料废水,受 pH 值影响较大,一般控制在 3 ~4 左右,温度常温,时间 1 h 反应即可结束,反应完成后以碱液调整 pH 值,生成 $Fe(OH)_3$的微细沉淀,具有一定的絮凝效果,色度和 COD 去除率可达 95% 和 90% 以上。

3.2 其他预处理方法

3.2.1 气浮和浮选

气浮是典型的物理处理技术,其发展较早,特别在污水处理中应用较多,气浮对于密度接近于 1、颗粒粒径相对较小且难于沉淀的杂质具有较好的去除效果,但与杂质的结构以及与水的亲和度有关。在净水工艺中气浮往往可以取代沉淀池或与沉淀池组成浮沉系统,提高出水效果,此外,长期的研究和工程实践表明,气浮是一种比较好的除藻工艺。从 20 世纪 70 年代末开始,气浮除藻工艺在全国范围内得到了广泛的应用。

气浮过程中,细微气泡首先与水中的悬浮粒子相黏附,形成整体密度小于伞的“气泡-颗粒”复合体,使悬浮粒子随气泡一起浮升到水面。由此可见,实现气浮分离必须具备以下三个基本条件:一是必须在水中产生足够数量的细微气泡;二是必须使待分离的污染物形成不溶性的固态或液态悬浮体;三是必须使气泡能够与悬浮粒子相黏附。这里着重讨论细微气泡的形成以及它与悬浮粒子的黏附问题。

1. 空气的溶解、释放及气泡性质

(1)空气的溶解

空气对水属于难溶气体,它在水中的传质速率受液膜阻力所控制,此时空气的传质速率可表示为

$$N = K_L(C^* - C) = K_L\Delta C \tag{3.7}$$

式中 N——空气传质速率,$kg/(m^2\cdot h)$;

K_L——液相总传质系数,$m^3/(m^2\cdot h)$;

C^*,C^-——空气在水中的平衡浓度和实际浓度,kg/m^3。

由式(3.7)可见,在一定的温度和溶气压力下(即 C^* 为定值时),要提高溶气速率,就必须通过增大液相流速和紊动程度来减薄液膜厚度和增大液相总传质系数。增大液相总传质系数,强化溶气传质的途径是采用高效填料溶气罐,溶气用水以喷淋方式由罐顶进入,空气以小孔鼓泡方式由罐底进入,或用射流器、水泵叶轮将水中空气切割为气泡后由罐顶经溃头

或孔板通入。这样,就能在有限的溶气时间内使空气在水中溶解量尽量接近饱和值。当采用空罐时,也应采用上述的布气进水方式,而且应尽可能提高喷淋密度。

在水温一定而溶气压力不很高的条件下,空气在水中的溶解平衡可用亨利定律表示为

$$V = K_T p \tag{3.8}$$

式中　V——空气在水中的溶解度,L/m^3;

K_T——溶解度系数,$L/(kPa \cdot m^3)$,K_T 值与温度的关系见表3.1;

p——溶液上方的空气平衡分压,kPa(绝对压力)。

表3.1　不同温度下空气在水中的溶解度系数

温度/℃	0	10	20	30	40	50
K_T 值	0.285	0.218	0.180	0.158	0.135	0.120

由式(3.8)可见,空气在水中的平衡溶解量与溶气压力成正比,且与温度有关。在实际操作中,由于溶气压力受能耗的限制,而且空气溶解量与溶气利用率相比并不十分重要,因而溶气压力通常控制在490 kPa(表压)以下。

溶解于水中的空气量与通入空气量的百分比,称为溶气效率。溶气效率与温度、溶气压力及气液两相的动态接触面积有关。为了在较低的溶气压力下获得较高的溶气效率,就必须增大气液传质面积,并在剧烈的湍动中将空气分散于水。在20℃和290～490 kPa(表压)的溶气压力下,填料溶气罐的平均溶气效率为70%～80%,空罐为50%～60%。

在一定条件下,空气在水中的实际溶解量与平衡溶解量之比,称为空气在水中的饱和系数。饱和系数的大小与溶气时间及溶气罐结构有关。在2～4 min的常用溶气时间内,填料罐的饱和系数为0.7～0.8,空罐为0.8～0.7。大气压下空气在水中的平衡溶解量见表3.2。

表3.2　大气压下空气在水中的平衡溶解量

温度/℃		0	5	10	15	20	25	30
平衡溶解量	mg/L	37.55	32.48	28.37	25.09	22.40	20.16	18.14
	mL/L	29.18	25.69	22.84	20.56	18.68	17.09	15.04

(2)溶解空气的释放

溶气水的释气过程是在溶气释放器内完成的。释气过程是在溶气水流经过反复地收缩、扩散、撞击、反流、挤压、辐射和旋流中完成的,整个过程历时不到0.2 s。

释放器的性能往往因结构不同而有很大差异。高效释放器都有一个共同特点,就是使溶气水在尽可能短的时间内达到最大的压力降,并在主消能室(即孔盒内)具有尽可能高的紊流速度梯度。

(3)细微气泡的性质

气浮法的净水效果,只有在获得直径微小、密度大、均匀性好的大量细微气泡的情况下,才能得到良好的气浮效果:

①气泡直径越小,其分散度越高,对水中悬浮粒子的黏附能力和黏附量也就越大。

②气泡密度是指单位体积释气水中所含微气泡的个数,它决定气泡与悬浮粒子碰撞的概率。由于气泡密度与气泡直径的3次方成反比,因此在溶气压力受到限制的条件下,增大气泡密度的主要途径是缩小气泡直径。

③气泡的均匀性,一是指最大气泡与最小气泡的直径差;二是指小直径气泡占气泡总量的比例。大气泡数量的增多会造成两种不利影响:一是使气泡密度和表面相大幅度减小,气泡与悬浮粒子的黏附性能和黏附量相应降低;二是大气泡上浮时会造成剧烈的水力扰动,不

仅加剧了气泡之间的兼并，而且由此产生的惯性撞击力会将已黏附的气泡撞开。

④气泡稳定时间，是将溶气水注入 1 000 mL 量筒，从满刻度起到乳白色气泡消失为止的历时。优良的释放器释放的气泡稳定时间应在 4 min 以上。

溶气利用率，是指能同悬浮粒子发生黏附的气泡量占溶解空气量的百分比。常规压力溶气气浮的溶气利用率通常不超过 20%，其原因在于释放的空气大部分以大直径的无效气泡逸散。在这种情况下，即便将溶气压力提得很高，也不会明显提高气浮效果。相反，如能用性能优良的释放器获得性质良好的细微气泡，就完全能够在较低的溶气压力下使溶气利用率大幅度提高，从而实现气浮工艺所追求的低压、高效、低能耗的目标。

2. 悬浮粒子与气泡的黏附

在细微气泡性质已定的条件下，悬浮粒子能够自动与气泡黏附，主要取决于粒子的表面性质。一般的规律是，疏水性粒子容易与气泡黏附，而亲水性粒子则不易与气泡黏附，亲水性越强，黏附就越困难。因此，如果水中的悬浮粒子是强亲水性物质，就必须首先投加浮选药剂，将其表面转变为疏水性的，才能用气浮法去除。这种把投加浮选药剂与气浮结合起来的水处理方法就是浮选。

水中悬浮粒子黏附于气泡的机理涉及气泡、溶液和粒子三者的关系。当气泡与分散相粒子共存于水中时，就依粒子的不同润湿性构成的“气-液-粒”三相体系及不同的气泡与粒子的黏附情况。

气、液两相接触时，液体的表面张力使液体表层分子比内部分子具有更多的能量。这种能量称为表面能或气、液界面能。实际上，任何两相之间都有界面张力和界面能。界面能和表面能一样，都有降低到最小的趋势。细微气泡具有巨大的表面能，是热力学不稳定体系。当它们与悬浮粒子在水中相遇时，就彼此挤开对方的外层水膜，使气泡内膜紧靠粒子的疏水部位，并通过范德华引力发生黏附，以降低气泡与粒子间的界面能。这种黏附能否实现，则取决于该种粒子的润湿性。

水对各种粒子的润湿性大小可用接触角 θ 来衡量。接触角 $\theta<90°$ 者称为亲水性物质，$\theta>90°$ 者称为疏水性物质；θ 越大，疏水性越强。物质的亲、疏水性可从粒子与水的接触面积的大小看出。

若将气泡、溶液和粒子分别用 a、l 和 p 表示，而作用于三相界面的界面张力分别表示为：液/气 $\sigma_{1,a}$，液/粒 $\sigma_{1,p}$，气/粒 $\sigma_{a,p}$（单位均为 10^{-5} N）。那么，可以根据界面张力平衡原理，导出粒子与气泡黏附后界面能的降低值 ΔW（10^{-7} J）的表达式为

$$\Delta W=\sigma_{1,a}(1-\cos\theta) \tag{3.9}$$

由上式可见，当粒子润湿性很好时，$\theta\to0°$，$\cos\theta\to1$，$\Delta W=0$，即界面能并未减小，说明粒子不能与气泡黏附；反之，当粒子润湿性很差时，$\theta\to180°$，$\cos\theta\to-1$，$\Delta W\to2\sigma_{1,a}$，说明粒子与气泡能紧密黏附，易于用气浮法除去。

浮选剂是浮选中所用药剂的总称，按功能的不同可分为捕收剂、调整剂和起泡剂三类。它们大多是链状有机表面活性剂。其主要特征是分子结构的不对称性，属于极性-非极性分子。分子的一端含有极性基（如—OH、—COOH、$—SO_3H$、$—NH_3$、≡N等），显示出亲水性，称为亲水基；另一端为非极性基（如—R、R—⟨苯环⟩等），显示出疏水性，称为疏水基。当在分散相为亲水性粒子的水中投加浮选剂时，在有大量细微气泡造成的大面积气水界面上，亲水粒子就强烈吸附浮选剂的亲水基，而迫使疏水基伸向水。结果在粒子周围形成亲水基

向粒子而疏水基向水的定向排列，从而使亲水性粒子的表面性质由亲水性转变为疏水性。此外，这类表面活性剂还能显著降低水的表面张力，提高气泡膜的弹性和强度，使细微气泡不易破裂和变大。这种功能特别显著的浮选剂常称为起泡剂。

浮选剂的种类很多，属于捕收剂的有松香油、煤油、黄药、黑药、氧化石蜡、十八胺等；属于稳泡剂的有十二烷基磺酸钠、月桂酯二乙醇酰胺、月桂醇硫酸酯钠等。浮选剂的性能与其分子结构密切相关，疏水基的相对分子质量越大，它与气泡的黏附性就越强。因此，应选择那些疏水基碳链较长的品种，其加量以控制在稍高于临界胶束浓度为度。

细微气泡与悬浮粒子的黏附形式有多种。按二者碰撞动能的大小和粒子疏水性部位的不同，气泡可以黏附于粒子的外围，形成外围黏附；也可以挤开孔隙内的自由水而黏附于絮体内部，形成粒间裹挟。如果溶气水是加在投加了混凝剂并处于胶体脱稳凝聚阶段的初级反应水中，那么超微气泡就先与微絮粒黏附，然后在上浮过程中再共同长大，相互聚集为带气絮凝体，形成粒间裹挟和中间气泡架桥黏附兼而有之的“共聚黏附”。共聚黏附具有药剂省、设备少、处理时间短和浮渣稳定性好等优点，但必须有相当密集的超微气泡与之配合。

3.2.2　生物预处理

生物预处理在城市给水中的应用是随着饮用水水源污染的加剧而发展起来的。对常规净水工艺不能充分去除的氨氮、亚硝酸盐氮、藻类、嗅味等都有较好的处理效果，还可以去除水中的浑浊度和相应的色度，以及高锰酸盐指数。因此，针对水源水被污染的特性，可适时增加生物预处理。生物预处理主要是对原水进行曝气或其他生物处理，去除水中氨氮和生物可降解有机物，包括生物接触氧化池和曝气生物滤池等。1971年，日本的小岛贞男首次成功地将生物接触氧化法应用于富营养化水源水预处理，去除藻类60%～80%，氨氮90%以上，嗅味50%～70%，使水厂出水水质得到明显改善，把本来属于污水处理应用范畴的生物法引入了给排水处理领域。

生物预处理工艺以生物膜法为主导，生物预处理的填料上生长着细菌、原生动物、后生动物等微生物形成生物膜，在与水接触时，生物膜上的微生物摄取、分解水中的有机物和氮、磷等营养物质。去除常规工艺不能充分去除的氨氮、亚硝酸盐氮、藻类、可生物降解有机污染物等，此外，还能去除或减少可能在加氯后生长的致突变物质的前驱物，不同程度地去除原水中的铁、锰、色、嗅及浊度，从而使水得到净化。其中，COD_{Mn}去除率一般为15%～20%，氨氮和亚硝酸盐去除率可高达80%以上。

生物预处理适合于水中有机污染物可生化性较强、无工业废水污染的情况，对优先污染物去除效果也不佳，且无法间歇运行等。如果原水受生活污水污染，有机物和氨氮较高（接近或超过《地表水环境质量标准》（GB 3838—2002）中的111类水体的上限），与增加臭氧-活性炭深度处理相比，选用生物预处理是解决该类水质问题的经济合理的选择方案。生物预处理方案的确定应结合已有研究成果和原水水质特征进行必要的模拟试验，确定生物预处理的工艺适用性、池型及设计和运行参数。

常用的预处理工艺包括生物滤池、生物转盘以及生物接触氧化等。

1. 生物转盘

生物转盘是生物膜法处理的反应器之一，如图3.2所示。它于20世纪60年代问世，并有效地用于城市污水和水源水的预处理，其在欧美和日本应用广泛，在我国也取得一定的应用。生物转盘具有结构简单、运转安全、抗冲击负荷能力强、不产生堵塞及运行费用低等特点。

生物转盘属生物膜反应器，降解有机物的机理与生物滤池相同，但其构造形式与生物滤

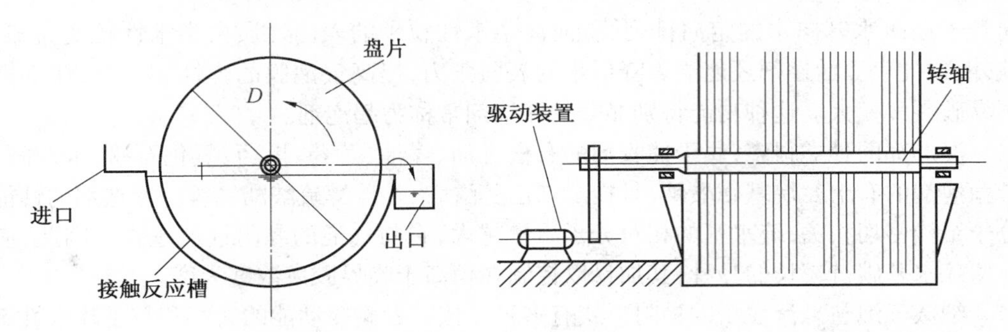

图 3.2　生物转盘构造图

池完全不同。如前所述，生物滤池技术是使微生物附着在不动的滤料上，而废水是流动滴落与生物膜接触，从而完成传质及净化过程。生物转盘则是使微生物（生物膜）固着在能够转动的圆板上，即生物转盘上，而污水则处于半静止状态。在动力驱动下，转盘缓慢转动，由于转盘表面积的40%淹没在反应槽内，使得附着在盘片上的生物膜交替与污水和空气接触。当盘片淹没在反应槽时，生物转盘的生物膜吸收污水中的有机污染物；当转到空气中则吸收微生物所必需的氧气，以进行好氧生物分解。由于转盘的缓慢转动，使得反应槽内得到充分的搅拌，在生物膜上附着水层中的过饱和溶解氧使得反应槽内溶解氧量增加。

生物转盘主要由盘片、接触反应槽、转轴及驱动装置组成。它将盘片等距离串联并固定在转轴上，转轴两端安装在接触反应槽两端的支座上，转轴高出反应槽水面10～25 cm。转盘旋转动力来自于驱动装置。驱动装置由电机、减速器和传动装置等部件组成，带动转盘以较慢速度旋转，反应槽内由进水管（渠）道充满污水，转盘交替地和污水、空气接触。

生物转盘在低速转动过程中，附着在盘片上的生物膜与污水和空气交替接触，完成了生物降解有机污染物。在生物膜构造中，除含有有机污染物及氧气以外，还有生物降解产物如CO_2、NH_3等物质的传递，传递示意图如图3.3所示。

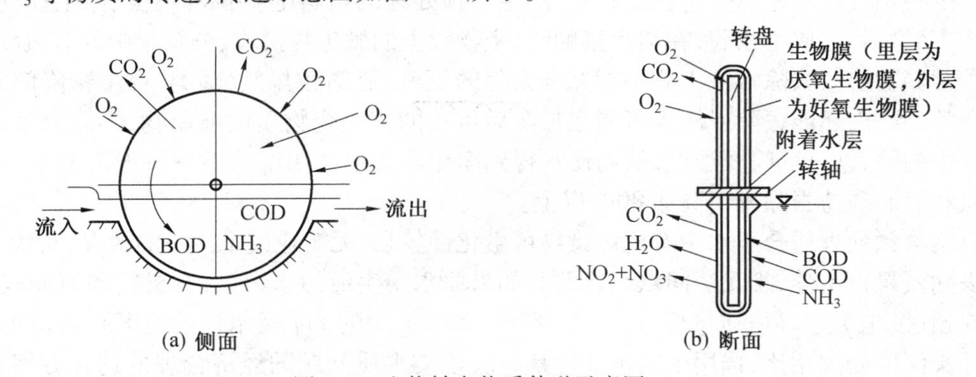

图 3.3　生物转盘物质传递示意图

由于生物降解有机物，生物膜逐渐增厚，靠近盘片内形成厌氧层，生物膜开始老化。在反应槽内的污水产生的剪切力的作用下，老化的生物膜剥落，随处理水流入沉淀池被重力分离。生物转盘运行成本较低，适于微污染水源水的有机物去除，耐受负荷能力较宽。

2. 生物接触氧化

生物接触氧化法的反应器为接触氧化池，也称为淹没式生物滤池，如图3.4所示。日本首创于20世纪70年代，近20年来，该技术在国内外都得到了快速发展和广泛应用。生物接触氧化法就是在反应器中添加惰性填料，已经充氧的污水浸没并流经全部惰性填料，水中的有机物与在填料上的生物膜充分接触，在生物膜上的微生物新陈代谢作用下，有机污染物质被去除。生物接触氧化法处理技术除了上述的生物膜降解有机物机理外，还存在与曝气池相同的活性污泥降解机理，即向微生物提供所需氧气，并搅拌污水和污泥使之混合，因此，这种技术相当于在曝气池内填充供微生物生长繁殖的栖息地——惰性填料，所以，此方法又称接触曝气法。

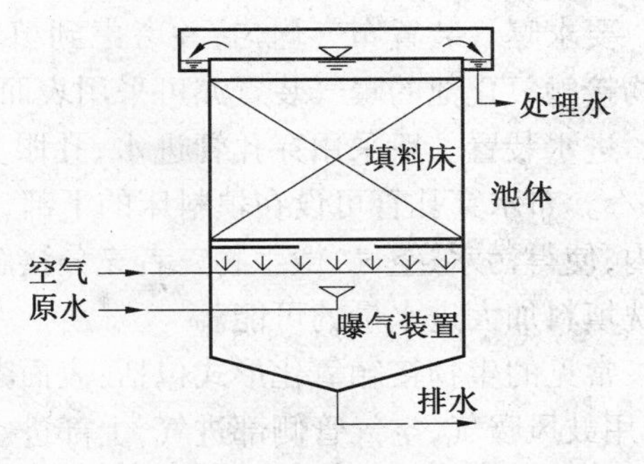

图3.4　生物接触氧化池构造图

生物接触氧化是一种介于活性污泥法与生物滤池两者结合的生物处理技术。因此，此方法兼具备活性污泥法与生物膜法的特点。

生物接触氧化池主要由池体曝气装置、填料床及进出水系统组成，池体的平面形状多采用圆形、方形或矩形，其结构由钢筋混凝土浇筑或用钢板焊制。池体的高度一般为4.5～5.0 m，其中填料床高度为3.0～3.5 m，底部布气高度为0.6～0.7 m，顶部稳定水层为0.5～0.6 m。填料是生物接触氧化池的重要组成部分，它直接影响污水的处理效果。由于填料是产生生物膜的固体介质，所以，对填料的性能有如下要求：

①要求比表面积大、孔隙率高、水流阻力小、流速均匀。

②表面粗糙、增加生物膜的附着性，并要外观形状、尺寸均一。

③化学与生物稳定性较强，经久耐用，有一定的强度。

④要就近取材，降低造价，便于运输。

目前，生物接触氧化池中常用的填料有蜂窝状填料、波纹板状填料及软性与半软性填料等，如图3.5所示，填料的有关性能指标见表3.3。

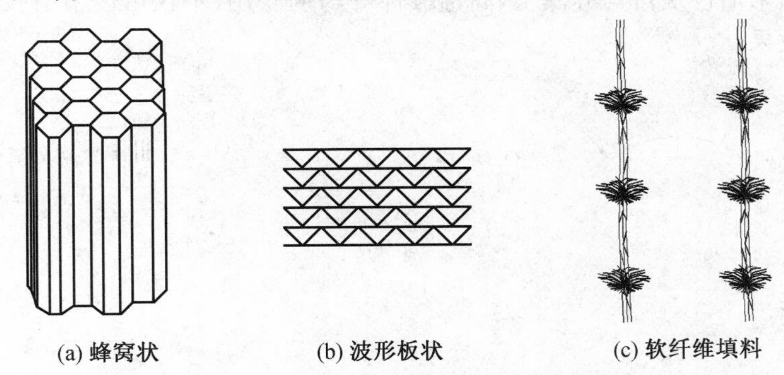

图3.5　生物接触氧化池内常用的填料

表3.3　填料的有关性能指标

填料种类	材 质	比表面积/($m^2 \cdot m^{-3}$)	孔隙率/%
蜂窝状填料	玻璃钢、塑料	133～360	97～98
波纹状填料	硬聚氯乙烯	150	95
软性填料与半软性填料	变性聚乙烯塑料	87～93	97
	化学纤维	～2 000	～99

曝气系统由鼓风机、空气管路、阀门及空气扩散装置组成。目前常用的曝气装置为穿孔管，孔眼直径为5 mm，孔眼中心距为10 cm左右。布气管一般设在填料床下部，也可设在一

侧。要求曝气装置布气均匀,并考虑到填料发生堵塞时能适当加大气量及提高冲洗能力。生物接触氧化池的曝气装置亦可采用表面曝气供氧。

进水装置一般采用穿孔管进水,孔眼直径为 5 mm,间距 20 cm 左右,水流出孔流速为 2 m/s。布水穿孔管可设在填料床的下部,也可设在填料床的上部,要求布水均匀。在填料床内,使得污水、空气、微生物三者充分接触,以便生物降解。要考虑填料床发生填塞时,为冲洗填料加大进水量的可能。

常见的生物接触氧化形式包括:表面曝气充氧式;采用鼓风曝气,底部进水,底部进空气式;用鼓风曝气,空气管侧部进气,上部进水式。生物接触氧化工艺较为成熟,适用于大水量的水源水预处理。

3.2.3 粉末活性炭法

粉末活性炭法通常将粉末活性炭投加到原水中,吸附水中的有机物,然后通过后续的混凝沉淀加以去除,该法能够显著改善水的色嗅味,对相对分子质量为 1 000 ~ 5 000 的有机物有较好的去除效果,对于相对分子质量较小的有机物,吸附效果往往随有机物 性质的不同而差别较大。国外对粉末活性炭吸附性能做的大量研究表明:粉末活性炭对三氯苯酚、二氯苯酚、农药中所含的有机物、三卤甲烷及前驱物以及消毒副产物三氯乙酸、二氯乙酸和二卤乙腈等均有很好的吸附效果。粉末活性炭可分为干式投加和湿式投加两种,一般干式投加采用干式投加机,湿式投加采用计量泵。从净水效果和操作环境考虑,推荐采用湿式投加。粉末活性炭的投加点一般是水厂进出口、快速混合处、反应池中段和滤池进口,其投加量根据水质的不同而变化较大。

粉末活性炭与粒状活性炭相比具有基建与投资少、使用灵活、管理方便等优点,特别适于季节性短期污染高峰负荷的水质净化。在水源受污染较重的季节,投加粉末活性炭可作为应急措施。粉末活性炭可与硅藻土、高锰酸钾等药剂联用,不仅可以节省投加量,也能取得更好的处理效果。

第4章 混 凝

4.1 混凝剂及助凝剂选择

在寒区湖库型水体中存在大量的胶体物质，根据传统的净水工艺主要通过混凝沉淀过程加以去除，其中混凝过程的效率直接影响到絮体的密实度进而影响出水水质，由于湖库型水体中的胶体物质类型和失稳条件较常规河流水源有所区别，因此在具体工艺类型和参数的选取中应有所考虑。

4.1.1 混凝机理

混凝是指水中胶体颗粒及微小悬浮物的聚集过程，它是凝聚和絮凝两个过程的总称。其中凝聚是指水中胶体被压缩双电层而失去稳定性的过程，絮凝是指脱稳胶体相互聚结成大颗粒絮体的过程。凝聚是瞬时的，而絮凝则需要一定的时间才能完成，二者在一般情况下不好截然分开。因此，把能起凝聚和絮凝作用的药剂统称为混凝剂。

水处理工程中的混凝现象比较复杂。不同种类混凝剂以及不同的水质条件、混凝机理都有所不同。混凝的目的是为了使胶体颗粒能够通过碰撞而彼此聚集。实现这一目的，就要消除或降低胶体颗粒的稳定因素，使其失去稳定性。

胶体颗粒的脱稳可分为两种情况：一种是通过混凝剂的作用，使胶体颗粒本身的双电层结构发生变化，致使 ξ 电位降低或消失，达到胶体稳定性破坏的目的；再一种就是胶体颗粒的双电层结构没有多大变化，而主要是通过混凝剂的媒介作用，使颗粒彼此聚集。

目前普遍用四种机理来定性描述水的混凝现象。

1. 压缩双电层作用机理

对于憎水胶体，要使胶粒通过布朗运动相互碰撞而结成大颗粒，必须降低或消除排斥能峰才能实现。降低排斥能峰的办法是降低或消除胶粒的 ξ 电位。在胶体系统中，加入电解质可降低 ξ 电位。

胶体的双电层结构，决定了颗粒表面处反离子浓度最大。胶体颗粒所吸附的反离子浓度与距颗粒表面的距离成反比，随着与颗粒表面的距离增大，反离子浓度逐渐降低，直至与溶液中离子浓度相等，如图4.1所示。当向溶液中投加电解质盐类时，溶液中反离子浓度增高，胶体颗粒能较多地吸引溶液中的反离子，使扩散层的厚度减小。

根据浓度扩散和异号电荷相吸的作用，这些离子可与颗粒吸附的反离子发生交换，挤入扩散层，使扩散层厚度缩小，进而更多地挤入滑动面与吸附层，使胶粒带电荷数减少，ξ 电位降低。这种作用称为压缩双电层作用。此时两个颗粒相互间的排斥力减小，同时由于它们相撞时的距离减小，相互间的吸引力增大，胶粒得以迅速聚集。这个机理是借单纯静电现象来说明电解质对胶体颗粒脱稳的作用。

压缩双电层作用机理不能解释其他一些复杂的胶体脱稳现象。如混凝剂投量过多时，凝聚效果反而下降，甚至重新稳定；可能与胶粒带同号电荷的聚合物或高分子有机物有好的凝聚效果；等电状态应有最好的凝聚效果，但在生产实践中，ξ 电位往往大于零时，混凝效果最好。

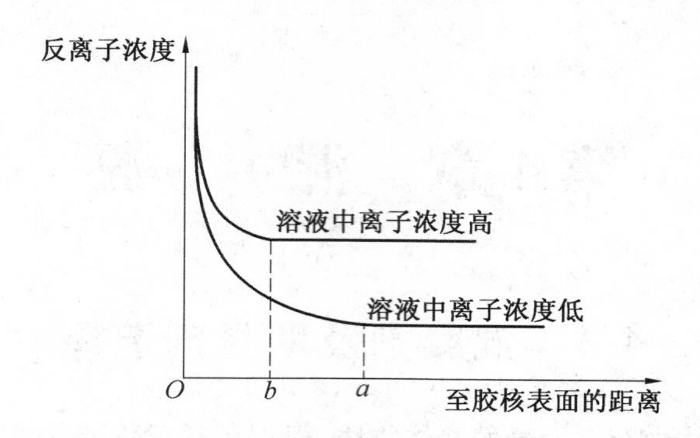

图4.1 溶液中离子浓度与扩散层厚度之间的关系

2. 吸附和电性中和作用机理

吸附和电性中和作用指胶粒表面对异号离子、异号胶粒或链状离子带异号电荷的部位有强烈的吸附作用而中和了它的部分电荷,减少了静电斥力,因而容易与其他颗粒接近而互相吸附。这种吸附力,除静电引力外,一般认为还存在范德华力、氢键及共价键等。

当采用铝盐或铁盐作为混凝剂时,随着溶液pH值的不同可以产生各种不同的水解产物。当pH值较低时,水解产物带有正电荷。给水处理时原水中胶体颗粒一般带有负电荷,因此带正电荷的铝盐或铁盐水解产物可以对原水中的胶体颗粒起中和作用。二者所带电荷相反,在接近时,将导致相互吸引和聚集,如图4.2所示。

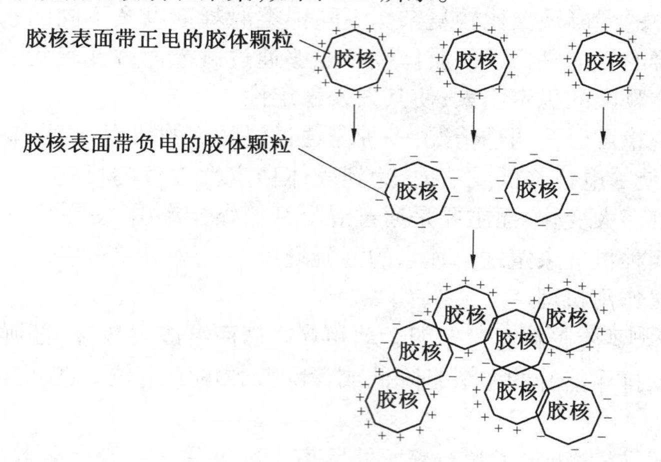

图4.2 不同电荷之间的相互吸引聚集

3. 吸附架桥作用机理

吸附架桥作用是指高分子物质与胶体颗粒的吸附与桥连。当高分子链的一端吸附了某一胶粒后,另一端又吸附另一胶粒,形成“胶粒-高分子-胶粒”的絮凝体,如图4.3(a)所示。高分子物质在这里起了胶体颗粒之间相互结合的桥梁作用。

高分子物质过量投加时,胶粒的吸附面均被高分子覆盖,两胶粒接近时,就受到高分子之间的相互排斥而不能聚集。这种排斥力可能源于“胶粒-胶粒”之间高分子受到压缩变形而具有排斥势能,也可能由于高分子之间的电性斥力或水化膜。因此,高分子物质投量过少,不足以将胶粒架桥连接起来;投量过多,又会产生“胶体保护”作用,如图4.3(b)所示,使凝聚效果下降,甚至重新稳定,即所谓的再稳。

除了长链状有机高分子物质外,无机高分子物质及其胶体颗粒,如铝盐、铁盐的水解产物等,也都可以产生吸附架桥作用。

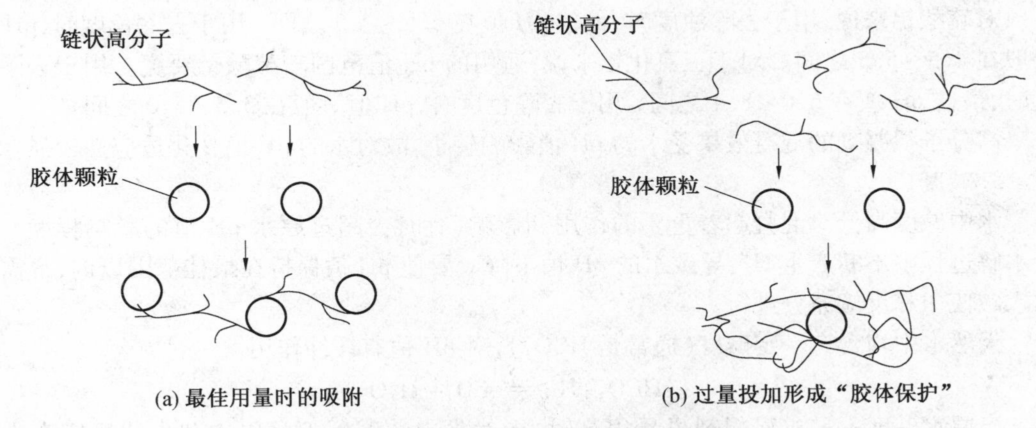

图4.3 链状高分子与胶体颗粒的吸附桥连

4. 沉淀物网捕作用机理

沉淀物网捕,又称为卷扫,是指向水中投加含金属离子的混凝剂(如硫酸铝、石灰、氯化铁等高价金属盐类),当药剂投加量和溶液介质的条件足以使金属离子迅速形成金属氢氧化物沉淀时,所生成的难溶分子就会以胶体颗粒或细微悬浮物作为晶核形成沉淀物,即所谓的网捕(卷扫)水中胶粒,以致产生沉淀分离。这种作用基本上是一种机械作用,混凝剂需量与原水杂质含量成反比。

4.1.2 混凝过程影响因素

混凝过程受到环境条件和工艺参数的影响较大,相关影响因素包括温度、pH值、水力梯度等,且不同的混凝机理所要求的最佳工况点也有所区别。

1. 水温

水温对混凝效果有明显影响。低温水絮凝体形成缓慢,絮凝颗粒细小、松散,沉淀效果差。水温低时,即使过量投加混凝剂也难以取得良好的混凝效果。其原因主要有以下3点:

①水温低会影响无机盐类水解。无机盐混凝剂水解是吸热反应,低温时水解困难,造成水解反应慢。如硫酸铝,水温降低10 ℃,水解速度常数降低2~4倍。水温在5 ℃时,硫酸铝水解速度极其缓慢。

②低温水的黏度大,使水中杂质颗粒的布朗运动强度减弱,碰撞机会减少,不利于胶粒凝聚,混凝效果下降,同时,水流剪力增大,影响絮凝体的成长。这就是冬天混凝剂用量比夏天多的原因。

③低温水中胶体颗粒水化作用增强,妨碍胶体凝聚,而且水化膜内的水由于黏度和重度增大,影响了颗粒之间的黏附强度。

为提高低温水混凝效果,常用的办法是投加高分子助凝剂,如投加活化硅酸后,可对水中负电荷胶体起到桥连作用。如果与硫酸铝或三氯化铁同时使用,可降低混凝剂的用量,提高絮凝体的密度和强度。寒区湖库型水体在水温较低,特别在冬季将成为典型的低温低浊水,导致混凝效率下降,出水水质恶化。

2. pH值

混凝过程中要求有一个最佳pH值,使混凝反应速度达到最快,絮凝体的溶解度最小。这个pH值可以通过试验测定。混凝剂种类不同,水的pH值对混凝效果的影响程度也不同。

对于铝盐与铁盐混凝剂,不同的 pH 值,其水解产物的形态不同,混凝效果也各不相同。

对硫酸铝来说,用于去除浊度时,最佳 pH 值在 6.5 ~7.5 之间, 用于去除色度时,pH 值一般在 4.5 ~5.5 之间。对于三氯化铝来说,适用的 pH 值范围较硫酸铝要宽。用于去除浊度时,最佳 pH 值在 6.0 ~8.4 之间, 用于去除色度时,pH 值一般在 3.5 ~5.0 之间。

高分子混凝剂的混凝效果受水的 pH 值影响较小,故对水的 pH 值变化适应性较强。

3. 碱度

水中碱度高低对混凝起着重要的作用和影响,有时会超过原水 pH 值的影响程度。由于水解过程中不断产生 H^+,导致水的 pH 值下降。要使 pH 值保持在最佳范围以内,常需要加入碱使中和反应充分进行。

天然水中均含有一定碱度(通常是 HCO_3^-),对 pH 值有缓冲作用:

$$HCO_3^- + H^+ = CO_2 + H_2O \tag{4.1}$$

当原水碱度不足或混凝剂投量很高时,天然水中的碱度不足以中和水解反应产生的 H^+,水的 pH 值将大幅度下降,不仅超出混凝剂的最佳范围,甚至会影响混凝剂的继续水解,此时应投加碱剂(如石灰)以中和混凝剂水解过程中产生的 H^+。

4. 悬浮物浓度

浊度高低直接影响混凝效果,过高或过低都不利于混凝。浊度不同,混凝剂用量也不同。对于去除以浑浊度为主的地表水,主要的影响因素是水中的悬浮物含量。

水中悬浮物含量过高时,所需铝盐或铁盐混凝剂投加量将相应增加。为了减少混凝剂用量,通常投加高分子助凝剂,如聚丙烯酰胺及活化硅酸等。对于高浊度原水处理,采用聚合氯化铝具有较好的混凝效果。

水中悬浮物浓度很低时,颗粒碰撞速率大大减小,混凝效果差。为提高混凝效果,可以投加高分子助凝剂,如活化硅酸或聚丙烯酰胺等,通过吸附架桥作用,使絮凝体的尺寸和密度增大;投加黏土类矿物颗粒,可以增加混凝剂水解产物的凝结中心,提高颗粒碰撞速率并增加絮凝体密度;也可以在原水投加混凝剂后,经过混合直接进入滤池过滤。

5. 水力条件

要使杂质颗粒之间或杂质与混凝剂之间发生絮凝,必要条件是使颗粒相互碰撞。推动水中颗粒相互碰撞的动力来自两个方面:一是颗粒在水中的布朗运动,二是在水力或机械搅拌作用下所造成的流体运动。由布朗运动造成的颗粒碰撞聚集称异向絮凝,由流体运动造成的颗粒碰撞聚集称同向絮凝。

颗粒在水分子热运动的撞击下所进行的布朗运动是无规则的,当颗粒完全脱稳后,一经碰撞就发生絮凝,从而使小颗粒聚集成大颗粒。由布朗运动造成的颗粒碰撞速率与水温成正比,与颗粒的数量浓度平方成正比,而与颗粒尺寸无关。实际上,只有小颗粒才具有布朗运动,随着颗粒粒径增大,布朗运动将逐渐减弱。当颗粒粒径大于 1 μm 时,布朗运动基本消失。因此,要使较大的颗粒进一步碰撞聚集,还要靠流体运动的推动来促使颗粒相互碰撞,即进行同向絮凝。

同向絮凝要求有良好的水力条件。适当的紊流程度,可为细小颗粒创造相互碰撞接触机会和吸附条件,并防止较大的颗粒下沉。如果紊流程度太强烈,虽然相碰接触机会更多,但相碰太猛,也不能互相吸附,并容易使逐渐长大的絮凝体破碎。因此,在絮凝体逐渐成长的过程中,应逐渐降低水的紊流程度。

控制混凝效果的水力条件,往往以速度梯度 G 值和 GT 值作为重要的控制参数。

速度梯度是指相邻两水层中两个颗粒的速度差与垂直于水流方向的两流层之间距离的比值,用来表示搅拌强度。流速增量越大,间距越小,颗粒越容易相互碰撞。可以认为速度梯度 G 值实质上反映了颗粒碰撞的机会或次数。

GT 值是速度梯度 G 与水流在混凝设备中的停留时间 T 之乘积,可间接地表示在整个停留时间内颗粒碰撞的总次数。

在混合阶段,异向絮凝占主导地位。药剂水解、聚合及颗粒脱稳进程很快,故要求混合快速剧烈,通常搅拌时间在 10 ~ 30 s,一般 G 值为 500 ~ 1 000 s^{-1} 之内。在絮凝阶段,同向絮凝占主导地位。絮凝效果不仅与 G 值有关,还与絮凝时间 T 有关。在此阶段,既要创造足够的碰撞机会和良好的吸附条件,让絮体有足够的成长机会,又要防止生成的小絮体被打碎,因此搅拌强度要逐渐减小,反应时间相对加长,一般在 15 ~ 30 min,平均 G 值为 20 ~ 70 s^{-1},平均 GT 值为 1×10^4 ~ 1×10^5。同时,需注意的是,速度梯度受水的黏度影响较大,例如,水温由 20 ℃降低至 10 ℃后在相同的输入功率下,其速度梯度将降低 30% 左右,因此,在实际运行中对速度梯度的控制往往是系统运行的关键。

4.1.3　混凝药剂

为了使胶体颗粒脱稳而聚集所投加的药剂,统称为混凝剂,混凝剂具有破坏胶体稳定性和促进胶体絮凝的功能。习惯上把低分子电解质称为凝聚剂,这类药剂主要通过压缩双电层和电性中和机理起作用;把主要通过吸附架桥机理起作用的高分子药剂称为絮凝剂。在混凝过程中如果单独采用混凝剂不能取得较好的效果时,可以投加某类辅助药剂用来提高混凝效果,这类辅助药剂统称为助凝剂。

混凝剂的基本要求是:混凝效果好,对人体健康无害,适应性强,使用方便,货源可靠,价格低廉。混凝剂种类很多,按化学成分可分为无机型和有机型两大类。

表 4.1　混凝剂的类型及名称

<table>
<tr><th colspan="3">类型</th><th>名　称</th></tr>
<tr><td rowspan="8">无机型</td><td colspan="2">无机盐类</td><td>硫酸铝,硫酸钾铝,硫酸铁,氯化铁,氯化铝,碳酸镁</td></tr>
<tr><td colspan="2">碱类</td><td>碳酸钠,氢氧化钠,石灰</td></tr>
<tr><td colspan="2">金属氢氧化物类</td><td>氢氧化铝,氢氧化铁</td></tr>
<tr><td colspan="2">固体细粉</td><td>高岭土,膨润土,酸性白土,炭黑,飘尘</td></tr>
<tr><td rowspan="4">高分子类</td><td>阴离子型</td><td>活化硅酸(AS),聚合硅酸(PS)</td></tr>
<tr><td>阳离子型</td><td>聚合氯化铝(PAC),聚合硫酸铝(PAS),聚合氯化铁(PFC),聚合硫酸铁(PFS),聚合磷酸铝(PAP),聚合磷酸铁(PFP)</td></tr>
<tr><td>无机复合型</td><td>聚合氯化铝铁(PAFC),聚合硫酸铝铁(PAFS),聚合硅酸铝(PASI),聚合硅酸铁(PFSI),聚合硅酸铝铁(PAFSI),聚合磷酸铝(PAFP)</td></tr>
<tr><td>无机有机复合型</td><td>聚合铝-聚丙烯酰胺,聚合铁-聚丙烯酰胺,聚合铝-甲壳素,聚合铁-甲壳素,聚合铝-阳离子有机高分子,聚合铁-阳离子有机高分子</td></tr>
<tr><td rowspan="5">有机型</td><td colspan="2">天然类</td><td>淀粉,动物胶,纤维素的衍生物,腐殖酸钠</td></tr>
<tr><td rowspan="4">人工合成类</td><td>阴离子型</td><td>聚丙烯酸,海藻酸钠(SA),羧酸乙烯共聚物,聚乙烯苯磺酸</td></tr>
<tr><td>阳离子型</td><td>聚乙烯吡啶,胺与环氧氯丙烷缩聚物,聚丙烯酰胺阳离子化衍生物</td></tr>
<tr><td>非离子型</td><td>聚丙烯酰胺(PAM),尿素甲醛聚合物,水溶性淀粉,聚氧化乙烯(PEO)</td></tr>
<tr><td>两性型</td><td>明胶、蛋白素、干乳酪等蛋白质,改性聚丙烯酰胺</td></tr>
</table>

无机混凝剂应用历史悠久,广泛用于饮用水、工业水的净化处理以及地下水、废水淤泥的脱水处理等。无机混凝剂按金属盐种类可分为铝盐系和铁盐系;按阴离子成分又可分为盐酸系和硫酸系;按相对分子质量可分为低分子体系和高分子体系。

有机混凝剂虽然价格低廉,但效果较差,特别是在某些冶炼过程中,实质上是加入了杂质,故应用较少。近20年来有机混凝剂的使用发展迅速。这类混凝剂可分为天然高分子混凝剂(褐藻酸、淀粉、牛胶)和人工合成高分子混凝剂(聚丙烯酰胺、磺化聚乙烯苯、聚乙烯醚等)两大类。由于天然聚合物易受酶的作用而降解,已逐步被不断降低成本的合成聚合物所取代。

1. 无机类混凝剂

(1)无机盐类

无机低分子混凝剂即普通无机盐,包括硫酸铝、氯化铝、硫酸铁、氯化铁等。在水处理混凝过程中,投加铝盐或铁盐后,发生金属离子水解和聚合反应过程,其产物兼有凝聚和絮凝作用的特性。无机电解质在水中发生电离水解生成带电离子,其电性与水中颗粒所带电性相反,水解离子的价态越高,凝聚作用越强。但用于水处理时,无机低分子混凝剂成本高,腐蚀性大,在某些场合净水效果还不理想。

①硫酸铝。硫酸铝使用方便,混凝效果较好,是使用历史最久、目前应用仍较广泛的一种无机盐混凝剂。净水用的明矾就是硫酸铝和硫酸钾的复盐 $Al_2(SO_4)_3 \cdot K_2SO_4 \cdot 24H_2O$,其作用与硫酸铝相同。硫酸铝的分子式是 $Al_2(SO_4)_3 \cdot 18H_2O$,其产品有精制和粗制两种。精制硫酸铝是白色结晶体。粗制硫酸铝质量不稳定,价格较低,其中 Al_2O_3 质量分数为10.5%~16.5%,不溶杂质质量分数为20%~30%,增加了药液配制和排除废渣等方面的困难。硫酸铝易溶于水,pH值在5.5~6.5范围,水溶液呈酸性反应,室温时溶解度约50%。

固体硫酸铝 $Al_2(SO_4)_3 \cdot 18H_2O$ 溶于水后,立即离解出铝离子,且常以 $[Al(H_2O)_6]^{3+}$ 的水合形态存在。在一定条件下,经水解、聚合或配合反应可形成多种形态的配合物或聚合物以及氢氧化铝 $Al(OH)_3$。各种物质组分的存在与否及含量多少,取决于铝离子水解时的条件,包括水温、水的硬度、pH值和硫酸铝投加量等。

当 $pH<3$ 时,水中的铝以 $[Al(H_2O)_6]^{3+}$ 形态存在,$[Al(H_2O)_6]^{3+}$ 可起压缩双电层作用;在pH值4.5~6.0范围内,水中产生较多的多核羟基配合物,如 $[Al(OH)_4]^{5+}$ 及 $[Al_{13}O_4(OH)_{24}]^{7+}$ 等,这些物质对负电荷胶体起电性中和作用,凝聚体比较密实;在pH值在7.0~7.5范围内,水解产物以电中性氢氧化铝聚合物 $[Al(OH)_3]_n$ 为主,可起吸附架桥作用,同时也存在某些羟基配合物的电性中和作用。天然水的pH值一般在6.5~7.8,铝盐的混凝作用主要是吸附架桥和电性中和。当铝盐投加量超过一定限度时,会产生“胶体保护”作用,使脱稳胶粒电荷变号或使胶粒被包卷而重新稳定;当铝盐投加量继续增大,超过氢氧化铝溶解度而产生大量氢氧化铝沉淀物时,则起网捕和卷扫作用。实际上,在一定的pH值下,几种作用都可能同时存在,只是程度不同。

水温低时水解困难,形成的絮体较为松散。硫酸铝使用时水的有效pH值范围较窄,与原水硬度有关。对于软水,pH值为5.7~6.6;中等硬度的水,pH值为6.6~7.2;较高硬度的水,pH值为7.2~7.8。

在投加硫酸铝时应充分考虑上述因素,避免加入过量硫酸铝后使水的pH值降至其适宜的pH值以下,若加入过量不仅浪费药剂,而且处理后的水质发浑。

除了固体硫酸铝外,还有液体硫酸铝。液体硫酸铝制造工艺简单,Al_2O_3 质量分数约为

6%,一般用坛装或灌装,通过车、船运输。液体硫酸铝使用范围与固体硫酸铝大致相同,但配制和使用均比固体硫酸铝方便得多,近年来在南方地区使用较为广泛。

②硫酸亚铁。硫酸亚铁分子式为 $Fe_2SO_4 \cdot 7H_2O$,半透明绿色晶体,又称为绿矾。易溶于水,水温 20 ℃时质量分数为 21%,硫酸亚铁离解出的 Fe^{2+} 只能生成最简单的单核络合物,所以没有三价铁盐那样良好的混凝效果。残留在水中的 Fe^{2+} 会使处理后的水带色,Fe^{2+} 与水中的某些有色物质作用后,会生成颜色更深的溶解物。因此在使用硫酸亚铁时应将二价铁先氧化为三价铁,然后再混凝作用。

处理饮用水时,硫酸亚铁的重金属含量应极低,应考虑在最高投药量处理后,水中的重金属含量在国家饮用水水质标准的限度内。铁盐使用时,水的 pH 值的适用范围较宽,在 5.0~11 之间。

③三氯化铁。三氯化铁分子式为 $FeCl_3 \cdot 6H_2O$,是黑褐色晶体,也是一种常用的混凝剂,具有强烈吸水性,极易溶于水,其溶解度随着温度的上升而增加,形成的矾花沉淀性能好,絮体结得大,沉淀速度快。处理低温水或低浊水时效果要比铝盐好。我国供应的三氯化铁有无水物、结晶水物和液体。液体、晶体物或受潮的无水物具有强腐蚀性,尤其是对铁的腐蚀性最强。对混凝土也有腐蚀,对塑料管也会因发热而引起变形。因此在调制和选用加药设备时必须考虑用耐腐蚀器材,例如采用不锈钢的泵轴运转几星期就腐蚀,一般采用钛制泵轴有较好的耐腐性能。三氯化铁 pH 值的适用范围较宽,但处理后水的色度比用铝盐高。

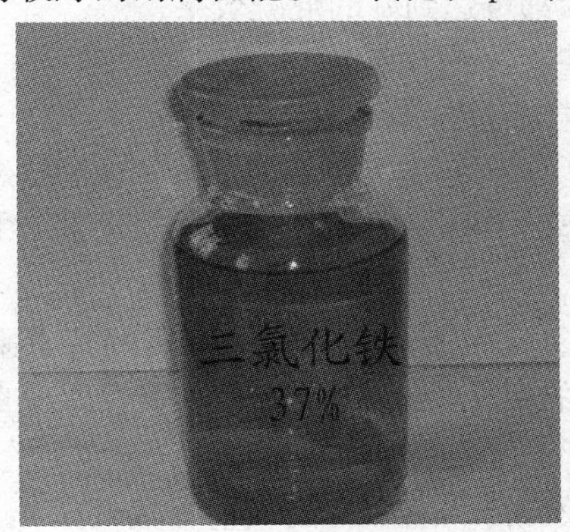

图 4.4 三氯化铁溶液

图 4.5 无水硫酸铝溶液

(2)无机高分子类

无机高分子絮凝剂是 20 世纪 60 年代在传统的铝盐、铁盐的基础上发展起来的一类新型水处理剂。药剂加入水中后,在一定时间内吸附在颗粒物表面,以其较高的电荷及较大的相对分子质量发挥电中和及黏结架桥作用。它相比原有低分子絮凝剂可成倍地提高效能,且价格相对较低,因而有逐步成为主流药剂的趋势。目前在日本、俄罗斯、西欧国家以及中国,无机高分子絮凝剂都已有相当规模的生产和应用,聚合类药剂的生产占絮凝剂总产量的 30%~60%。近年来,研制和应用聚合铝、铁、硅及各种复合型絮凝剂成为热点。

①聚合氯化铝:聚合氯化铝(PAC)是目前生产和应用技术成熟、市场销量最大的无机高分子絮凝剂。在实际应用中,聚合氯化铝具有比传统絮凝剂用量省、净化效能高、适应性宽等优点,比传统低分子絮凝剂用量少 1/3~1/2,成本低 40% 以上,因此在国内外已得到迅速发展。如日本聚合氯化铝产量在 20 世纪 80 年代为 4×10^5 t 以上,比 60 年代末增长了 30

倍,20 世纪 90 年代产量已达 6×10^5 t 以上,占日本絮凝剂生产总量的 80%,并有逐渐取代传统絮凝剂的趋势。

聚合氯化铝也称为碱式氯化铝。聚合氯化铝化学式表示为$[Al_2(OH)_n\cdot Cl_{6-n}]_m$,其中 n 为可取 1 到 5 之间的任何整数,m 取小于等于 10 的整数。这个化学式实际指 m 个 $Al_2(OH)_n\cdot Cl_{6-n}$(称羟基氯化铝)单体的聚合物。

聚合氯化铝中[OH]与[Al]的比值对混凝效果有很大影响,一般用碱化度 B 来表示:

$$B=\frac{[OH]}{3[Al]}\times100\% \tag{4.2}$$

例如,$n=4$ 时,碱化度 B 为

$$B=\frac{4}{3\times2}\times100\%\approx66.7\% \tag{4.3}$$

一般来说,碱化度越高,其黏结架桥性能越好,但是因接近$[Al(OH)_3]_n$而易生成沉淀,稳定性较差。目前聚合氯化铝产品的碱化度一般在 50% ~80%。

聚合氯化铝的外观状态与盐基度、制造方法、原料、杂质成分及含量有关。盐基度 <30% 时为晶状固体;30% ~60% 为胶状固体;40% ~60% 为淡黄色透明液体;>60% 时为无色透明液体,玻璃状或树脂状固体;>70% 时的固体状不易潮解,易保存。

作为混凝剂处理水时有以下特点:

a. 对污染严重或低浊度、高浊度、高色度的原水都可达到好的混凝效果;

b. 水温低时,仍可保持稳定的混凝效果,因此在我国北方地区更为适用;

c. 矾花的形成较快,颗粒大而重,沉淀性能好,投药量一般比硫酸铝低;

d. pH 值范围较宽,在 5 ~9 之间,当过量投加时也不会像硫酸铝那样造成水浑浊的反效果;

e. 碱化度比其他铝盐、铁盐高,因此药液对设备的侵蚀作用小,且处理后水的 pH 值和碱度下降较小。

聚合氯化铝的混凝机理与硫酸铝相同,而聚合氯化铝则可根据原水水质的特点来控制制造过程中的反应条件,从而制取所需要的最适宜的聚合物,当投入水中水解后即可直接提供高价聚合离子,达到优异的混凝效果。

除了聚合氯化铝外,聚合硫酸铝在处理天然河水时,剩余浊度的质量分数低于 4 μg/g,COD_{Cr}低于 6 mg/L,脱色效果明显;在处理含氟废水时,F^-质量分数低于 10^4 μg/g。聚合硫酸铝除浊效果显著,并且有较宽的温度和 pH 值适用范围。

②聚合硫酸铁。聚合硫酸铁(PFS)是一种红褐色的黏性液体,是碱式硫酸铁的聚合物,其化学式为$[Fe_2(OH)_n\cdot(SO_4)_{3-n}/2]_m$,其中 m,n 为整数,$n<2,m>10$。聚合硫酸铁具有絮凝体形成速度快、絮团密实、沉降速度快、对低温高浊度原水处理效果好、适用水体的 pH 值范围广等特性,同时还能去除水中的有机物、悬浮物、重金属、硫化物及致癌物,无铁离子的水相转移,脱色、脱油、除臭、除菌功能显著,它的腐蚀性远比三氯化铁小。与其他混凝剂相比,有着很强的市场竞争力,其经济效益也十分明显,值得大力推广应用。

③活化硅酸。活化硅酸(AS)又称活化水玻璃、泡花碱,其分子式为 $Na_2O\cdot xSiO_2\cdot yH_2O$。活化硅酸是粒状高分子物质,属阴离子型絮凝剂,其作用机理是靠分子链上的阴离子活性基团与胶体微粒表面间的范德华力、氢键作用而引起的吸附架桥作用,而不具有电中和作用。活化硅酸是在 20 世纪 30 年代后期作为混凝剂开始在水处理中得到应用的。活化硅酸呈真溶液状态,在通常的 pH 条件下其组分带有负荷,对胶体的混凝是通过吸附架桥机

理使胶体颗粒黏连，因此常常称之为絮凝剂或助凝剂。

活化硅酸一般在水处理现场制备，无商品出售。因为活化硅酸在储存时易析出硅胶而失去絮凝功能。实质上活化硅酸是硅酸钠在加酸条件下水解聚合反应进行到一定程度的中间产物，其电荷、大小、结构等组分特征，主要取决于水解反应起始的硅浓度、反应时间和反应时的 pH 值。活化硅酸适用于硫酸亚铁与铝盐混凝剂，可缩短混凝沉淀时间，节省混凝剂用量。在使用时宜先投入活化硅酸。在原水浑浊度低、悬浮物含量少及水温较低（14 ℃以下）时使用，效果更为显著。在使用时要注意加注点，要有适宜的酸化度和活化时间。

2. 有机类混凝剂

有机类混凝剂指线型高分子有机聚合物，即我们通常所说的絮凝剂。其种类按来源可分为天然高分子絮凝剂和人工合成的高分子絮凝剂；按反应类型可分为缩合型和聚合型；按官能团的性质和所带电性可分为阴离子型、阳离子型、非离子型和两性型。凡基团离解后带正电荷者称阳离子型，带负电荷者称阴离子型，分子中既含有正电荷基团又含有负电荷基团者称两性型，若分子中不含可离解基团者称非离子型。常用的有机类混凝剂，主要是人工合成的有机高分子混凝剂，其最大的特点是可根据使用需要，采用合成的方法对碳氢链的长度进行调节。同时，在碳氢链上可以引入不同性质的官能团。这些有效官能团可以强烈吸附细微颗粒，在微粒与微粒之间形成架桥作用。

根据电性吸附原理，如果颗粒表面带正电荷，则应采用阴离子型絮凝剂；颗粒表面带负电荷，则应采用阳离子或非离子型絮凝剂。一般阴离子絮凝剂适用于处理氧化物和含氧酸盐，阳离子絮凝剂适用于处理有机固体。对于长时间放置能沉降的悬浮液，使用阴离子型或非离子型的高分子絮凝剂可以促进絮凝速度。对于不能自然沉降的胶体溶液、浊度较高的废水，单独使用阳离子型的高分子絮凝剂，就可取得较佳的絮凝效果。阴离子、阳离子和非离子高分子絮凝剂由于自身应用的范围限制，故都将逐渐被两性高分子絮凝剂取代。

两性高分子絮凝剂在同一高分子链节上兼具阴离子、阳离子两种基团。在不同介质中均可应用。对废水中由阴离子表面活性剂所稳定的分散液、乳浊液及各类污泥或由阴离子所稳定的各种胶体分散液，均有较好的絮凝及污泥脱水功效。

世界各国研制的两性高分子水处理剂按其原料来源可分为天然高分子改性型和化学合成型两大类。天然改性型两性高分子絮凝剂大体可分为两性淀粉、两性纤维素、两性植物胶等。化学合成药剂具有产品性能稳定、容易根据需要控制合成产物相对分子质量等特点。目前研究较多的化学合成型两性高分子絮凝剂主要有聚丙烯酰胺类两性高分子。

有机混凝剂品种很多，以聚丙烯酰胺为代表。其优点是投加量少，存放设施小，净化效果好。但对其毒性，各国学者看法不一，有待深入研究。聚丙烯酰胺（PAM）是非离子型聚合物的主要品种，另外还有聚氧化乙烯（PEO）。

聚丙烯酰胺，又称三号絮凝剂，是使用最为广泛的人工合成有机高分子絮凝剂。聚丙烯酰胺是由丙烯酰胺聚合而成的有机高分子聚合物，无色、无味、无臭、易溶于水，没有腐蚀性。聚丙烯酰胺在常温下稳定，高温、冰冻时易降解，并降低絮凝效果。故在贮存和配制投加时，注意温度控制在 2 ~ 55 ℃之间。

聚丙烯酰胺的聚合度可高达 20 000 ~ 90 000，相应的相对分子质量高达 150 万 ~ 600 万。它的混凝效果在于对胶体表面具有强烈的吸附作用，在胶粒之间形成桥联。聚丙烯酰胺每一链节中均含有一个酰胺基（$—CONH_2$）。由于酰胺基之间的氢键作用，线性分子往往不能充分伸展开来，致使桥联作用削弱。

通常将 PAM 在碱性条件下(pH>10)进行部分水解,生成阴离子型水解聚合物 HPAM。PAM 经部分水解后,部分酰胺基带负电荷,在静电斥力下,高分子得以充分伸展,吸附架桥得到充分发挥。由酰胺基转化为羧基的百分数称水解度。水解度过高负电性过强,对絮凝也产生阻碍作用。一般控制水解度在 30% ~40% 较好。通常以 HPAM 作为助凝剂以配合铝盐或铁盐作用,效果较为显著。

3. 复合类混凝剂

(1)复合型无机高分子混凝剂

复合型无机高分子混凝剂是在普通无机高分子絮凝剂中引入其他活性离子,以提高药剂的电中和能力,诸如聚铝、聚铁、聚活性硅胶及其改性产品。王德英等研制的聚硅酸硫酸铝,其活性较好,聚合度适宜,不易形成凝胶,絮凝效果显著。用于处理低浊度水时,其效果优于 PAC 和 PFS。此外,为了改善低温、低浊度水的净化效果,人们又研制开发出一种聚硅酸铁(PSF),这种药剂处理低温低浊水,比硫酸铁的絮凝效果有明显的优越性:用量少,投料范围宽,絮团形成时间短且颗粒大而密实,可缩短水样在处理系统中的停留时间,对处理水的 pH 值基本无影响。东北电力学院的袁斌等以 $AlCl_3$ 和 Na_2SiO_3 为原料,采用向聚合硅酸溶液直接加入 $AlCl_3$ 的共聚工艺,制备了聚硅氯化铝絮凝剂(PASC),PASC 比 PAC 具有更好的除浊、脱色效果,残留铝含量低。

(2)无机-有机高分子混凝剂复合使用

无机高分子混凝剂对含各种复杂成分的水处理适应性强,可有效除去细微悬浮颗粒。但生成的絮体不如有机高分子生成的絮体大。单独使用无机混凝剂投药量大,目前已很少使用。

与无机药剂相比,有机高分子絮凝剂用量小,絮凝速度快,受共存盐类、介质 pH 值及环境温度的影响小,生成污泥量也少;而且有机高分子絮凝剂分子可带—COO^-、—NH、—SO_3、—OH等亲水基团,可具链状、环状等多种结构,有利于污染物进入絮体,脱色效果好。许多无机絮凝剂只能除去 60% ~70% 的色度,而有些有机絮凝剂可除去 90% 的色度。

由于某些有机高分子絮凝剂因其水解、降解产物有毒,合成产物价格较高,现多以无机高分子絮凝剂与有机高分子絮凝剂复合使用,或以无机盐的存在与污染物电荷中和,促进有机高分子絮凝剂的作用。

4. 助凝剂的作用与原理

当单独使用某种絮凝剂不能取得良好效果时,还需要投加助凝剂。助凝剂是指与混凝剂一起使用,以促进水的混凝过程的辅助药剂。助凝剂通常是高分子物质。其作用往往是为了改善絮凝体结构,促使细小而松软的絮粒变得粗而密实,调节和改善混凝条件。

助凝剂的作用机理主要是吸附架桥。例如,对于低温、低浊水,采用铝盐或铁盐混凝剂时,形成的絮粒一般细小而松散,不易沉淀。当投入少量活化硅酸时,絮凝体的尺寸和密度就会增大,沉速加快。

水处理中常用助凝剂有骨胶、聚丙烯酰胺及其水解产物、活化硅酸、海藻酸钠等。骨胶是一种粒状或片状动物胶,是高分子物质,相对分子质量在 3 000 ~80 000 之间,骨胶易溶于水,无毒、无腐蚀性,与铝盐或铁盐配合使用,效果显著。其价格比铝盐和铁盐高,使用较麻烦,不能预制保存,需要现场配制,即日使用,否则会变成冻胶。

在水处理过程中还会用到一些其他种类助凝剂,按助凝剂的功能不同,可以分为调整剂、絮体结构改良剂和氧化剂三种类型。

(1)调整剂

在 pH 值不符合工艺要求时,或在投加混凝剂后 pH 值变化较大时,需要投加 pH 调整剂。常用的 pH 调整剂包括石灰、硫酸和氢氧化钠等。

(2)絮体结构改良剂

当生成的絮体较小,且松散易碎时,可投加絮体结构改良剂以改善絮体的结构,增加其粒径、密度和强度,例如,采用活化硅酸、黏土等。

(3)氧化剂

当污水中有机物含量高时易起泡沫,使絮凝体不易沉降。这时可以投加氯气、次氯酸钠、臭氧等氧化剂来破坏有机物,从而提高混凝效果。

常用助凝剂的特点及使用条件见表4.2。

表4.2　常用助凝剂特点

名称	特点和使用条件
聚丙烯酰胺 PAM(三号絮凝剂)	1. 可单独使用或和混凝剂一起使用。混合使用时,应先加聚丙烯酰胺,经充分混合后,再加混凝剂 2. 主要用在含无机质多的悬浊液,或高浊度水的泥沉淀 3. 生产使用的聚丙烯酰胺可快速搅拌溶解,配制周期一般小于2 h 4. 生产使用的聚丙烯酰胺以二次水解的干粉剂产品(浓度为92%)和胶体状(8%浓度)聚丙烯酰胺可快速搅拌溶解,配制周期一般小于2 h 5. 消解或未水解的聚丙烯酰胺溶液的配制浓度为1%左右,投加浓度为0.1%,个别时可到0.2%
骨胶	1. 骨胶是动物胶,为粒状和片状,无毒性和腐蚀性,易溶于水,在溶解时不易直接加热,而应隔水蒸溶 2. 可单独使用,或与混凝剂同时使用,与铝盐或铁盐配合使用,效果显著 3. 价格较高,不能预制久存,需现场配制
活化硅胶	1. 活化硅胶为粒状高分子物质,在天然水的 pH 值下带负电荷 2. 用于低温度低浊度水的处理,助凝剂效果明显,可节约混凝剂用量 3. 可与硫酸亚铁和铝盐混凝剂一起使用,可与混凝剂同时使用,以先投加活化硅酸为好 4. 制备和使用麻烦,需现场制备,限期使用

4.2　混合及絮凝方式

为了创造良好的混凝条件,要求混合设施能够将投入的药剂快速均匀地扩散于被处理水中。混合设施种类较多,归纳起来有水泵混合、管式混合、机械混合和水力混合等方式。

4.2.1　混合的基本要求

混合是取得良好混凝效果的重要前提。药剂的品种、浓度、原水的温度、水中颗粒的性质、大小等,都会影响到混凝效果,而混合方式的选择是最主要的影响因素。

对混合设施的基本要求,在于通过对水体的强烈搅动后,能够在很短的时间内促使药剂均匀地扩散到整个水体,达到快速混合的目的。

铝盐和铁盐混凝剂的水解反应速度非常快,例如,相对分子质量为几百万的聚合物,形成聚合的时间约为1 s,所以没有必要延长混合时间。采用水流断面上多点投加,或者采用强烈搅拌的方式，可以使药剂均匀地分布于水体中。

在设计时注意混合设施尽可能与后继处理构筑物拉近距离，最好采用直接连接方式。采用管道连接时，管内流速可以控制在 0.8 ~1.0 m/s，管内停留时间不宜超过 2 min。根据经验，反映混合指标的速度梯度 G 值一般控制在 500 ~1 000 s^{-1}。

混合方式与混凝剂的种类有关。例如，使用高分子混凝剂时，因其作用机理主要是絮凝，所以只要求药剂能够均匀地分散到水体，而不要求采取快速和剧烈混合方式。

4.2.2　各种混合方式的特点和适用条件

1. 管式混合

常用的管式混合有管道静态混合器、文氏管式、孔板式管道混合器、扩散混合器等。最常用的为管道静态混合器和扩散混合器。

(1)管道静态混合器

管道静态混合器是在管道内设置若干固定叶片，通过的水成对分流，并产生涡旋反向旋转和交叉流动，从而达到混合目的，如图 4.6 所示。

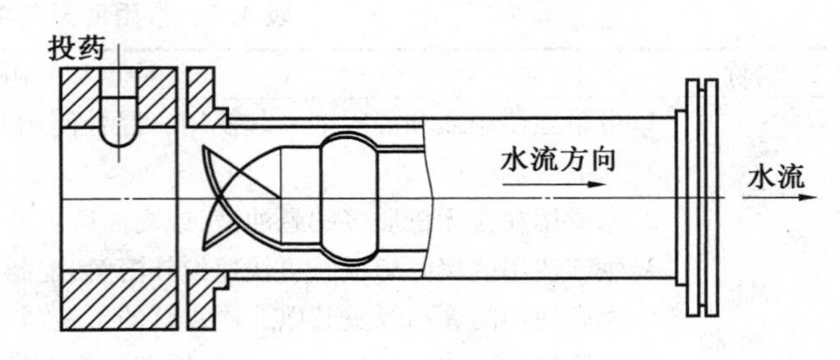

图 4.6　管道静态混合器

静态混合器在管道上安装容易，实现快速混合，并且效果好，投资省，维修工程量少。但会产生一定的水头损失，为了减少能耗，管内流速一般采用 1 m/s。该种混合器内一般采用 1 ~4 个分流单元，适用于流量变化较小的水厂。

(2)扩散混合器

扩散混合器是在孔板混合器的前面加上锥形配药帽。锥形帽为 90°夹角，顺水流方向投影面积是进水管面积的 1/4，孔板面积是进水管面积的 3/4，管内流速 1 m/s 左右，混合时间取 2 ~3 s，G 值一般在 700 ~1 000 s^{-1}，如图 4.7 所示。混合器的长度一般在0.5 m以上，用法兰连接在原水管道上，安装位置低于絮凝池水面。扩散混合器的水头损失为 0.3 ~0.4 m，多用于直径在 200 ~1 200 mm 的进水管上，适用于中小型水厂。

2. 水泵混合

水泵混合是利用水泵的叶轮产生涡流，从而达到混合目的。这种方式设备简单，无需专门的混合设备，没有额外的能量消耗，所以运行费用较省。但在使用三氯化铁等腐蚀性较强的药剂时会腐蚀水泵叶轮。

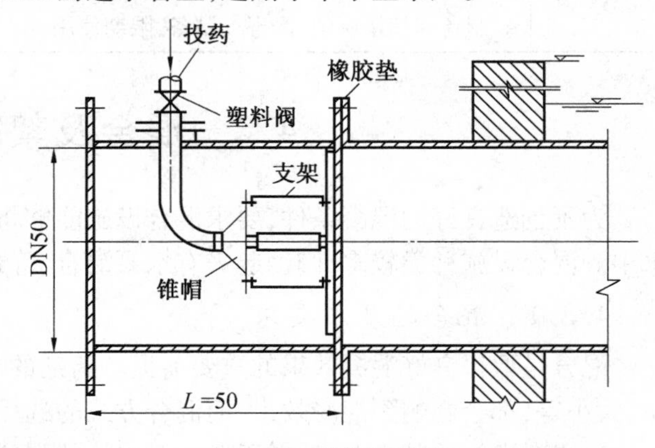

图 4.7　扩散混合器

由于采用水泵混合可以省去专门的混合设备，故在过去的设计中较多采用。近年来的运行发现：水泵混合的 G 值较低，水泵出水管进入絮凝池的投药量无法精确计量而导致自动控制投加难以实现，一般水厂的原水泵房与絮凝池距离较远，容易在管道中形成絮凝体，进入池内破碎影响了絮凝效果。

因此要求混凝剂投加点一般控制在100 m之内,混凝剂投加在原水泵房水泵吸水管或吸水喇叭口处,并注意设置水封箱,以防止空气进入水泵吸水管。

3. 机械混合

机械混合是通过机械在池内的搅拌达到混合目的。要求在规定的时间内达到需要的搅拌强度,满足速度快、混合均匀的要求。机械搅拌一般采用桨板式和推进式。桨板式结构简单,加工制造容易。推进式效能高,但制造较为复杂。混合池有方形和圆形之分,以方形较多。池深与池宽比为1∶1～3∶1,池子可以单格或多格串联,停留时间10～60 s。

机械搅拌一般采用立式安装,为了减少共同旋流,需要将搅拌机的轴心适当偏离混合池的中心。在池壁设置竖直挡板可以避免产生共同旋流。如图4.8所示。机械混合器水头损失小,并可适应水量、水温、水质的变化,混合效果较好,适用于各种规模的水厂。但机械混合需要消耗电能,机械设备管理和维护较为复杂。

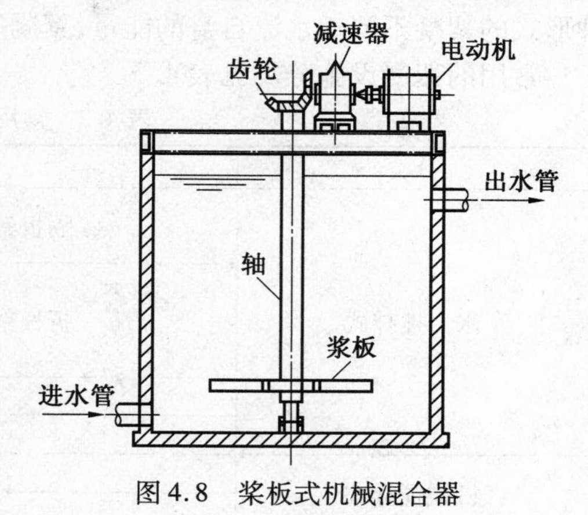

图4.8　桨板式机械混合器

4. 混凝剂投量计算

净水厂应用混凝剂应满足健康无害、混凝效果以及经济性等要求。各地区原水水质不同,则采用适合的混凝剂及用量也不同。

混凝剂投量计算公式为

$$W = \frac{aQ}{1\ 000} \tag{4.4}$$

式中　W——混凝剂投量,kg/d;

a——单位混凝剂最大投量,mg/L;

Q——日处理水量,m^3/d。

对于混凝剂投量的确定主要通过三种方法:①经验法,根据相似水源资料进行经验推算;②试验法,对于水源水进行药剂筛选和药量核算确定投药量;③数学模型法,利用数学模型进行药剂种类投量确定。一般来说,寒区湖库型水源水药剂投量较低,但相对于其水源污染物的总量,其单位药剂使用效率并不高,大量药剂浪费在增加浊度以及提高絮体碰撞概率上,而真正用于絮体形成的药剂量较少,因此节药空间相对较大,这也是水厂控制成本的重要环节。

4.2.3　絮凝设施

1. 絮凝过程的基本要求

原水与药剂混合后,通过絮凝设备的外力作用,使具有絮凝性能的微絮凝颗粒接触碰撞,形成细小的密实絮凝体,俗称矾花。絮凝设施的任务就是使细小的矾花逐渐絮凝成较大而密实的颗粒,从而实现沉淀分离。在原水处理构筑物中,完成絮凝过程的设施称为絮凝池。

为了达到絮凝效果,絮凝过程需要满足以下基本要求:

①颗粒要具备充分的絮凝能力。

②具有保证颗粒获得适当的碰撞接触而又不致破碎的水力条件。

③具有足够的絮凝反应时间。

④颗粒浓度增加,接触效果增加,即接触碰撞机会增多。

2. **絮凝设施的分类**

絮凝设施的形式较多，一般分为水力搅拌式和机械搅拌式两大类。

水力搅拌式是利用水流自身能量，通过流动过程中的阻力给水流输入能量，反映为在絮凝过程中产生一定的水头损失。

机械搅拌式是利用电机或其他动力带动叶片进行搅动，使水流产生一定的速度梯度，这种形式的絮凝不消耗水流自身的能量，絮凝所需要的能量由外部提供。

常用的絮凝设施分类见表4.3。

表4.3　常用的絮凝设施分类

分类	形　式	
水力搅拌式	隔板絮凝	往复隔板
		回转隔板
	折板絮凝	同波折板
		异波折板
		波纹板
	网格絮凝（栅条絮凝）	
	穿孔旋流絮凝	
机械搅拌式	水平轴搅拌	
	垂直轴搅拌	

除表4.3所列主要形式以外，还可以将不同形式加以组合应用，例如穿孔旋流絮凝与隔板组合、隔板絮凝与机械搅拌组合等。

3. **几种常用的絮凝池形式**

(1)隔板絮凝池

水流以一定流速在隔板之间通过从而完成絮凝过程的絮凝设施，称为隔板絮凝池。水流方向是水平运动的称为水平隔板絮凝池，水流方向为上下竖向运动的称为垂直隔板絮凝池。水平隔板絮凝池应用较早，隔板布置采用来回往复的形式，如图4.9所示。水流沿隔板间通道往复流动，流动速度逐渐减小，这种形式称为往复式隔板絮凝池。往复式隔板絮凝池可以提供较多的颗粒碰撞机会，但在转折处消耗能量较大，容易引起已形成矾花的破碎。为了减小能量的损失，出现了回转式隔板絮凝池，如图4.10所示。这种絮凝池将往复式隔板180°地急剧转折改为90°，水流由池中间进入，逐渐回转至外侧，其最高水位出现在池的中间，出口处的水位基本与沉淀池水位持平。回转式隔板絮凝池避免了絮凝体的破碎，同时也减少了颗粒碰撞机会，影响了絮凝速度。为保证絮凝初期颗粒的有效碰撞和后期的矾花顺利形成免遭破碎，出现了往复-回转组合式隔板絮凝池。

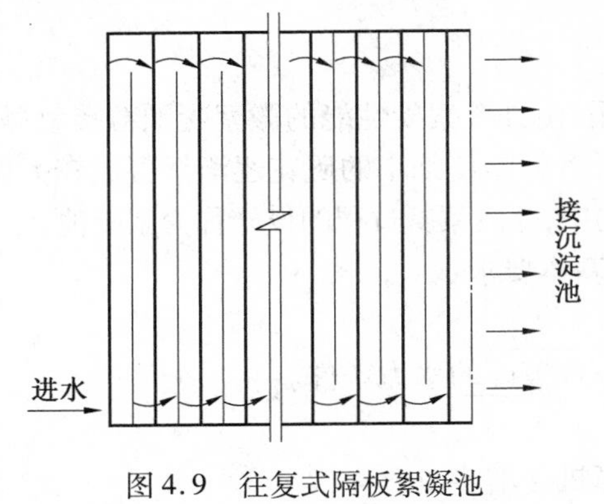

图4.9　往复式隔板絮凝池

接沉淀池
进水管
进水管

图4.10　回转式隔板絮凝池

（2）折板絮凝池

折板絮凝池1976年在我国镇江市首次试验研究并取得成功。它是在隔板絮凝池基础上发展起来的，是目前应用较为普遍的形式之一。在折板絮凝池内放置一定数量的平折板或波纹板，水流沿折板竖向上下流动，多次转折，以促进絮凝。

折板絮凝池的布置方式有以下几种分类：

①按水流方向可以分为平流式和竖流式，以竖流应用较为普遍。

②按折板安装相对位置不同，可以分为同波折板和异波折板。同波折板是将折板的波峰与波谷对应平行布置，使水流不变，水在流过转角处产生紊动；异波折板将折板波峰相对、波谷相对，形成交错布置，使水的流速时而收缩成最小，时而扩张成最大，从而产生絮凝所需要的紊动。

③按水流通过折板间隙数，又可分为单通道和多通道，如图4.11和图4.12所示。单通道是指水流沿二折板间不断循序流动，多通道则是将絮凝池分隔成若干格，各格内设一定数量的折板，水流按各格逐格通过。

无论哪一种方式都可以组合使用。有时絮凝池末端还可采用平板。同波和异波折板絮凝效果差别不大，但平板效果较差，只能放置在池末起补充作用。

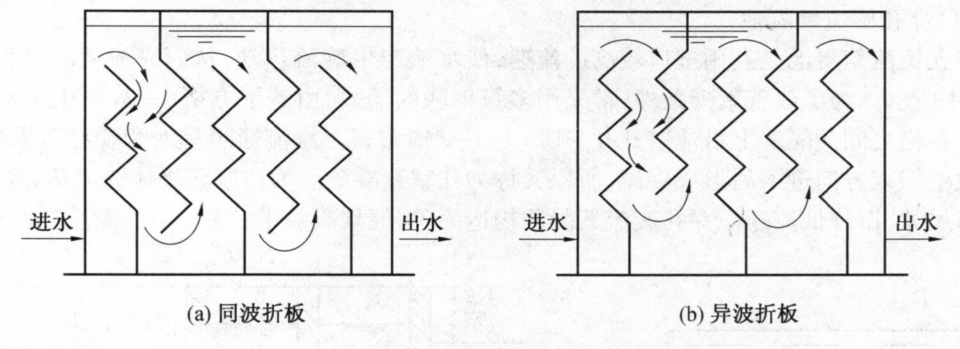

图4.11　单通道同波折板和异波折板絮凝池

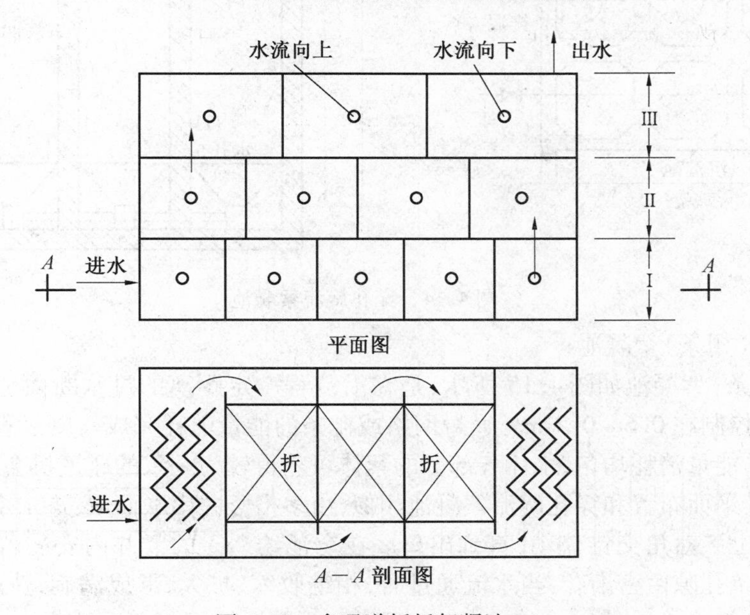

图4.12　多通道折板絮凝池

(3)机械搅拌絮凝池

机械搅拌絮凝池通过电动机经减速装置驱动搅拌器对水进行搅拌,使水中颗粒相互碰撞,发生絮凝。搅拌器可以旋转运动,也可以上下往复运动。国内目前都是采用旋转式,常见的搅拌器有桨板式和叶轮式,桨板式较为常用。根据搅拌轴的安装位置,又分为水平轴式和垂直轴式,如图 4.13 所示。前者通常用于大型水厂,后者一般用于中小型水厂。机械絮凝池宜分格串联使用,以提高絮凝效果。

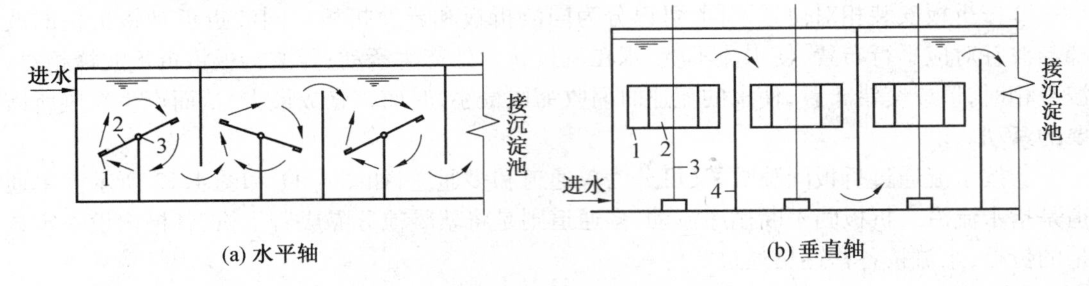

图 4.13 机械搅拌絮凝池

1—桨板;2—叶轮;3—旋转轴;4—隔墙

(4)穿孔旋流絮凝池

穿孔旋流絮凝池是利用进口较高的流速,使水流产生旋流运动,从而完成絮凝过程,如图 4.14 所示。为了改善絮凝条件,常采用多级串联的形式,由若干方格(一般不少于 6 格)组成。各格之间的隔墙上沿池壁开孔,孔口上下交错布置。水流通过呈对角交错开孔的孔口沿池壁切线方向进入后形成旋流,所以又称为孔室絮凝池。为适应絮凝体的成长,逐格增大孔口尺寸,以降低流速。穿孔旋流絮凝池构造简单,但絮凝效果较差。

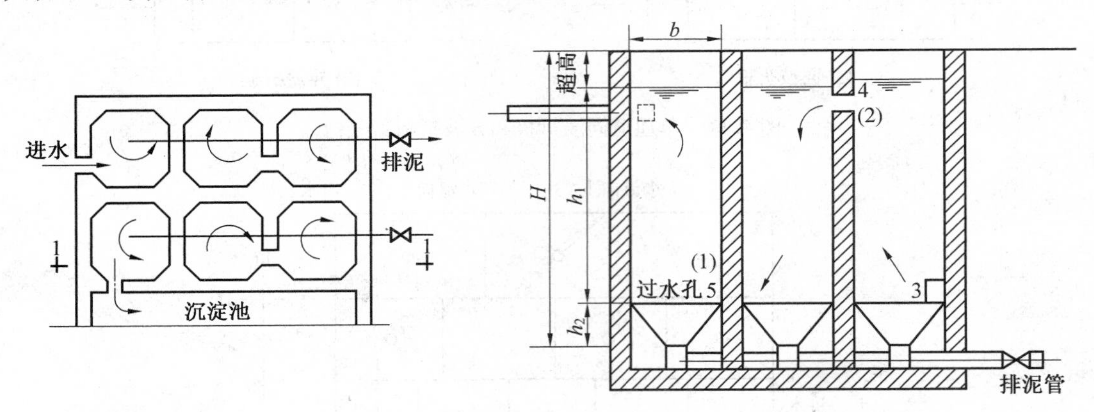

图 4.14 穿孔旋流絮凝池

(5)网格(栅条)絮凝池

网格(栅条)絮凝池如图 4.15 所示,是在沿流程一定距离的过水断面上设置网格或栅条,距离一般控制在 0.6~0.7 m。通过网格或栅条的能量消耗完成絮凝过程。这种形式的絮凝池形成的能量消耗均匀,水体各部分的絮体可获得较为一致的碰撞机会,所以絮凝时间相对较少。其平面布置和穿孔旋流絮凝池相似,由多格竖井串联而成:进水水流顺序从一格流到下一格,上下对角交错流动,直到出口。在全池约 2/3 的竖井内安装若干层网格或栅条,网格或栅条孔隙由密渐疏,当水流通过时,相继收缩、扩大,形成涡旋,造成颗粒碰撞,形成良好絮凝条件。

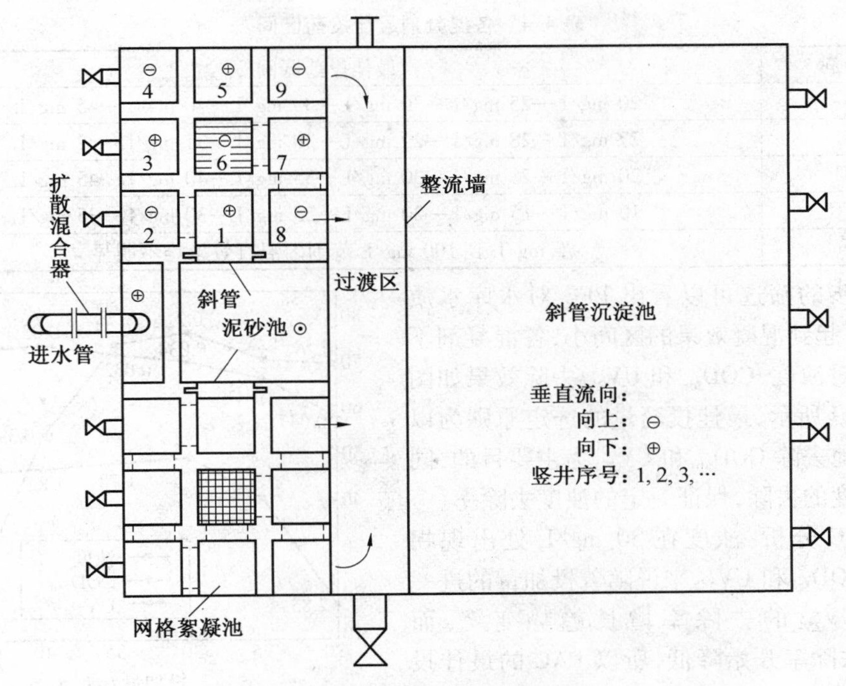

图4.15 网格(栅条)絮凝池

4.3 最佳工况及水力条件

地表水库水中的色度物质主要是有机质，相对分子质量较大，具有明显的胶体性质。该类有机物胶体在水中稳定性高、难以脱稳，特别在低温时期，水的黏度较大，胶体水化膜较厚，胶体在水中的热运动能力减弱，导致其更难脱稳絮凝。对该类低温、高有机物浓度水库水的絮凝一般需要较好的水力条件，从微观角度对其水力条件进行强化，在局部增加絮凝的紊动能力，强化胶体颗粒的脱稳、碰撞及黏附，以促进易于沉淀的密实絮体颗粒的形成。

从原水水质监测数据可知，寒区湖库型水源水净水厂进水水质为具有低温、低浊、低碱度、低硬度、高色、富含有机物特征的高稳定水，导致水厂在实际运行中存在混凝剂投量大、絮凝池絮凝效果不佳、沉淀池沉淀效果较差的问题。为了解决高稳定水库水这一水处理难题，在不改变工艺性质的前提下，往往需要提高混凝效果，保证出水水质。

4.3.1 初步筛选

这里以东北地区某水厂为例，说明不同环境参数及药剂选择对混凝的影响。在水厂运行中为提高混凝效果对分别选取PAC、PFC、聚合氧化铝铁溶胶(AFO)、PAFC和PFS五种混凝剂进行比较实验，各混凝剂的有效成分均在28%～30%范围内，这一过程以浊度为考察对象，首先测定原水水样的浊度(根据原始资料，水库原水水质随时间不断变化，故每次实验开始时均需要先对原水水样相应水质参数进行检测)，投药量从5 mg/L到100 mg/L，具体根据每种混凝剂的混凝情况进行相应调整，浊度的去除率应经过先增大再减小的一个过程，并由此选定其最佳的混凝区间，见表4.4。

表4.4　各混凝剂最佳投药区间

混凝剂	最佳投药区间
PAC	20 mg/L—25 mg/L—30 mg/L—35 mg/L—40 mg/L—45 mg/L
PFC	27 mg/L—28 mg/L—29 mg/L—30 mg/L—31 mg/L—32 mg/L
AFO	20 mg/L—25 mg/L—30 mg/L—35 mg/L—40 mg/L—45 mg/L
PAFC	10 mg/L—15 mg/L—20 mg/L—25 mg/L—30 mg/L—35 mg/L
PFS	5 mg/L 到 100 mg/L 范围内混凝效果均不明显

由初步的筛选可以看出 PFC 对水库水质的适应差，起到混凝效果的区间小，各混凝剂不同投药量对浊度、COD_{Mn}和 UV_{254}去除效果如图4.16～4.19所示，最佳投药量的选定原则为以最大限度地去除 COD_{Mn}和 UV_{254}为主要目的，同时兼顾浊度的去除，保证一定的浊度去除率。

对 PAC 分析：浊度在 30 mg/L 处出现拐点，而对 COD_{Mn}和 UV_{254}来说随着投加量的进一步增加，UV_{254}的去除率增长趋势变缓，而 COD_{Mn}的去除率开始降低，所以 PAC 的最佳投加量定为 30 mg/L。

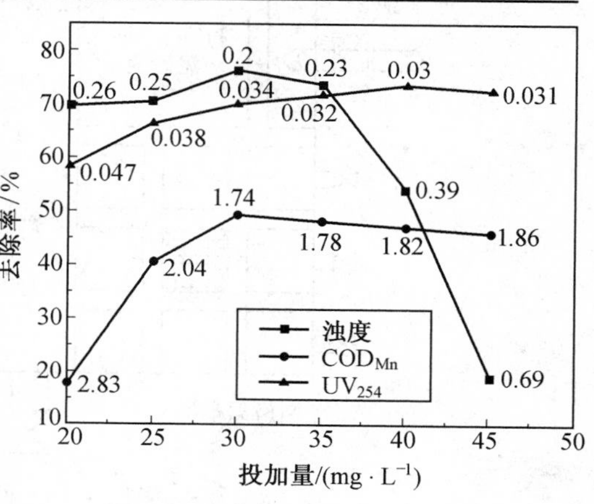

图4.16　PAC 对浊度、COD_{Mn}和 UV_{254}去除效果

对 PFC 分析：浊度在 29 mg/L 处出现拐点，而对 COD_{Mn}和 UV_{254}来说，随着投加量的进一步增加，COD_{Mn}和 UV_{254}的去除率仍然继续增长，我们在分析的过程中以提高 COD_{Mn}和 UV_{254}的去除率为主要目的，所以不选择浊度的拐点为最佳投药量，投加量大于 30 mg/L 时，UV_{254}去除率仍然继续增加，COD_{Mn}的去除率则开始降低，而浊度的去除率几乎为零，所以综合考虑认为 PFC 的最佳投加量为 30 mg/L。

综合 PFC 和 PFS，可以看出：

①铁盐混凝剂在对低温低浊水的浊度去除方面远差于铝盐混凝剂（PFC 的混凝区间较窄而 PFS 对水中浊度没有去除效果）。

②铁盐混凝剂处理后的水色度很大。

③PFC 对 COD_{Mn}和 UV_{254}去除效果非常好。

AFO 的最佳投药量为 35 mg/L，分析方法同上。

PAFC 的最佳投药量为 25 mg/L，分析方法同上。

通过曲线图4.16～4.19分析得出 PAC、PFC、AFO、PAFC 四种混凝剂的最佳投药量，分别为 30 mg/L，30 mg/L，35 mg/L，35 mg/L。在此基础上选取以上四种混凝剂针对同一原水在同一时间同一环境下分别以各自的最佳投药量做横向对比实验。各混凝剂的去除效果对比如图4.20所示。

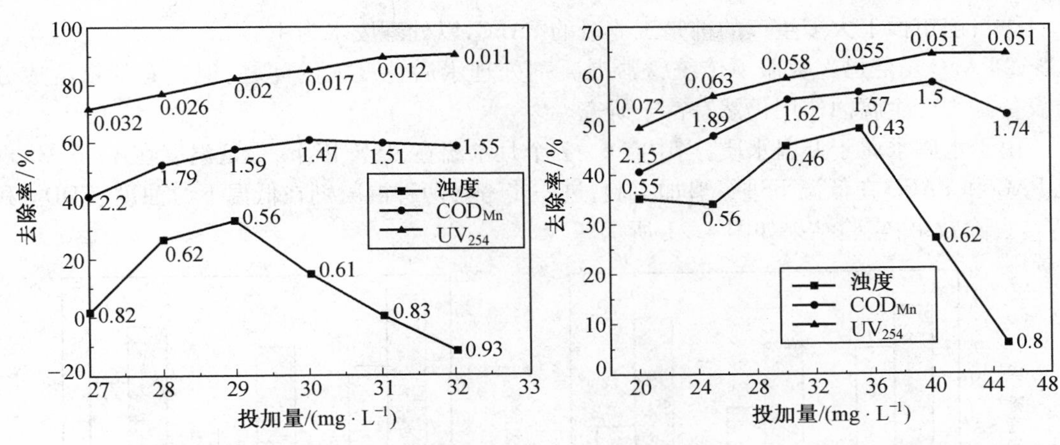

图 4.17　PFC 对浊度、COD_{Mn} 和 UV_{254} 的去除效果　　图 4.18　AFO 对浊度、COD_{Mn} 和 UV_{254} 的去除效果

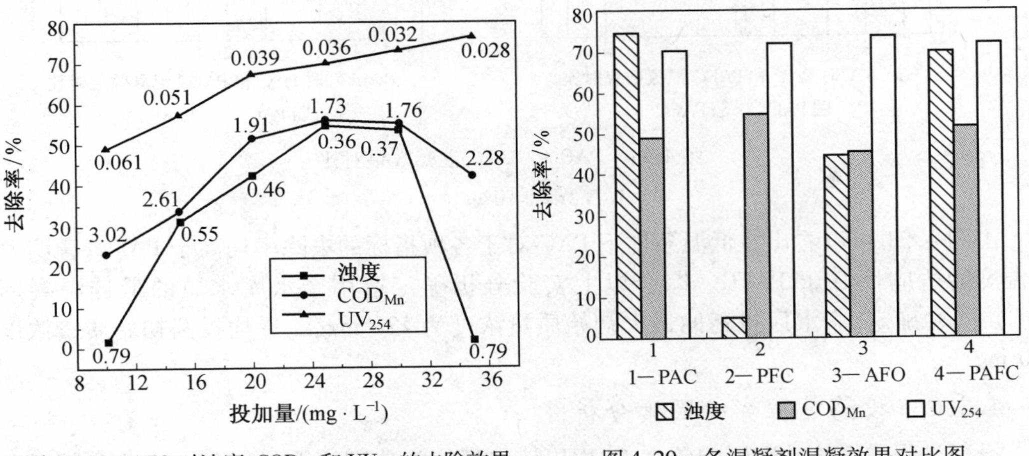

图 4.19　PAFC 对浊度、COD_{Mn} 和 UV_{254} 的去除效果　　图 4.20　各混凝剂混凝效果对比图

考察各混凝剂对 COD_{Mn} 和 UV_{254} 的去除效果,并保证一定的浊度去除率,综合分析认为针对水质,混凝剂 PAC 和 PAFC 的混凝效果均较好,且两者各有利弊:采用 PAC 的优势在于:

①目前净水厂有一套较为成熟的 PAC 采购和生产线,且目前大多水厂以使用 PAC 为主,生产食品级 PAC 的厂家要远多于生产食品级 PAFC 的厂家。

②另外 PAC 对浊度去除率高于 PAFC。

而采用 PAFC 的优势在于:

①PAFC 对 COD_{Mn} 和 UV_{254} 的去除效果均较优于 PAC,且每升水需投加 PAFC 的量较 PAC 可减少 5 mg。

②从市场价格来看,河南巩义及山东地区食品级的 PAC 价位在 1 500 元/t 到 1 700 元/t,PAFC 价位在 1 000 元/t 到 1 200 元/t;北京上海地区食品级的 PAC 价位在 2 800 元/t到2 400 元/t,而 PAFC 价位在 2 000 元/t 到 2 100 元/t。由此可见,如果使用 PAFC,成本将大大降低。

而 PAFC 仍然存在一些问题:

①目前市面上大多生产的都是工业级的 PAFC,以处理废水为主。

②PAFC 虽然已经克服了传统铁盐混凝剂处理水后色度大的问题,但含有的铁盐成分对设备是否产生腐蚀作用仍然有待于研究。

由于水库水属于低温水质,当中有 6 ~7 个月水温在 10 ℃以下,最低温度在 4 ~6 ℃,现就 PAC 和 PAFC 在低温下进行追加实验,进一步考察两种混凝剂在低温下对浊度、COD_{Mn}和 UV_{254}去除效果,实验结果如图 4.21 所示。

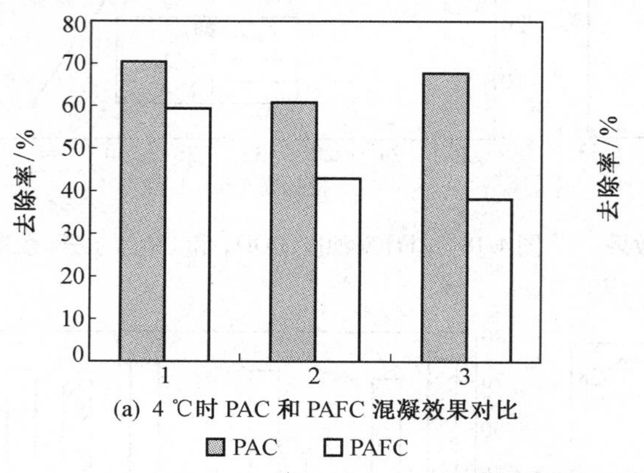

(a) 4 ℃时 PAC 和 PAFC 混凝效果对比

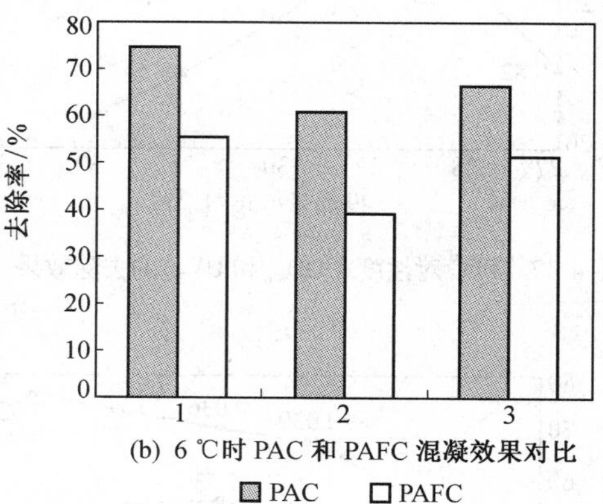

(b) 6 ℃时 PAC 和 PAFC 混凝效果对比

PAC　PAFC

图 4.21　PAC 和 PAFC 混凝效果对比

1—浊度;2—COD_{Mn};3—UV_{254}

由图 4.21 可以看出在低温条件下 PAC 对于各项指标的去除率均高于 PAFC,说明 PAC 对温度的适应性好于 PAFC。综合以上实验分析确定适用于水库水质的最佳混凝剂为 PAC。同时确定,净水厂投药的最大初始质量浓度为 120 mg/L,平均投药初始质量浓度为 100 mg/L。

4.3.2　投药过程影响因素分析

投药过程受系统参数影响较大,这里以该水厂作为典型案例说明各个主要参数对混凝过程的影响。

1. 温度

不同温度下 PAC 对浊度、COD_{Mn}和 UV_{254}的去除效果,如图 4.22 所示。可以看出,温度从 4 ℃升高到 18 ℃过程中,浊度、COD_{Mn}和 UV_{254}的去除率总体趋势是随着水温的升高逐渐升高,对浊度而言水温在 6 ℃时去除率最低,为 55.80%,而去除率最高出现在 18 ℃时,去除率为76.06%,而对 COD_{Mn}和 UV_{254}而言,在 10 ℃、14 ℃及 18 ℃时较高,而在 4 ~8 ℃时较低,且受水温影响明显。

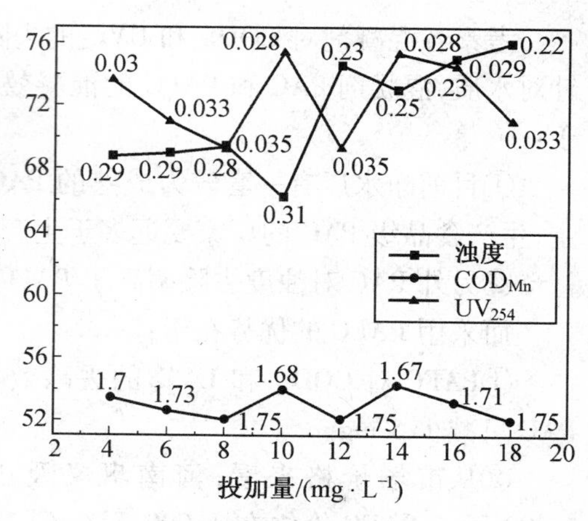

图 4.22　水温对 PAC 混凝效果的影响

PAC 对水温的适应能力较强,在 4 ~18 ℃范围内均有混凝效果,随着水温的升高,PAC 的混凝效果越明显,尤其是 COD_{Mn}和 UV_{254}受水温的影响明显。

2. pH 值

pH 值是影响混凝效果的一个主要影响因素。水库水 pH 值偏低，全年波动范围不大，一般在6.60～7.00之间，本阶段将水样 pH 值的范围拓宽，采用0.05 mol/L HCl 溶液及0.05 mol/L NaOH溶液调节原水的 pH 值在3.00～11.00之间，以此来研究去除有机污染物的最佳 pH 值。

原水不同 pH 值条件下 PAC 对浊度、COD_{Mn}和 UV_{254} 的去除效果，如图4.23所示。可以看出，水样 pH 较低时(pH<6)的混凝效果：处理后水的浊度不仅没有降低反而升高，这是由于混凝剂没有起到混凝效果，而混凝剂本身又增加了水样的浊度，而 COD_{Mn}和 UV_{254} 却表现出较好的去除效果，当水样 pH 值在5附近时 COD_{Mn} 和 UV_{254} 的去除率达到最大，分别为59.53%和75.93%。在 pH 值增大的过程中，处理后水的浊度去除率明显改善，pH 值在6～11范围内变化时，浊度的去除率逐渐升高，并在 pH 值在8～9时达到最大(71.02%)，此后逐渐下降，COD_{Mn}和 UV_{254}经历了一个先下降，再升高，再下降的过程，可以看出 PAC 对有机物的去除受 pH 值的影响较小，而对浊度的去除受其影响较大。

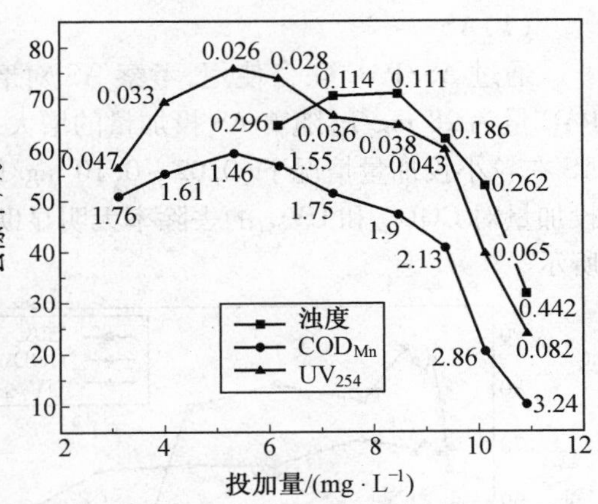

图4.23　原水不同 pH 值条件下 PAC 混凝效果

通过以上实验可以发现 PAC 对原水的去除效果较好，在这种情况下研究助凝剂主要基于两方面考虑：

①PAC 在去除有机物的过程中受水温的影响相对较大，希望找到适当的助凝剂，在水库全年水温较低的时间段促进 PAC 对有机物的去除效果。

②希望通过助凝剂的使用能够有效地降低 PAC 的投药量，节约经济成本。

3. 碱度

在寒区湖库型水源水中，水中碱度往往较低，因此在混凝之前往往需要投加一定量的碱，常用的包括氢氧化钙和氢氧化钠等，其中氢氧化钙相对便宜，形成的絮体较为密实，但底泥黏度增加排泥困难，氢氧化钠仅能提高碱度，且价格较贵，根据经验往往可达混凝剂费用的50%。

4. 悬浮物浓度

浊度高低直接影响混凝效果，过高或过低都不利于混凝。浊度不同，混凝剂用量也不同。对于去除以浑浊度为主的地表水，主要的影响因素是水中的悬浮物含量。

水中悬浮物含量过高时，所需铝盐或铁盐混凝剂投加量将相应增加。为了减少混凝剂用量，通常投加高分子助凝剂，如聚丙烯酰胺及活化硅酸等。对于高浊度原水处理，采用聚合氯化铝具有较好的混凝效果。

水中悬浮物浓度很低时，颗粒碰撞速率大大减小，混凝效果差。为提高混凝效果，可以投加高分子助凝剂，如活化硅酸或聚丙烯酰胺等，通过吸附架桥作用，使絮凝体的尺寸和密度增大；投加黏土类矿物颗粒，可以增加混凝剂水解产物的凝结中心，提高颗粒碰撞速率并增加絮凝体密度；也可以在原水投加混凝剂后，经过混合直接进入滤池过滤。

在寒区湖库型水源水中，为提高悬浮物浓度，往往在混凝剂中增加成核物质、投加黏土或进行污泥回流，根据经验，在浊度小于 5 NTU 时，混凝剂中的成核物质投量往往可达 7 mg/L以上，如进行污泥回流，回流比应不小于15%，但增浊过程易于产生有机污染物或生物积累，因此有必要进行必要的活化（回流污泥）或控制成核物质中的污染物。

5. 助凝剂筛选

本阶段实验分别选取 AS、CTS、矾花以及 PAM 等四种材料考察其助凝效果。

（1）AS

通过 AS/PAC 联合使用，考察 AS 对磨盘山水库水处理的助凝效果，如图 4.24 所示，PAC 量为 28 mg/L，随着 AS 投加量的增大，浊度的去除率先升高后降低，说明在除浊方面，AS 在较小投加量情况下（0.02～0.10 mg/L）可以起到助凝作用。在去除有机物方面，AS 的投加量对 COD_{Mn} 和 UV_{254} 的去除率无明显助凝效果，且 AS 对水体 pH 值影响较大，如图 4.25 所示。

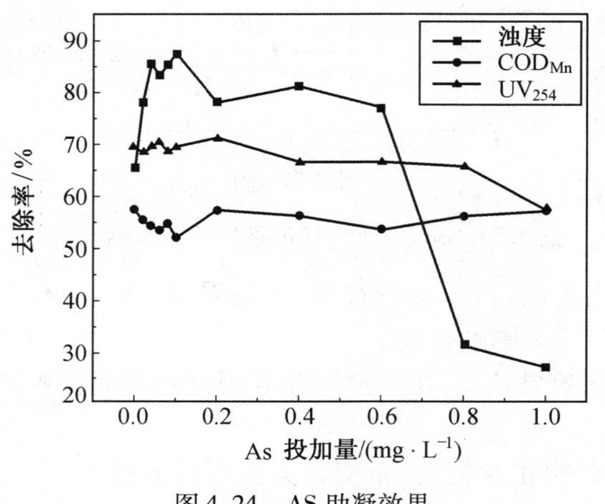

图 4.24　AS 助凝效果

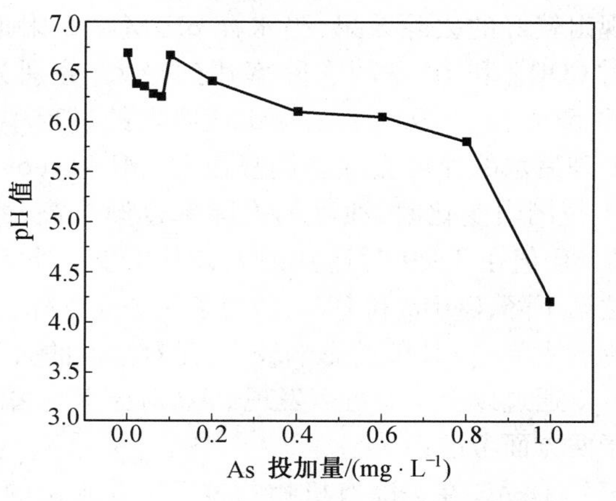

图 4.25　AS 投加量对水体 pH 值的影响

（2）CTS

本实验所选用的 CTS 为食品级。脱乙酰度和黏度是 CTS 生产和应用中的一项重要技术指标，脱乙酰度的高低，直接关系到它在稀酸中的溶解能力、黏度、离子交换能力、絮凝性能和与氨基有关的化学反应能力，脱乙酰度越高，CTS 越易溶解，脱乙酰度大于 55% 时即可溶解在酸中。黏度则反映了高分子物质相对分子质量的大小。本实验采用酸碱滴定法测定 CTS 的脱乙酰度为 85.26%，采用 NDJ-1 型旋转式黏度计测定其黏度为 500 mPa · s。

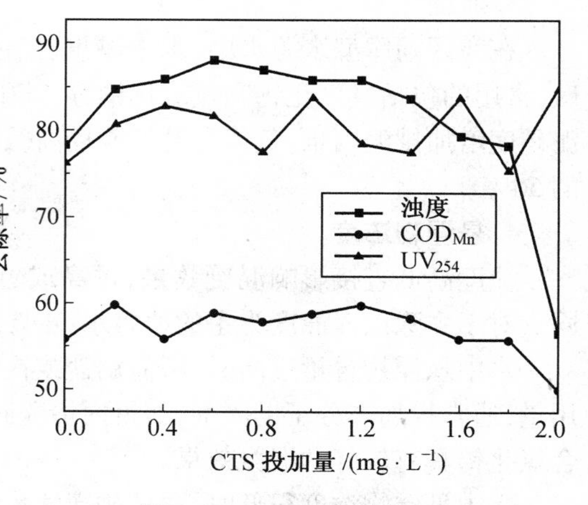

图 4.26　CTS 助凝效果

实验过程中与 PAC 联合使用，考察 CTS 对磨盘山水库水处理的助凝效果，其中 PAC 投加量为 28 mg/L，如图 4.26 所示。实验发现，CTS 也可以改善矾花的密实程度。随着 CTS 投加，浊度、COD_{Mn} 和 UV_{254} 的去除率较单独投加 PAC 均有所提高，相比其他助凝剂，CTS 在去除有机物方面所起到的助凝作用明显。CTS 投加量为 1.0 mg/L 时，浊度、COD_{Mn} 和 UV_{254} 的去除率分别为85.87 %、58.90%和83.87%，较单独投加PAC时分别提高了7.61%、3.01%和7.53%。当投加量进一步增大到2.0 mg/L时，浊度和COD_{Mn}的去除率下降，而对UV_{254}的去除效果依然较好。

(3)矾花

本实验采用烘干和研磨的方法配制出矾花溶液，如图4.27所示。在此基础上研究矾花对磨盘山水库水处理的助凝效果，如图4.28所示。PAC投加量同上。在除浊方面，矾花不仅可以起到助凝作用，且在达到同等混凝效果的情况下，PAC的投加量可以降低，如图4.29所示。

为了考察矾花的助凝效果是否由于单纯投加矾花后带来的原水浊度的升高而产生，本阶段进行了追加实验，采用高岭土将原水浊度提高到与投加矾花后原水浊度相同，在相同PAC投加量、原水水质及混凝条件下进行对照实验，实验发现，以矾花为助凝剂条件下的处理后水样其浊度去除率优于投加高岭土后水样，说明矾花的助凝机理除了增加浊度外，其本身所含有的PAC水解产物起到了改善矾花结构或密实程度的作用。单独投加矾花对浊度有去除效果，进一步证实了以上结论。

图4.27 烘干后的矾花以及经研磨溶解后的矾花溶液

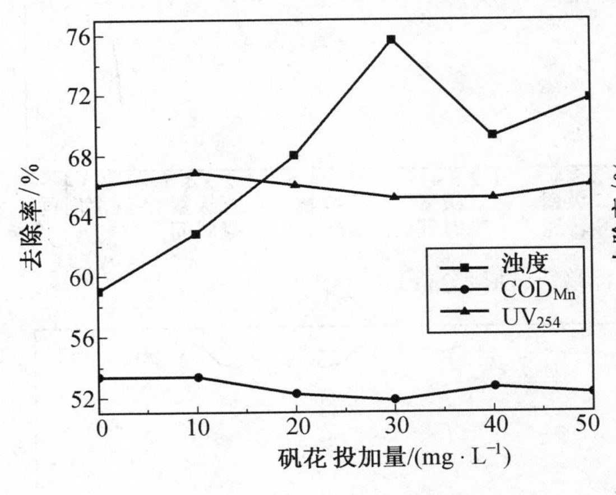

图4.28 矾花的助凝效果

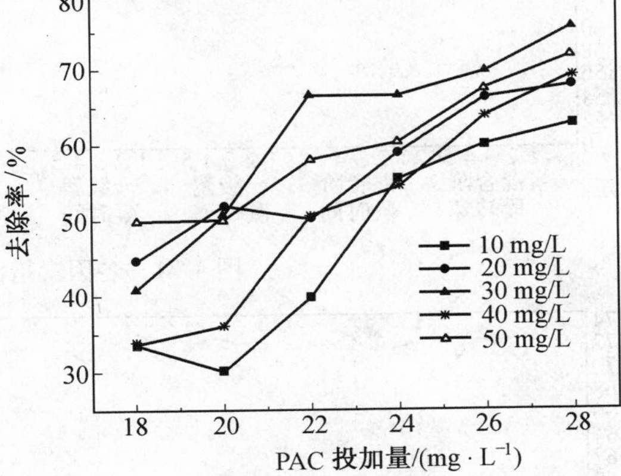

图4.29 不同投加量下的矾花对PAC投加量的影响

(4)PAM

通过实验观察到，PAM可以明显改善矾花的大小和密实程度。在去除浊度方面，PAM的助凝效果明显，投加量为0.02 mg/L时即开始发挥助凝作用，投加量较大时其助凝作用仍然十分明显，如图 4.30 所示，但对有机物的去除无明显去除效果。另外 PAM 对人体健康的安全问题尚待确认。

比较以上四种助凝剂，对于去除有机物而言，CTS 作为一种安全无毒的高分子有机絮凝剂能较好地起到助凝作用，因此在接下来的实验中主要研究 CTS 的助凝效果，以下简称 CTS。

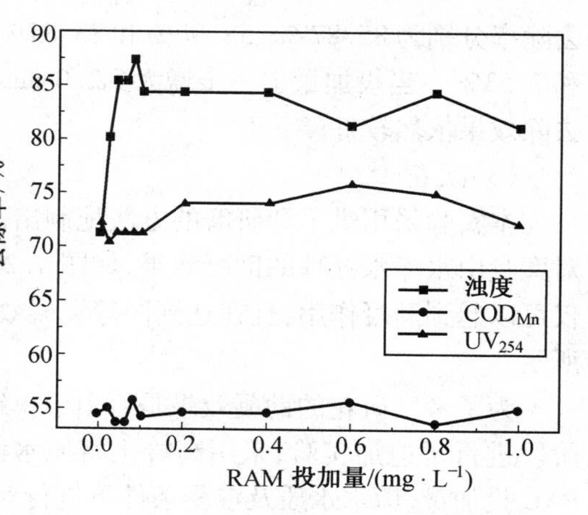

图 4.30 PAM 助凝效果

(5)水力条件

水力条件包括水力强度和作用时间两方面因素，投加混凝剂后，混凝过程可以分为快速混合和絮凝反应两个阶段，同时在水力条件上要求具有连续性。快速混合阶段使投入的混凝剂迅速分散到原水中，这样混凝剂能均匀地在水中水解聚合并使胶体颗粒脱稳凝集；絮凝反应阶段使已脱稳的胶体颗粒通过异向絮凝和同向絮凝的方式逐渐增大成具有良好沉降性能的絮凝体。

通过正交实验的方法，确定以上九个参数的最佳值以及最佳组合，研究各个参数对强化混凝的影响力，以浊度和 UV_{254} 为主要考察指标。选定 A：混合阶段转速，B：混合阶段时间，C：一级絮凝转速，D：一级絮凝时间，E：二级絮凝转速，F：二级絮凝时间，G：三级絮凝转速，H：三级絮凝时间，I：沉淀时间九个因素作为混凝效果的影响因素，各设定五个水平，水平的设定依据为水厂原水力条件及相关文献。按照九因素五水平的要求，采用 L50(59)正交表进行实验。对正交实验结果进行单指标分析，如图 4.31 和图 4.32 所示。

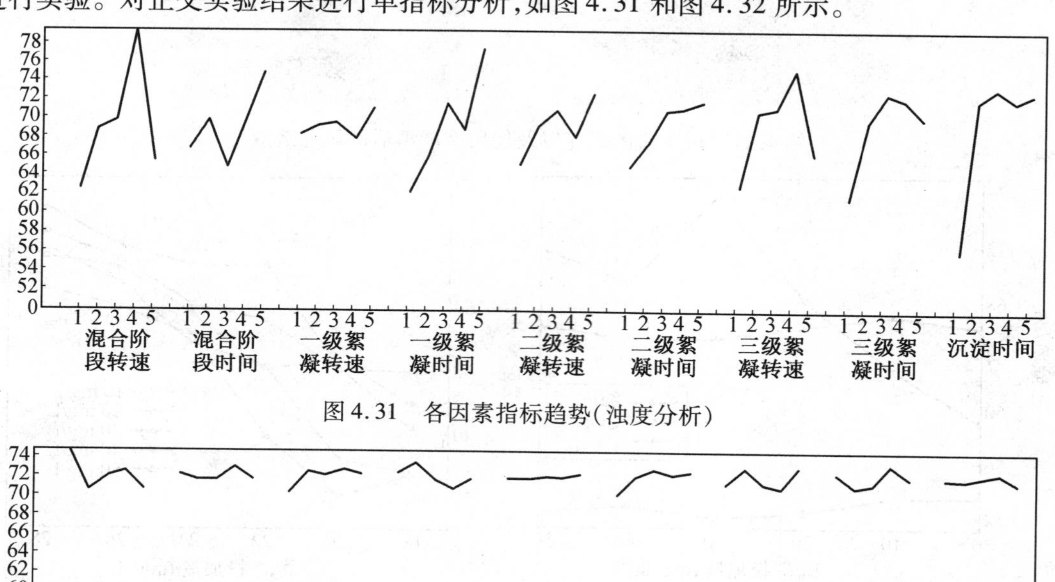

图 4.31 各因素指标趋势(浊度分析)

74
72
70
68
66
64
62
60
58

1 2 3 4 5 1 2 3 4 5 1 2 3 4 5 1 2 3 4 5 1 2 3 4 5 1 2 3 4 5 1 2 3 4 5 1 2 3 4 5 1 2 3 4 5

混合阶段转速 混合阶段时间 一级絮凝转速 一级絮凝时间 二级絮凝转速 二级絮凝时间 三级絮凝转速 三级絮凝时间 沉淀时间

图 4.32 各因素指标趋势(UV_{254}分析)

水力条件的改变对浊度的去除影响较大，其中混合阶段转速、一级絮凝时间和沉淀时间三个因素对浊度的去除影响很大，而混合阶段时间、三级絮凝时间和三级絮凝转速三个因素对浊度的去除也有一定的影响，而二级絮凝对浊度和 UV_{254} 的影响非常小，在水厂运行中可以适当控制。

第5章　沉淀及澄清

5.1　沉淀池类型及应用

水中悬浮颗粒依靠重力作用从水中分离出来的过程称为沉淀。原水投加混凝剂后，经过混合反应，水中胶体杂质凝聚成较大的矾花颗粒，进一步在沉淀池中去除。水中悬浮物的去除，可通过水和颗粒的密度差，在重力作用下进行分离。密度大于水的颗粒将下沉，小于水的则上浮。根据净水理论，沉淀是控制出水的重要阶段，根据上一章的分析可知，在寒区湖库型水源水的净化过程中，混凝效果决定了沉淀效率，同时沉淀效率的高低反过来影响投药量及出水水质。

5.1.1　沉淀的基本类型

根据水中悬浮颗粒的密度、凝聚性能的强弱和浓度的高低，沉淀可分为以下四种基本的沉淀类型。

(1)自由沉淀

悬浮颗粒在沉淀过程中呈离散状态，其形状、尺寸、质量等物理性状均不改变，下沉速度不受干扰，单独沉降，互不聚合，各自完成独立的沉淀过程。在这个过程中只受到颗粒自身在水中的重力和水流阻力的作用。这种类型多表现在沉砂池、初沉池初期(沉砂池、初沉池、二沉池一般用于污水处理厂)。

(2)絮凝沉淀

颗粒在沉淀过程中，其尺寸、质量及沉速均随深度的增加而增大。表现在初沉池后期，生物膜法二沉池、活性污泥法二沉池初期。

(3)拥挤沉淀

拥挤沉淀又称成层沉淀、拥挤沉淀。颗粒在水中的浓度较大，在下沉过程中彼此干扰，在清水与浑水之间形成明显的交界面，并逐渐向下移动。其沉降的实质就是界面下降的过程。表现在活性污泥法二沉池的后期、浓缩池上部。

(4)压缩沉淀

颗粒在水中的浓度很高，沉淀过程中，颗粒相互接触并部分地受到压缩物支撑，下部颗粒的间隙水被挤出，颗粒被浓缩。主要表现在活性污泥法二沉池污泥斗中、浓缩池中的浓缩。

5.1.2　沉淀池分类与选择

沉淀池是沉淀分离以悬浮物为主的装置。

1.沉淀池的类型

(1)按沉淀池的水流方向不同分类

按沉淀池的水流方向不同分类，可分为平流式、竖流式、辐流式沉淀池，如图5.1所示。

①平流式沉淀池。被处理水从池的一端流入，按水平方向在池内向前流动，从另一端溢

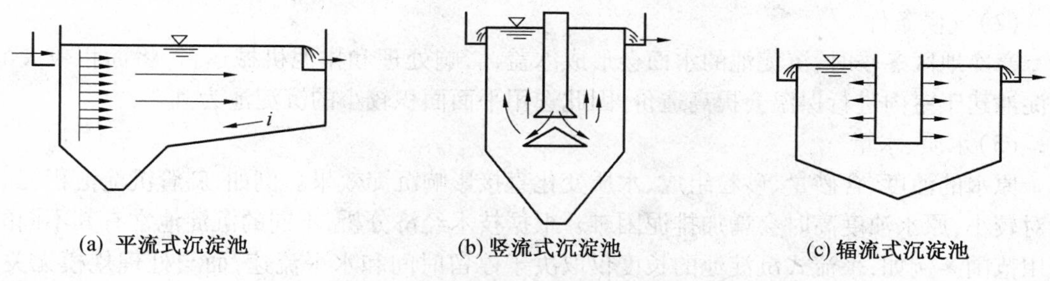

(a) 平流式沉淀池　(b) 竖流式沉淀池　(c) 辐流式沉淀池

图 5.1　按水流方向不同划分的沉淀池

出。池表面呈长方形,在进口处底部设有污泥斗。

②竖流式沉淀池。表面多为圆形,也有方形、多角形。水从池中央下部进入,由下向上流动,沉淀后上清液由池面和池边溢出。

③辐流式沉淀池。池表面呈圆形或方形,水从池中心进入,沉淀后从池子的四周溢出,池内水流呈水平方向流动,但流速是变化的。

(2)按工艺布置不同分类

按工艺布置不同分类,可分为初次沉淀池、二次沉淀池。

①初次沉淀池。设置在沉砂池之后,某些生物处理构筑物之前,主要去除有机固体颗粒,可降低生物处理构筑物的有机负荷。

②二次沉淀池。设置在生物处理构筑物之后,用于沉淀生物处理构筑物出水中的微生物固体,与生物处理构筑物共同构成处理系统。

(3)按截流颗粒沉降距离不同

按截流颗粒沉降距离不同,可分为一般沉淀池、浅层沉淀池。斜板或斜管沉淀池的沉降距离仅为 30 ~ 200 mm 左右,是典型的浅层沉淀池。斜板沉淀池中的水流方向可以布置成同向流(水流与污泥方向相同)、上向流(水流与污泥方向相反)、侧向流(水流与污泥方向垂直),如图 5.2 所示。

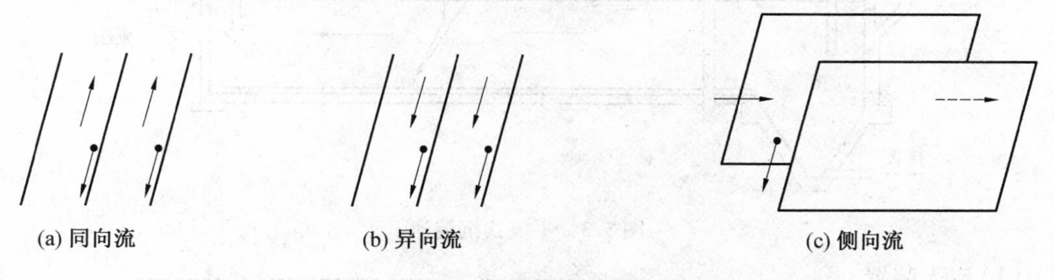

(a) 同向流　(b) 异向流　(c) 侧向流

图 5.2　斜板斜管沉淀池

2. 沉淀池的选用

选用沉淀池时一般应考虑以下几个方面的因素:

(1)地形、地质条件

不同类型沉淀池选用时会受到地形、地质条件限制,有的平面面积较大而池深较小,有的池深较大而平面面积较小。例如,平流式沉淀池一般布置在场地平坦、地质条件较好的地方。沉淀池一般占生产构筑物总面积的 25% ~40%。当占地面积受限时,平流式沉淀池的选用就会受到限制。

(2)气候条件

寒冷地区冬季时,沉淀池的水面会形成冰盖,影响处理和排泥机械运行,将面积较大的沉淀池建于室内进行保温会提高造价,因此选用平面面积较小的沉淀池为宜。

(3)水质、水量

原水的浊度、含砂量、砂粒组成、水质变化直接影响沉淀效果。例如,斜管沉淀池积泥区相对较小,原水浊度高时会增加排泥困难。根据技术经济分析,不同的沉淀池常有其不同的适用范围。例如,平流式沉淀池的长度仅取决于停留时间和水平流速,而与处理规模无关,水量增大时仅增加池宽即可。单位水量的造价指标随处理规模的增加而减小,所以平流式沉淀池适于水量较大的场合。

(4)运行费用

不同的原水水质对不同类型沉淀池的混凝剂消耗也不同;排泥方式的不同会影响到排泥水浓度和厂内自用水的耗水率;斜板、斜管沉淀池板材需要定期更新等,会增加日常维护费用。

在地表水净水工艺中,常用的沉淀池类型主要有平流沉淀池和斜管斜板沉淀池,其中在寒区应用较多的主要为斜管斜板沉淀池,这主要是考虑到保温等因素而确定的,一般来讲,平流沉淀池由于停留时间较长,因此具有一定的水量、水质缓冲能力,对于出水稳定性有利,而斜管斜板沉淀池受外界干扰相对较大。在实践中发现,如能够适当降低上升流速,合理分配出水堰位置以及提高清水区高度等也可有效控制出水水质,这一点在寒区湖库型水体中尤为重要(易提高松散絮体的沉淀效率)。

3. 平流式沉淀池

平流式沉淀池构造简单,为一长方形水池,由流入装置、流出装置、沉淀区、缓冲层、污泥区及排泥装置等组成,如图5.3所示。一般多用于初沉池。

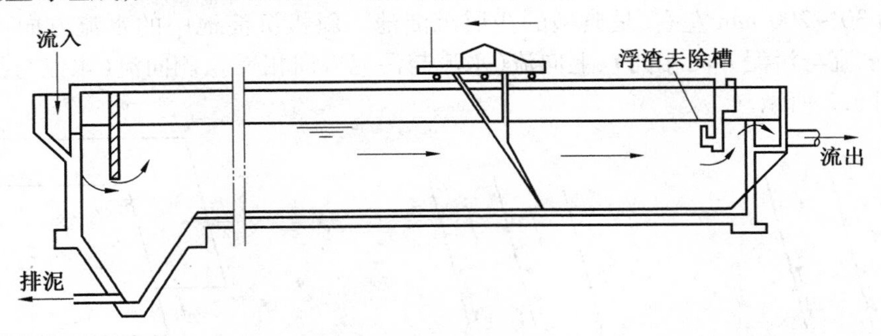

图5.3　平流式沉淀池

(1)流入装置

流入装置的作用是使水流均匀地分布在整个进水断面上,并尽量减少扰动。原水处理时一般与絮凝池合建,设置穿孔墙,水流通过穿孔墙,直接从絮凝池流入沉淀池,均布于整个断面上,保护形成的矾花,如图5.4所示。沉淀池的水流一般采用直流式,避免产生水流的转折。一般孔口流速不宜大于0.15~0.2 m/s,孔洞断面沿水流方向渐次扩大,以减小进水口射流,防止絮凝体破碎。

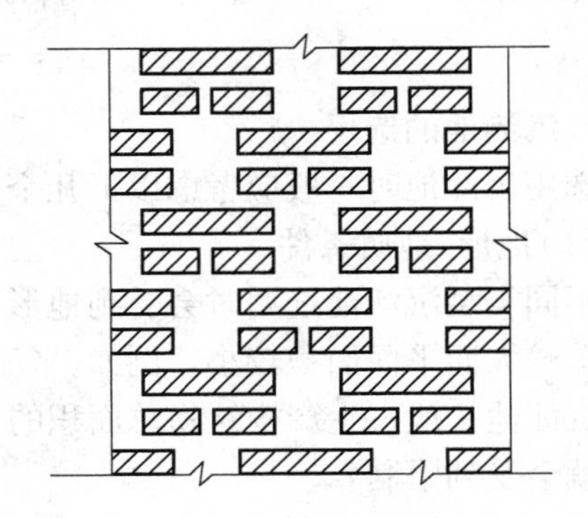

图5.4　穿孔墙

污水处理中,沉淀池入口一般设置配水槽和挡流板,目的是消能,使污水能均匀地分布到整个池子的宽度上,如图5.5所示。挡流板入水深小于0.25 m,高出水面0.15~0.2 m,距流入槽0.5~1.0 m。

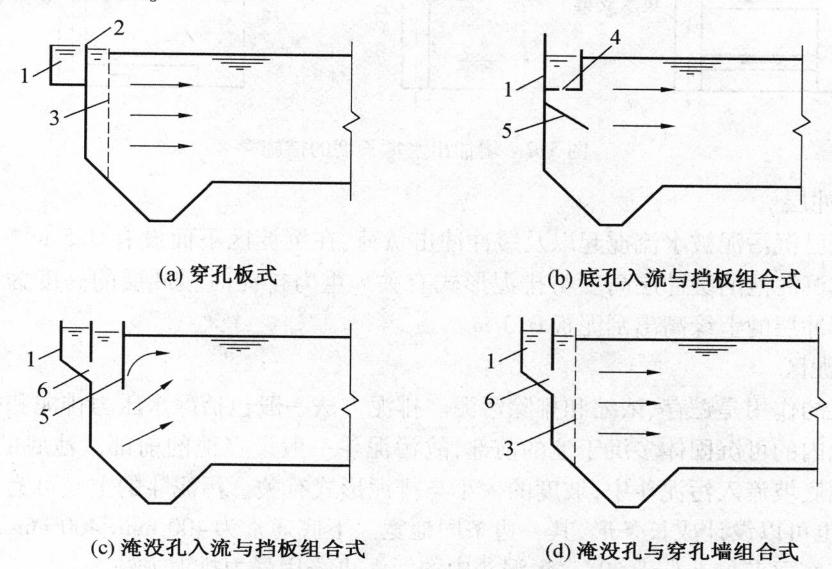

图5.5 平流沉淀池入口的整流措施

1—进水槽;2—溢流堰;3—有孔整流墙壁;4—底孔;5—挡流板;6—潜孔

(2)流出装置

流出装置一般由流出槽与挡板组成,如图5.6所示。流出槽设自由溢流堰、锯齿形堰或孔口出流等,溢流堰要求严格水平,既可保证水流均匀,又可控制沉淀池水位。出流装置常采用自由堰形式,堰前设挡板,挡板入水深0.3~0.4 m,距溢流堰0.25~0.5 m。也可采用潜孔出流以阻止浮渣,或设浮渣收集排除装置。孔口出流流速为0.6~0.7 m/s,孔径20~30 mm,孔口在水面下12~15 cm,堰口最大负荷:初次沉淀池不宜大于10 $m^3/(h·m)$,二次沉淀池不宜大于7 $m^3/(h·m)$,混凝沉淀池不宜大于20 $m^3/(h·m)$。

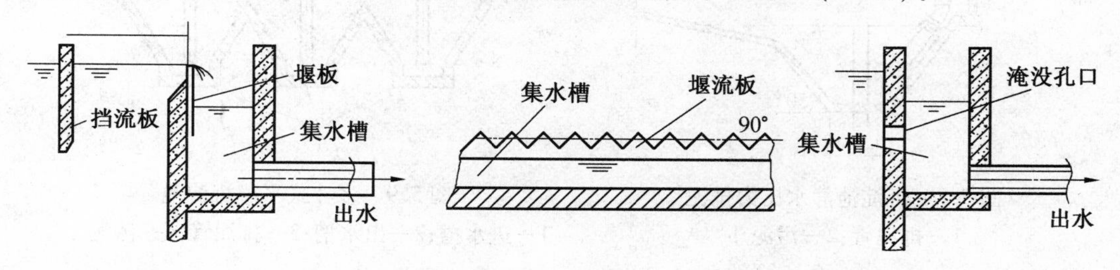

图5.6 平流式沉淀池的出水堰形式

为了减少负荷,改善出水水质,可以增加出水堰长。目前采用较多的方法是指形槽出水,即在池宽方向均匀设置若干条出水槽,以增加出水堰长度和减小单位堰宽的出水负荷。常用增加堰长的办法如图5.7所示。

(3)沉淀区

平流式沉淀池的沉淀区在进水挡板和出水挡板之间,长度一般为30~50 m。深度从水面到缓冲层上缘,一般不大于3 m。沉淀区宽度一般为3~5 m。

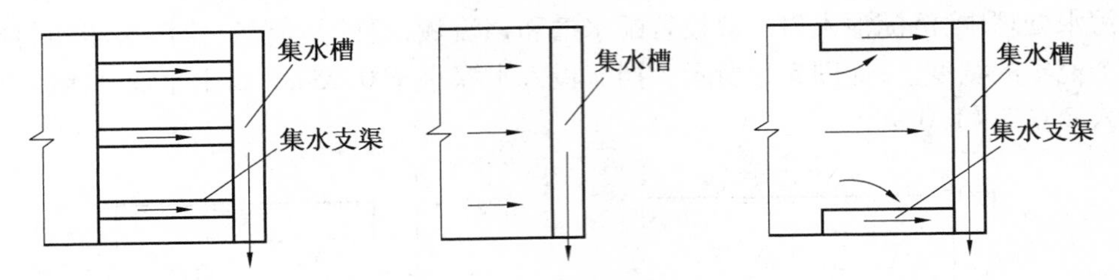

图 5.7　增加出水堰长度的措施

(4)缓冲层

为避免已沉污泥被水流搅起以及缓冲冲击负荷,在沉淀区下面设有 0.5 m 左右的缓冲层。平流式沉淀池的缓冲层高度与排泥形式有关。重力排泥时缓冲层的高度为 0.5 m,机械排泥时缓冲层的上缘高出刮泥板 0.3 m。

(5)污泥区

污泥区的作用是贮存、浓缩和排除污泥。排泥方法一般包括静水压力排泥和机械排泥。

沉淀池内的可沉固体多沉于池的前部,故污泥斗一般设在池的前部。池底的坡度必须保证污泥顺底坡流入污泥斗中,坡度的大小与排泥形式有关。污泥斗的上底可为正方形,边长同池宽;也可以设计成长条形,其一边条同池宽。下底通常为 400 mm×400 mm 的正方形,泥斗斜面与底面夹角不小于 60°。污泥斗中的污泥可采用静力排泥方法。

静力排泥是依靠池内静水压力(初沉池为1.5~2.0 m,二沉池为 0.9~1.2 m),将污泥通过污泥管排出池外。排泥装置由排泥管和污泥斗组成,如图 5.8 所示。排泥管管径为 200 mm,池底坡度为 0.01~0.02。为减少池深,可采用多斗排泥,每个斗都有独立的排泥管,如图 5.9 所示。也可采用穿孔管排泥。

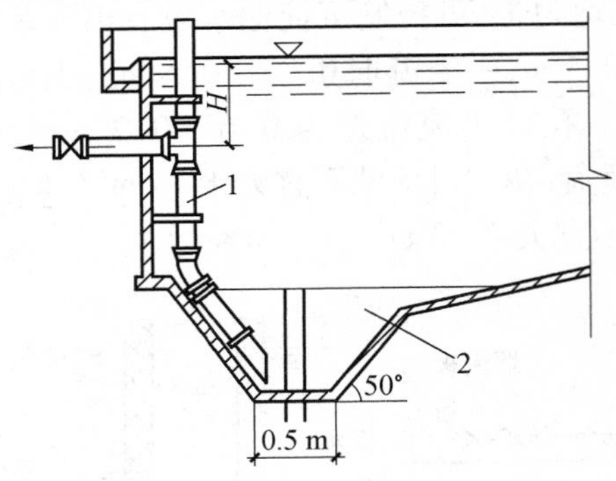

图 5.8　沉淀池静水压力排泥

1—排泥管;2—污泥斗

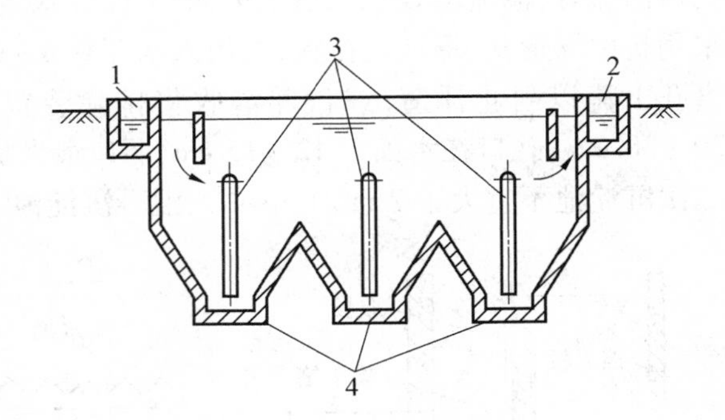

图 5.9　多斗式平流沉淀池

1—进水槽;2—出水槽;3—排泥管;4—污泥斗

目前平流沉淀池一般采用机械排泥。机械排泥是利用机械装置,通过排泥泵或虹吸将池底积泥排至池外。机械排泥装置有链带式刮泥机、行车式刮泥机、泵吸式排泥和虹吸式排泥装置等。图 5.10 所示为设有行车式刮泥机的平流式沉淀池。工作时,桥式行车刮泥机沿池壁的轨道移动,刮泥机将污泥推入贮泥斗中,不用时,将刮泥设备提出水外,以免腐蚀。图 5.11 所示为设有链带式刮泥机的平流式沉淀池。工作时,链带缓缓地沿与水流方向相反的方向滑动。刮泥板嵌于链带上,滑动时将污泥推入贮泥斗中。当刮泥板滑动到水面时,又将浮渣推到出口,从那里集中清除。链带式刮泥机的各种机件都在水下,容易腐蚀,养护较为困难。

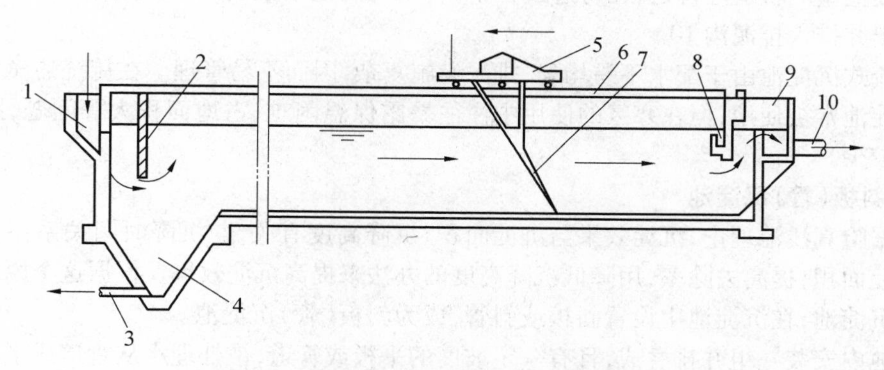

图5.10　设有行车式刮泥机的平流式沉淀池

1—进水槽;2—挡流板;3—排泥管;4—污泥斗;5—刮泥行车;6—刮渣板;
7—刮泥板;8—浮渣槽;9—出水槽;10—出水管

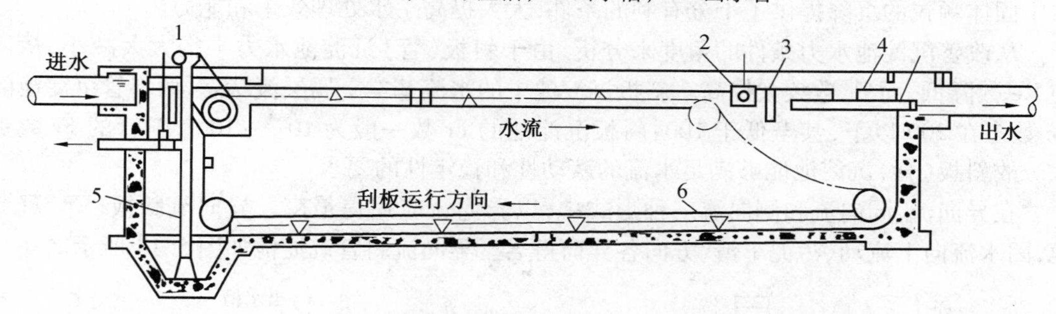

图5.11　设有链带式刮泥机的平流式沉淀池

1—集渣器驱动;2—浮渣槽;3—挡板;4—可调节的出水槽;5—排泥管;6—刮板

当不设存泥区时,可采用吸泥机,使集泥与排泥同时完成。常用的吸泥机有多口式和单口扫描式,且又分为虹吸和泵吸两种。如图5.12所示为多口虹吸式吸泥装置。刮板1、吸口2、吸泥管3、排泥管4成排地安装在桁架5上,整个桁架利用电机和传动机构通过滚轮架

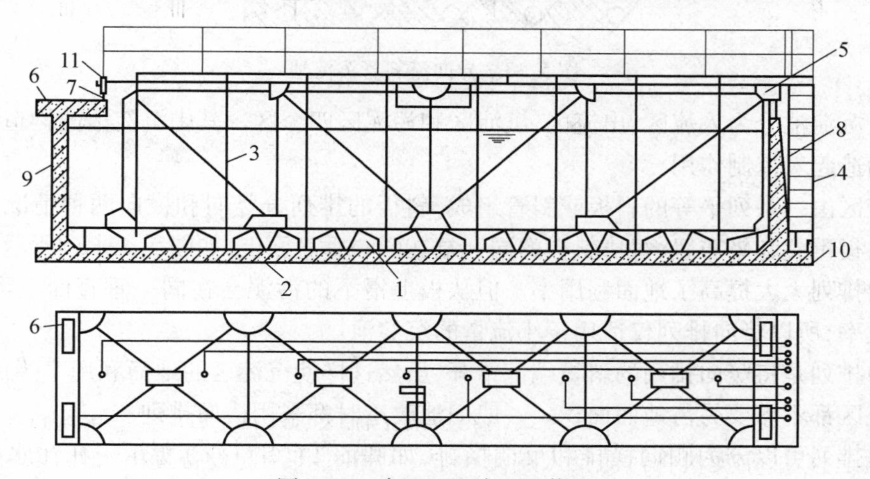

图5.12　多口虹吸式吸泥装置

1—刮泥板;2—吸口;3—吸泥管;4—排泥管;5—桁架;6—电机和传动机构;
7—轨道;8—梯子;9—沉淀池壁;10—排泥沟;11—滚轮

设在沉淀池壁的轨道上行走，在行进过程中，利用沉淀池水位所能形成的虹吸水头，将池底积泥吸出并排入排泥沟10。

平流式沉淀池由于配水不易均匀，排泥设施复杂，因而不易管理。在传统的净水工艺中平流沉淀池常被使用，但在寒区的使用中往往暴露保温困难、占地面积大等问题，因此近年来使用较少。

4. 斜板(管)沉淀池

根据哈真浅池理论，沉淀效果与沉淀面积、沉降高度有关，与沉降时间关系不大。为了增加沉淀面积，提高去除率，用降低沉降高度的办法来提高沉淀效果。根据这个原理发展了平流式沉淀池，在沉淀池中设置斜板或斜管，成为斜板(管)沉淀池。

在池内安装一组并排叠成，且有一定坡度的平板或管道，被处理水从管道或平板的一端流向另一端，相当于很多个浅而且小的沉淀池组合在一起。由于平板的间距和管道的管径较小，故水流在此处为层流状态，当水在各自的平板或管道间流动时，各层隔开互不干扰，为水中固体颗粒的沉降提供了十分有利的条件，大大提高了水处理效果和能力。

从改善沉淀池水力条件的角度来分析，由于斜板(管)沉淀池水力半径大大减小，从而使 Re 数降低，而 Fr 数大大提高。斜板沉淀池中的水流基本上属层流状态，而斜管沉淀池的 Re 数多在 200 以下，甚至低于 100；斜板沉淀池的 Fr 数一般为 $10^{-4} \sim 10^{-3}$，斜管的 Fr 数更大。故斜板(管)沉淀池能够满足水流的紊动性和稳定性的要求。

在异向流、同向流和侧向流三种形式中，以异向流应用得最广。异向流斜板(管)沉淀池，因水流向上流动、污泥下滑、方向各异而得名。异向流斜管沉淀池如图5.13所示。

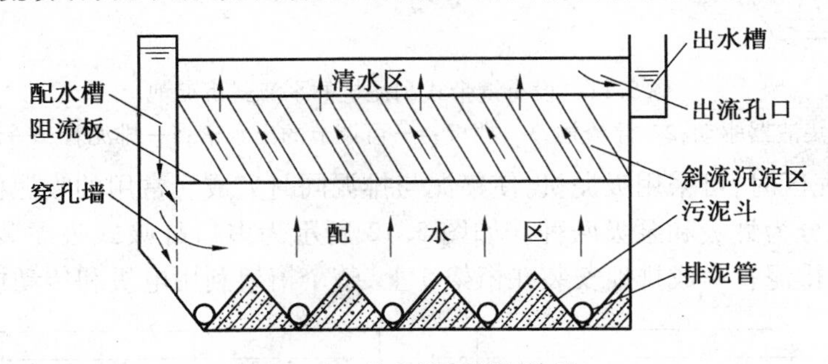

图5.13　异向流斜管沉淀池

斜板沉淀池分为入流区、出流区、沉淀区和污泥区四个区。其中沉淀区的构造对整个沉淀池的构造起着控制作用。

沉淀区由一系列平等的斜板或斜管组成，斜板的排列分竖向和横向两种情况。竖向排列是将斜板重叠起来布置，每块斜板的同一端在同一垂直面上，如图5.14(a)所示。沉淀区采用竖向排列大大提高了地面利用率。但从板上滑下的污泥会在同一垂直面上降落，降低了沉淀效率，所以竖向排列仅适用于小流量的沉淀池。

横向排列是将竖向排列的斜板端部错开，虽然这样使沉淀区的地面利用率降低，但入流区和出流区都不需要另占地面面积。一般旧池改造时都采用横向排列。

横向排列可以分为顺向横排和反向横排，如图5.14(b)、(c)所示。在污水处理工艺中，使用反向横排的效果要比顺向好。斜板沉淀池的进水流向是水平的，水流在沉淀池的流向是顺着斜板倾斜向上的。污水从入流区到沉淀区要改变方向。由于水流转弯时外侧流速大于内侧流速，如果斜板为顺向排列，沿斜板滑下的污泥正好与较高的上升流速的水流相遇,从而增加了污泥下滑的阻力。如果斜板为反向横排,污泥下滑时与流速成较小的水流相遇,污泥下滑的阻力较小,有利于排泥。

当斜板换成斜管后,就成为斜管沉淀池。

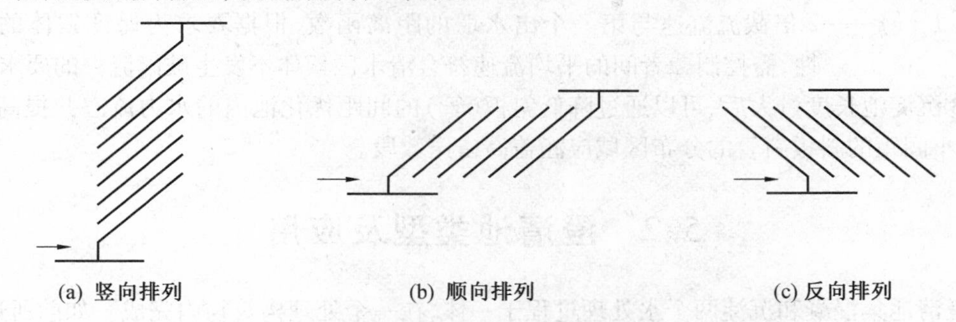

图5.14　斜板的排列方式和水流方向

斜板(管)倾角一般为60°,长度1~1.2 m,板间垂直间距80~120 mm,斜管内切圆直径为25~35 mm。板(管)材要求轻质、坚固、无毒、价廉。目前较多采用聚丙烯塑料或聚氯乙烯塑料。图5.15所示为塑料片正六角形斜管黏合示意。塑料薄板厚0.4~0.5 mm,块体平面尺寸通常不大于1 m×1 m,热轧成半六角形,然后黏合。

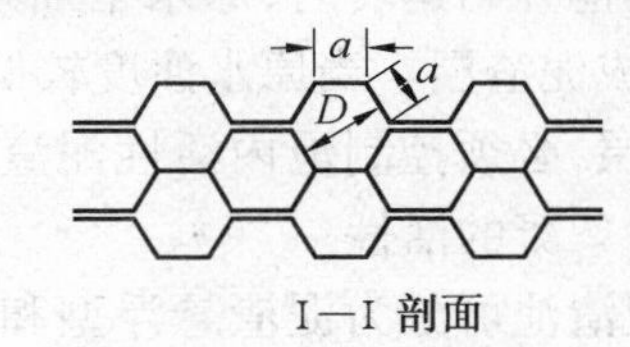

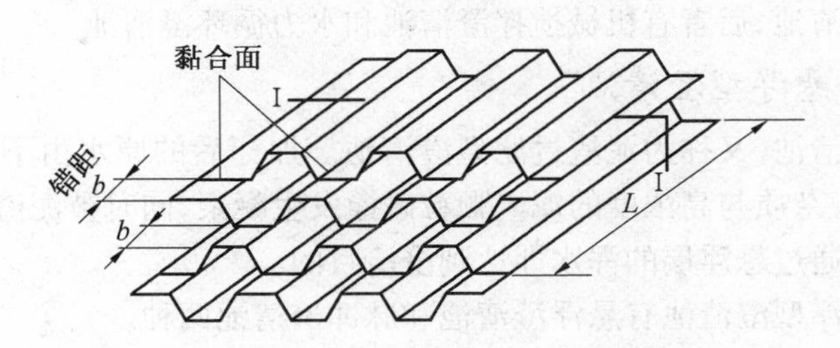

图5.15　塑料片正六角形斜管黏合示意

横向排列的斜板沉淀池入流区位于沉淀区的下面,高度约1.0~1.5 m。出流区位于沉淀区的上面,高度一般采用0.7~1.0 m。缓冲区位于斜板上面,深度大于等于0.05 m。出水槽一般采用淹没孔出流,或者采用三角形锯齿堰。

斜管斜板沉淀池在寒区净水中广为使用,但存在以下问题:

①长度较大的斜板斜管沉淀池前后两端水利流态存在较大的差别,斜板区雷诺数差值可达数百倍,且高雷诺数沉淀单元出水率大,出水沉淀效率难以满足设计要求,特别是在絮体相对松散的高色低浊水体的处理中,容易造成絮体流失等问题。

②在大体量斜板斜管沉淀池中存在着最佳集水路径和集水堰的布置优化的问题,并提出了初始集水堰的相关计算方法:

$$L = K_1L_1 + \varphi_1 L + L_2(v) \tag{5.1}$$

式中　K_1,L_1——进水整流区系数和进水整流区长度,异向流斜板可取 $K_1 = 1.2\sin\theta$,同相

流斜板可取 $K_1 = \dfrac{0.8}{\sin\theta}$，$L_1$ 与进水流速和配水方式有关；

φ_1——超过截流流速 2 倍沉淀区域比例；

$L_2(v)$——2 倍截流流速与第一个出水堰的距离函数，根据要求为保证絮体的稳定性，需控制二者间的平均流速符合清水区絮体不发生破碎流失的要求。

③沉淀池长度过大后，可以通过降低斜板（管）的间距优化池内的水力流态并提高沉淀效率，小间距的斜板斜管的分布区域应涵盖高雷诺数段。

5.2　澄清池类型及应用

澄清池集混凝和沉淀两个水处理过程于一体，在一个处理构筑物内完成。如前所述，原水通过加药混凝，水中脱稳杂质通过碰撞结成大的絮凝体，而后在沉淀池内下沉去除。澄清池利用池中活性泥渣层与混凝剂以及原水中的杂质颗粒相互接触、吸附，把脱稳杂质阻留下来，使水达到澄清目的。活性泥渣层接触介质的过程，就是絮凝过程，常称为接触絮凝。在絮凝的同时，杂质从水中分离出来，清水在澄清池的上部被收集。

泥渣层的形成，主要是在澄清池开始运转时，原水中加入较多的混凝剂，并适当降低负荷，经过一定时间运转后，逐步形成泥渣层。当原水浊度较低时，为加速形成泥渣层，可人工投加黏土。为了保持稳定的泥渣层，必须控制池内活性泥渣量，不断排除多余的泥渣，使泥渣层处于新陈代谢状态，保持接触絮凝的活性。

根据池中泥渣运动的情况，澄清池可分为泥渣悬浮型和泥渣循环型两大类。前者有脉冲澄清池和悬浮澄清池，后者有机械搅拌澄清池和水力循环澄清池。

5.2.1　泥渣悬浮型澄清池

泥渣悬浮型澄清池，又称为泥渣过滤型澄清池。加药后的原水由下而上通过悬浮状态的泥渣层，水中脱稳杂质与高浓度的泥渣颗粒碰撞发生凝聚，同时被泥渣层拦截。这种状态类似于过滤作用。通过悬浮层的浑水即达到澄清目的。

常用的泥渣悬浮型澄清池有悬浮澄清池和脉冲澄清池两种。

1. 悬浮澄清池

悬浮澄清池的剖面图如图 5.16 所示。

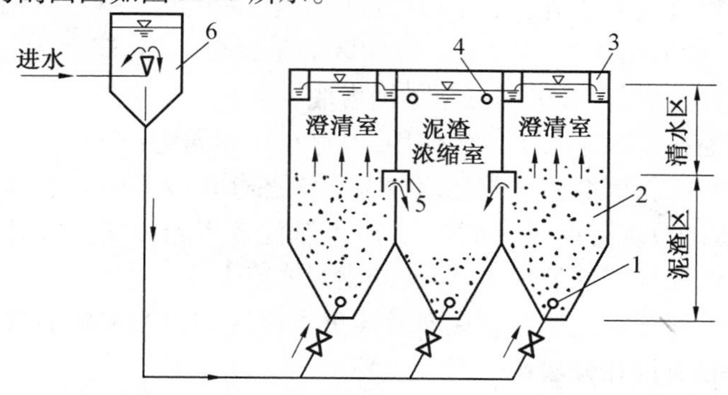

图 5.16　悬浮澄清池流程

1—穿孔配水管；2—泥渣悬浮层；3—穿孔集水槽；

4—强制出水管；5—排泥窗口；6—气水分离器

其工艺流程是:加药后的原水经过气水分离器6从穿孔配水管1流入到澄清室,水流自下而上通过泥渣悬浮层2,水中杂质则被泥渣层截留,清水从穿孔集水槽3流出。悬浮层中不断增加的泥渣,在自行扩散和强制出水管4的作用下,由排泥窗口5进入泥渣浓缩室,经浓缩后定期排除。强制出水管收集泥渣浓缩室内的上清液,并在排泥窗口两侧造成水位差,从而使澄清室内的泥渣流入浓缩室。气水分离器使水中空气在其中分离出来,以免进入澄清室后扰动悬浮层。悬浮澄清池一般用于小型水厂。

2. 脉冲澄清池

脉冲澄清池剖面和工艺流程如图5.17所示。其特点是通过脉冲发生器,使澄清池的上升流速发生周期性的变化。当上升流速小时,泥渣悬浮层收缩、浓度增大而使颗粒排列紧密;当上升流速大时,泥渣悬浮层膨胀。悬浮层不断产生周期性的收缩和膨胀,不仅有利于微絮凝颗粒与活性泥渣进行接触絮凝,还可以使悬浮层的浓度分布在全池内趋于均匀,并防止颗粒在池底沉积。

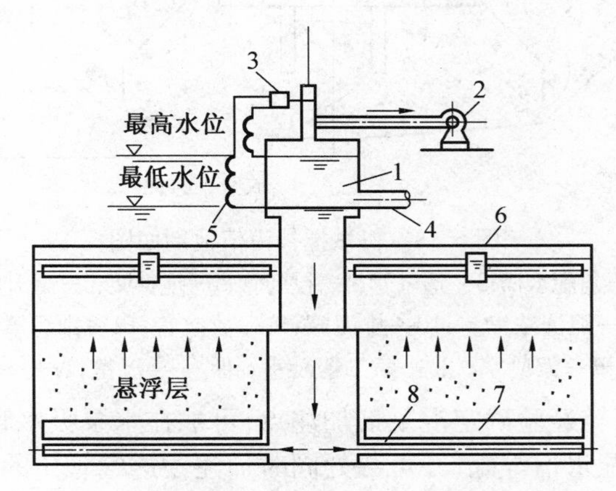

图5.17　采用真空泵脉冲发生器的澄清池剖面图

1—进水室;2—真空泵;3—进气阀;4—进水管;

5—水位电极;6—集水槽;7—稳流板;8—配水管

脉冲发生器有多种形式。真空泵脉冲发生器的工作原理是:原水通过进水管4进入进水室1,由于真空泵2造成的真空而使进水室内水位上升,此为充水过程。当水面达到进水室的最高水位时,进气阀3自动开启,使进水室与大气相通。这时进水室内水位迅速下降,向澄清池放水,此为放水过程。当水位下降到最低水位时,进气阀3又自动关闭,真空泵则自动启动,再次使进水室造成真空,进水室内水位又上升,如此反复进行脉冲工作,从而使悬浮层产生周期性的膨胀和收缩。

泥渣悬浮型澄清池由于受原水水量、水质、水温等因素的变化影响比较明显,因此目前设计中应用较少。

5.2.2　泥渣循环型澄清池

如果促使泥渣在池内进行循环流动,可以充分发挥泥渣接触絮凝作用。泥渣循环可以借机械抽升或水力抽升的作用造成。

1. 机械搅拌澄清池

利用转动的叶轮使泥渣在池内循环流动,完成接触絮凝和澄清过程。机械搅拌澄清对水质、水量变化的适应性强,处理效率高,应用也最多,适用于大中型水厂。

如图5.18，机械搅拌澄清池由第一絮凝室、第二絮凝室、导流室及分离室组成。整个池体上部是圆筒形，下部是截头圆锥形。加过药剂的原水由进水管1通过环形三角配水槽2的缝隙均匀流入第一絮凝室Ⅰ，由提升叶轮6提升至第二絮凝室Ⅱ。在第一、二絮凝室内与高浓度的回流泥渣相接触，达到较好的絮凝效果，结成大而重的絮凝体，经导流室Ⅲ流入分离室Ⅳ沉淀分离。清水向上经集水槽7流至出水管8，向下沉降的泥渣沿锥底的回流缝再进入第一絮凝室，重新参加絮凝，一部分泥渣则排入泥渣浓缩室9进行浓缩至适当浓度后经排泥管排除。

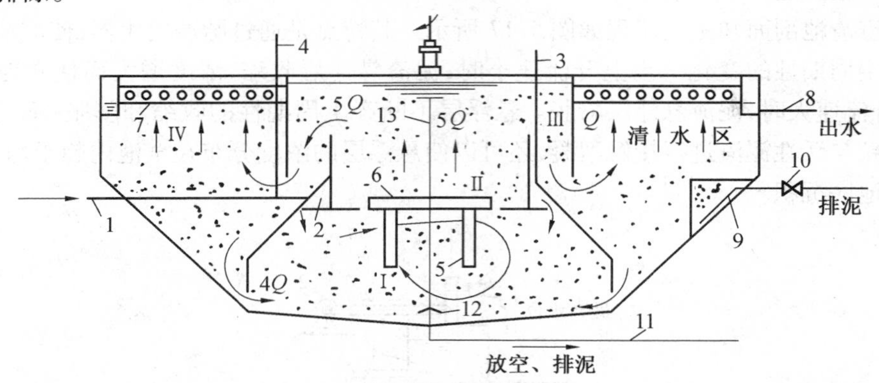

图5.18　机械搅拌澄清池剖面图

1—进水管；2—三角配水槽；3—透气管；4—投药管；5—搅拌桨；6—提升叶轮；7—集水槽；8—出水管；9—泥渣浓缩室；10—排泥阀；11—放空管；12—排泥罩；13—搅拌轴；Ⅰ—第一絮凝室；Ⅱ—第二絮凝室；Ⅲ—导流室；Ⅳ—分离室

根据实际情况和运转经验确定混凝剂加注点，可加在水泵吸水管内，亦可由投药管4加入澄清池进水管、三角配水槽等处，并可数处同时加注。透气管3的作用是排除三角配水槽中原水可能含有的气体，放空管进口处的排泥罩口，可使池底积泥沿罩的四周排除，使排泥彻底。

搅拌设备由提升叶轮和搅拌桨组成，提升叶轮装在第一和第二絮凝室的分隔处。搅拌设备一方面提升叶轮将回流水从第一絮凝室提升至第二絮凝室，使回流水中的泥渣不断地在池内循环；另外，搅拌桨使第一絮凝室内的水和进水迅速混合，泥渣随水流处于悬浮和环流状态。因此，搅拌设备使接触絮凝过程在第一、二絮凝室内得到充分发挥。

第二絮凝室设有导流板，用以清除因叶轮提升时所引起的水的旋转，使水流平稳地经导流室流入分离室。分离室下部为泥渣层，上部为清水层，清水向上经集水槽流至出水槽。清水层一般应有1.5～2.0 m的深度，以便在排泥不当而导致泥渣层厚度发生变化时，仍然可以保证出水水质。

机械搅拌澄清池的设计计算参数：

①水在澄清池内总的停留时间为1.2～1.5 h。

②原水进水管流速一般在1 m/s左右。由于进水管进入环形配水槽后向两侧环流配水，所以三角配水槽断面按设计流量的一半计算，配水槽和缝隙流速约为0.5～1.0 m/s。

③清水区上升流速一般为0.8～1.1 mm/s，低温低浊水可采用0.7～0.9 mm/s，清水区高度为1.5～2.0 m。

④叶轮提升流量一般为进水流量的3～5倍。叶轮直径为第二絮凝室内径的70%～80%。

⑤第一絮凝室、第二絮凝室（包括导流室）和分离室的容积比，一般控制在 2 : 1 : 7 左右。第二絮凝室和导流室流速为 40 ~ 60 mm/s。

⑥小池可用环形集水槽，池径较大时应增设辐射式水槽。池径小于 6 m 时可用 4 ~ 6 条辐射槽，直径大于 6 m 时可用 6 ~ 8 条。环形槽和辐射槽壁开孔，孔眼直径为 20 ~ 30 mm，流速为 0.5 ~ 0.6 m/s。集水槽计算流量应考虑 1.2 ~ 1.5 的超载系数，以适应今后流量的增大。

⑦当池径较小，且进水悬浮物量经常性小于 1 000 mg/L 时，可采用人工排泥。池底锥角在 45°左右。当池径较大，或进水悬浮物含量较高时，须有机械刮泥装置。安装刮泥装置部分的池底可做成平底或球壳形。

⑧污泥浓缩斗容积为澄清池容积的 1% ~ 4%，根据池的大小设 1 ~ 4 个污泥斗。

计算公式参见有关设计手册。机械搅拌澄清池处理效率较高，对原水水质、水量的变化适应性强，操作运行较为方便，适用于大中型水厂，进水悬浮物质量浓度应小于 1 000 mg/L，短时允许 3 000 ~ 5 000 mg/L，但能耗大，设备维修工作量大。

2. 水力循环澄清池

水力循环澄清池剖面图如图 5.19 所示。

水力循环澄清池的工作原理是：原水从池底进水管 1 经过喷嘴 2 高速喷入喉管 3，在喉管下部喇叭口 4 附近形成真空而吸入回流泥渣。原水与回流泥渣在喉管 3 中剧烈混合后，被送入第一絮凝室 5 和第二絮凝室 6，从第二絮凝室流出的泥水混合液，在分离室中进行泥水分离，清水上升由集水渠收集经出水管排出，泥渣则一部分进入泥渣浓缩室 7，一部分被吸入到喉管重新循环，如此周而复始工作。

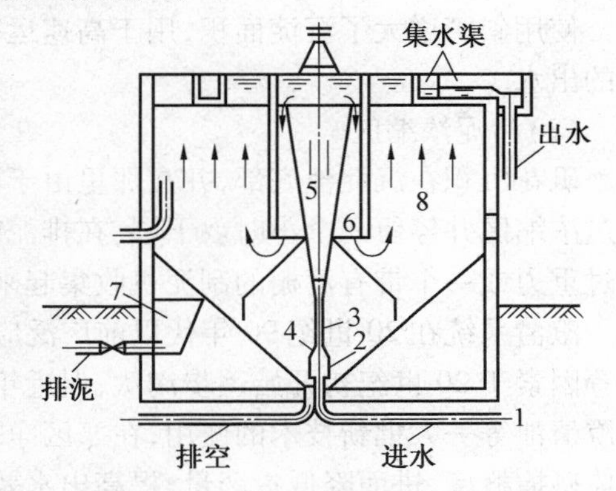

图 5.19　水力循环澄清池示意图

1—进水管；2—喷嘴；3—喉管；4—喇叭口；5—第一絮凝室；6—第二絮凝室；7—泥渣浓缩室；8—分离室

水力循环澄清池结构简单，不需要机械设备，但泥渣回流量难以控制，由于絮凝室容积较小，絮凝时间较短，回流泥渣接触絮凝作用发挥不好。其处理效果较机械加速澄清池差，耗药量大，对原水水量、水质、水温的适应性差。并且池体直径和高度要有一定的比例，直径大，高度就大，故水力循环澄清池一般适用于中小型水厂。由于水力循环澄清池的局限性，目前已较少设计使用。

3. 高密度澄清池

得利满公司开发出崭新的高密度澄清池系统，该系统应用面广泛，适用于饮用水生产、污水处理、工业废水处理和污泥处理等领域。高密度澄清池带有外部泥渣回流的专利澄清技术。高密度澄清池亦简称为高密池。

其结构包括：

（1）集成絮凝区

第一级絮凝在一个筒状区域内进行并由一个轴流推进器进行搅拌，以确保快速絮凝及絮凝所需要的能量。絮凝剂投加在搅拌器的下面和回流污泥的管道上（混凝剂投加在高密池的上游）。从污泥浓缩区到第一级絮凝区进行连续的外部泥渣回流，极高的污泥浓度提高了絮凝的效果。在第二个区域中进行慢速絮凝，生成的矾花具有较高的密度。然后水慢

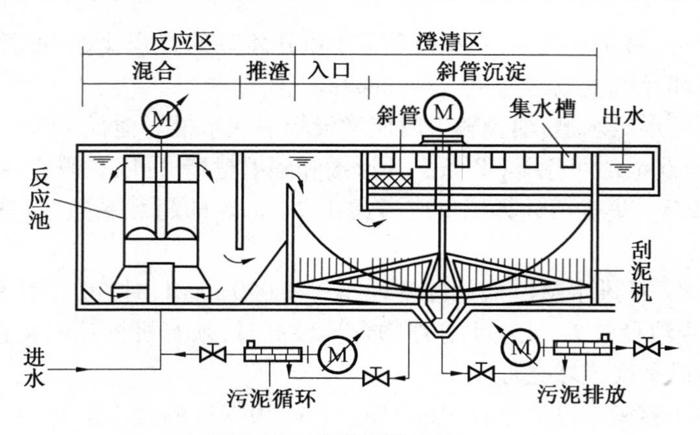

图 5.20　高密度澄清池

速流至沉淀区以保证矾花的完整性。

(2)沉淀区

使用斜管增大了沉淀面积,用于高速运行。在这个模块中,残留的矾花被去除并生产合格的出水。

(3)污泥浓缩区

矾花沉积在沉淀池底部,并在那里由于回流锥的限制分两层进行浓缩,上层:回流污泥通过浓缩区并停留几个小时。下层:在排泥前进行最终的浓缩,停留时间大约为一周。污泥通过重力或一个带有篱栅的刮泥机收集起来。一台螺杆泵将部分污泥回流至絮凝区。

澄清系统在 20 世纪 90 年代以前广泛应用于中小型净水系统中,但由于出水效果不稳定等因素于 20 世纪初开始逐步淘汰,但近年来随着高密度澄清池、悬浮填料澄清池、机械加速澄清池等一大批新技术的使用,在寒区净水厂实践过程中,新型高效澄清池能有效地增加絮体碰撞概率,进而降低投药量,提高出水效果,目前区域内部分水厂已有成功应用案例,相关经验具有推广价值。

第6章 过 滤

6.1 净水系统滤池形式

在常规水处理工艺中,原水经混凝沉淀后,沉淀(澄清)池的出水浊度通常在10度以下,为了进一步降低沉淀(澄清)池出水的浊度,还必须进行过滤处理。过滤一般是指以粒状材料(如石英砂等)组成具有一定孔隙率的滤料层来截留水中悬浮杂质,从而使水获得澄清的工艺过程。过滤工艺采用的处理构筑物称为滤池。在寒区湖库型水体净水过程中过滤是保障出水水质的最后工艺环节,在净水过程中,除直接过滤以及微絮凝过滤外,一般情况下其过滤过程负荷较低,因此其相关运行周期、工艺参数等均不同于传统水源的滤池。

滤池通常设在沉淀池或澄清池之后。过滤的作用是:一方面进一步降低了水的浊度,使滤后水浊度达到生活饮用水标准;另一方面为滤后消毒创造良好条件,这是因为水中附着于悬浮物上的有机物、细菌乃至病毒等在过滤的同时随着水的浊度降低被部分去除,而残存于滤后水中的细菌、病毒等也因失去悬浮物的保护或依附,将在滤后消毒过程中容易被消毒剂杀灭。因此,在生活饮用水净化工艺中,过滤是极为重要的净化工序,有时沉淀池或澄清池可以省略,但过滤是不可缺少的,它是保证生活饮用水卫生安全的重要措施。

6.1.1 滤池分类

人类早期使用的滤池称为慢滤池,其主要是依靠滤层表面因藻类、原生动物和细菌等微生物生长而生成的滤膜去除水中的杂质。慢滤池能较为有效地去除水中的色度、嗅和味,但由于滤速太慢(滤速仅为0.1~0.3 m/h)、占地面积太大而被淘汰。快滤池就是针对这一缺点而发展起来的,其中以石英砂作为滤料的普通快滤池使用历史最久。在此基础上,为了增加滤层的含污能力以提高滤速和延长工作周期、减少滤池阀门以方便操作和实现自动化,人们从不同的工艺角度进行了改进和革新,出现了其他形式的快滤池,大致分类如下:

①按滤料层的组成可分为:单层石英砂滤料、双层滤料、三层滤料、均质滤料、新型轻质滤料滤池等。

②按阀门的设置可分为:普通快滤池、双阀滤池、单阀滤池、无阀滤池、虹吸滤池、移动冲洗罩滤池等。

③按过滤的水流方向可分为:下向流、上向流、双向流滤池等。

④按工作的方式可分为:重力式滤池、压力式滤池。

⑤按滤池的冲洗方式可分为:高速水流反冲洗滤池,气、水反冲洗滤池,表面助冲加高速水流反冲洗滤池。

滤池形式各异,但过滤原理基本一样,基本工作过程也相同,即过滤和冲洗交替进行。以普通快滤池为例,简要介绍快滤池的基本构造和工作过程。

6.1.2 普通快滤池

普通快滤池又称四阀滤池,其构造如图6.1所示。图6.1是小型水厂滤池的格数较少时,采用的单行排列的布置形式。而大中型水厂由于滤池的格数较多,则宜采用双行对称排列,两排滤池中间布置管渠和阀门,称为管廊。普通快滤池本身包括浑水渠(进水渠)、冲洗排水槽、滤料层、承托层和配水系统五个部分。管廊内主要是进水、清水、冲洗水、冲洗排水(或废水渠)等五种管渠及其相应的控制阀门。

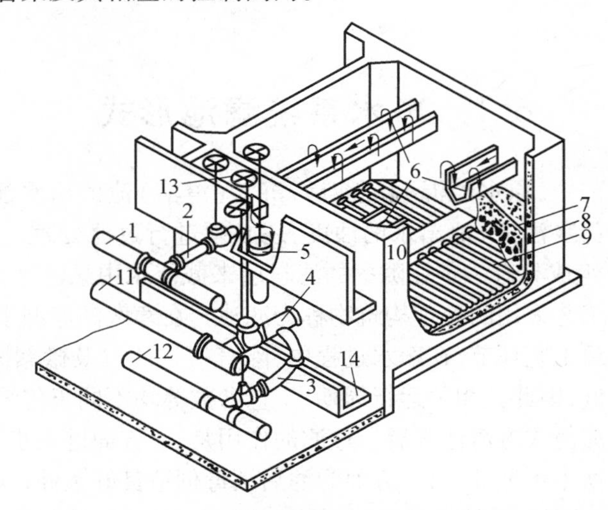

图 6.1　普通快滤池构造剖视图

1—进水总管;2—进水支管;3—清水支管;4—冲洗水支管;5—排水阀;
6—冲洗排水槽;7—滤料层;8—承托层;9—配水支管;10—配水干管;
11—冲洗水总管;12—清水总管;13—浑水渠;14—废水渠

过滤时,关闭冲洗水支管 4 上的阀门与排水阀 5,开启进水支管 2 与清水支管 3 上的阀门,原水经进水总管 1、进水支管 2 由浑水渠 13 流入冲洗排水槽 6 后从槽的两侧溢流进入滤池,经过滤料层 7、承托层 8 后,由底部配水系统的配水支管 9 汇集,再经配水系统干管 10、清水支管 3,进入清水总管 12 流往清水池。原水流经滤料层时,水中杂质即被截留在滤料层中。随着过滤的进行,滤料层中截留的杂质越来越多,滤料颗粒间孔隙逐渐减少,滤料层中的水头损失也相应增加。当滤层中的水头损失增加到设计允许值(一般小于 2.0 ~ 2.5 m)以致滤池产水量减少,或水头损失不大但滤后水质不符合要求时,滤池须停止过滤进行反冲洗,从过滤开始到过滤结束所经历的时间称为过滤周期。

反冲洗时,关闭进水支管 2 与清水支管 3 上的阀门,开启排水阀 5 与冲洗水支管 4 上的阀门,冲洗水(即滤后水)由冲洗水总管 11、冲洗水支管 4,经底部配水系统的配水干管 10、配水支管 9 及支管上均匀分布的孔眼中流出,均匀地分布在整个滤池平面上,自下而上穿过承托层 7 及滤料层 8。滤层在均匀分布的上升水流中处于悬浮状态,滤层中截留的杂质在水流剪力和滤料颗粒间的碰撞摩擦作用下从滤料颗粒表面剥离下来,随反冲洗废水进入冲洗排水槽 6,再汇集入浑水渠 13,最后经排水管和废水渠 14 排入下水道或回收水池。冲洗一直进行到滤料基本洗干净为止。冲洗结束后,即可关闭冲洗水支管 4 上的阀门与排水阀 5,开启进水支管 2 与清水支管 3 上的阀门,过滤重新开始。

从过滤开始到冲洗结束所经历的时间称为快滤池工作周期。工作周期的长短涉及滤池的实际工作时间和反冲洗耗水量,因而直接影响到滤池的产水量。工作周期过短,滤池日产水量减少。快滤池工作周期一般为 12 ~ 24 h。

快滤池的产水量受诸多因素影响,其中最主要的是滤速。滤速相当于滤池负荷,是指单位时间、单位表面积滤池的过滤水量,单位为 $m^3/(m^2 \cdot h)$,通常化简为 m/h。根据《室外给水设计规范》规定:当滤池的进水浊度在 10 度以下时,单层石英砂滤料滤池的正常滤速可采用 8 ~ 10 m/h,双层滤料滤池的正常滤速宜采用 10 ~ 14 m/h,三层滤料滤池的正常滤速宜采用 18 ~ 20 m/h。一般来讲,寒区湖库型水源水中滤池进水的浊度很低(常低于 5NTU),滤池负荷不高,因此普通快滤池完全可以满足要求,甚至可以进一步提高滤速,但设计时考虑到出水稳定性和安全性,一般并不把滤速刻意提高,但过滤的周期可适当延长。

6.1.3　V 型滤池

V 型滤池是由法国德格雷蒙(DEGREMONT)公司设计的一种快滤池,其命名是因滤池两侧(或一侧也可)进水槽设计成 V 字形。

V 型滤池的构造如图 6.2 所示。通常一组滤池由数只滤池组成。每只滤池中间设置双层中央渠道,将滤池分成左、右两格。渠道的上层为排水渠 7,作用是排除反冲洗废水;下层为气、水分配渠 8,其作用一是过滤时收集滤后清水,二是反冲洗时均匀分配气和水。在气、水分配渠 8 上部均匀布置一排配气小孔 10,下部均匀布置一排配水方孔 9。滤板上均匀布置长柄滤头 19,每平方米约布置 50 ~ 60 个,滤板下部是底部空间 11。在 V 型进水槽底设有一排小孔 6,既可作为过滤时进水用,又可冲洗时供横向扫洗布水用,这是 V 型滤池的一个特点。

过滤时,打开进水气动隔膜阀 1 和清水阀 16,待滤水由进水总渠经进水气动隔膜阀 1 和方孔 2 后,溢过堰口 3 再经侧孔 4 进入 V 型进水槽 5,然后待滤水通过 V 型进水槽底的小孔 6 和槽顶溢流均匀进入滤池。自上而下通过砂滤层进行过滤,滤后水经长柄滤头 19 流入底部空间 11,再经方孔 9 汇入中央气、水分配渠 8 内,由清水支管流入管廊中的水封井 12,最后经出水堰 13、清水渠 14 流入清水池。

冲洗时,关闭气动隔膜阀 1 和清水阀 16,但两侧方孔 2 常开,故仍有一部分水继续进入 V 型进水槽并经槽底小孔 6 进入滤池。而后开启排水阀 15,滤池内浑水从中央渠道的上层排水渠 7 中排出,待滤池内浑水面与 V 型槽顶相平,开始反冲洗操作。

冲洗操作过程:

(1)进气

启动鼓风机,打开进气阀 17,空气经中央渠道下层的气、水分配渠 8 的上部配气小孔 10 均匀进入滤池底部,由长柄滤头 19 喷出,将滤料表面杂质擦洗下来并悬浮于水中。此时 V 型进水槽底小孔 6 继续进水,在滤池中产生横向水流的表面扫洗作用下,将杂质推向中央渠道上层的排水渠 7。

(2)进气-水

启动冲洗水泵,打开冲洗水阀门 18,此时空气和水同时进入气、水分配渠 8,再经方孔 9(进水)、小孔 10(进气)和长柄滤头 19 均匀进入滤池。使滤料得到进一步冲洗,同时,表面扫洗仍继续进行。

(3)单独进水漂洗

关闭进气阀 17 停止气冲,单独用水再反冲洗,加上表面扫洗,最后将悬浮于水中杂质全部冲入排水渠 7,冲洗结束。停泵,关闭冲洗水阀 18,打开气动隔膜阀 1 和清水阀 16,过滤重新开始。

气冲强度一般在 14 ~ 17 $L/(s \cdot m^2)$ 内,水冲强度约 4 $L/(s \cdot m^2)$ 左右,表面扫洗强度约

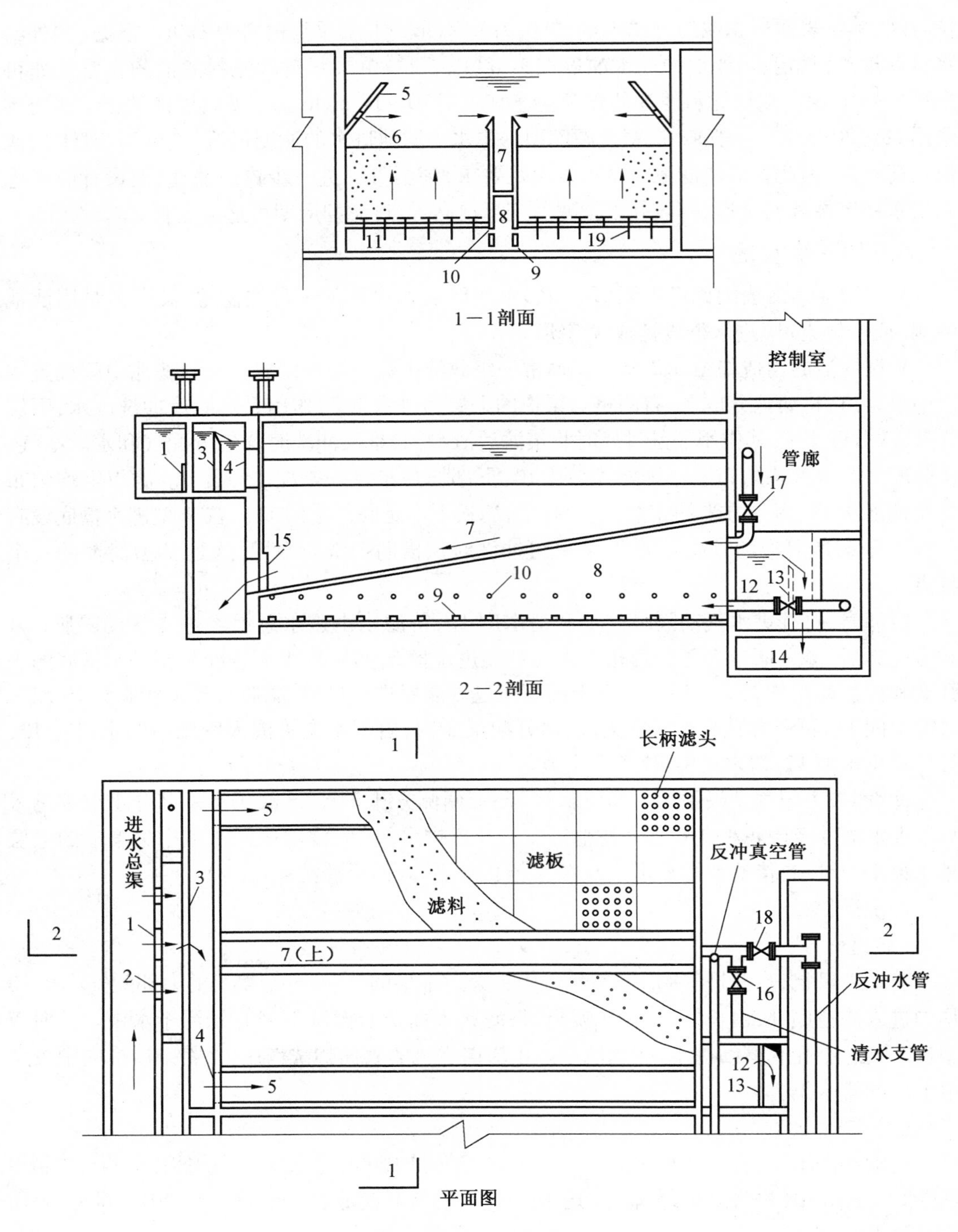

图 6.2　V 型滤池构造简图

1—进水气动隔膜阀;2—方孔;3—堰口;4—侧孔;5—V 型槽;6—小孔;7—排水渠;
8—气、水分配渠;9—配水方孔;10—配气小孔;11—底部空间;12—水封井;13—出水堰;
14—清水渠;15—排水阀;16—清水阀;17—进气阀;18—冲洗水阀;19—长柄滤头

1.4 ~ 2.0 L/(s · m^2)。因水流反冲强度小,故滤料不会膨胀,总的反冲洗时间约 10 ~ 12 min 左右。V 型滤池冲洗过程全部由程序自动控制。

V 型滤池的主要特点是：

①采用较粗滤料、较厚滤料层以增加过滤周期或提高滤速。一般采用砂滤料，有效粒径 $d_{10}=0.95\sim1.50$ mm，不均匀系数 $K_{60}=1.2\sim1.6$，滤层厚约 0.95 ~ 1.35 m。根据原水水质、滤料组成等，滤速可在 7 ~ 20 m/h 范围内选用。

②反冲时滤层不膨胀，不发生水力分级现象，粒径在整个滤层的深度方向分布基本均匀，即所谓"均质滤料"，从而提高了滤层的含污能力。

③采用气、水反冲再加始终存在的表面扫洗，冲洗效果好，冲洗耗水量大大减少。

④可根据滤池水位变化自动调节出水蝶阀开启度来实现等速过滤。

⑤滤池冲洗过程可按程序自动控制。

6.1.4　压力滤池

压力滤池是用钢制压力容器为外壳制成的快滤池，其构造如图 6.3 所示。压力滤池外形呈圆柱状，直径一般不超过 3 m。容器内装有滤料、进水和反冲洗配水系统，容器外设置各种管道和阀门等。配水系统大多采用小阻力系统中的缝隙式滤头。滤层粒径、厚度都较大，粒径一般采用 0.6 ~ 1.0 mm，滤料层厚度一般约 1.0 ~ 1.2 m，滤速为 8 ~ 10 m/h。压力滤池的进水管和出水管上都安装有压力表，两表的压力差值即为过滤时的水头损失，其期终允许水头损失值一般可达 5 ~ 6 m。运行中，为提高冲洗效果和节省冲洗水量，可考虑用压缩空气辅助冲洗。

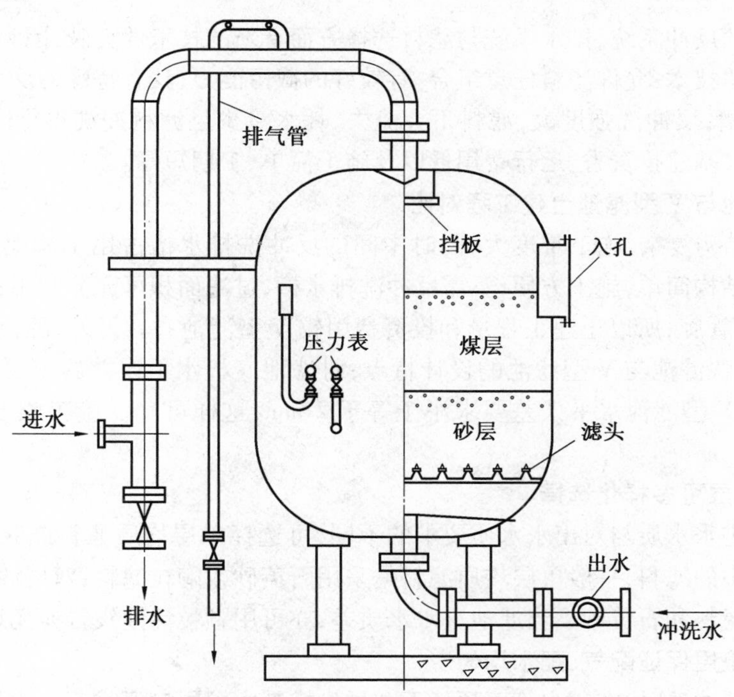

图 6.3　压力滤池

压力滤池的优点是：运转管理方便；由于它是在压力的作用下进行过滤，因此有较高余压的滤后水被直接送到用水点，可省去清水泵站。常在工业给水处理中与离子交换器串联使用，也可作为临时性给水使用。其缺点是耗用钢材多，滤料进出不方便。

6.1.5 翻板阀滤池

具有世界水平的瑞士苏尔寿气水反冲滤池,我们称之为翻板滤池,所谓"翻板"是因为该型滤池的反冲洗排水阀板在工作过程中是从0°~90°范围内来回翻转。

翻板滤池的工作原理与其他类型气水反冲滤池相似:原水通过进水渠经溢流堰均匀流入滤池,水以重力渗透穿过滤料层,并以恒水头过滤后汇入集水室,如图6.4所示;滤池反冲洗时,先关进水阀门,然后按气冲、气水冲、水冲3个阶段开关相应的阀门,如图6.5所示。一般重复两次后关闭排水阀,开进水阀门,恢复到正常过滤工况。

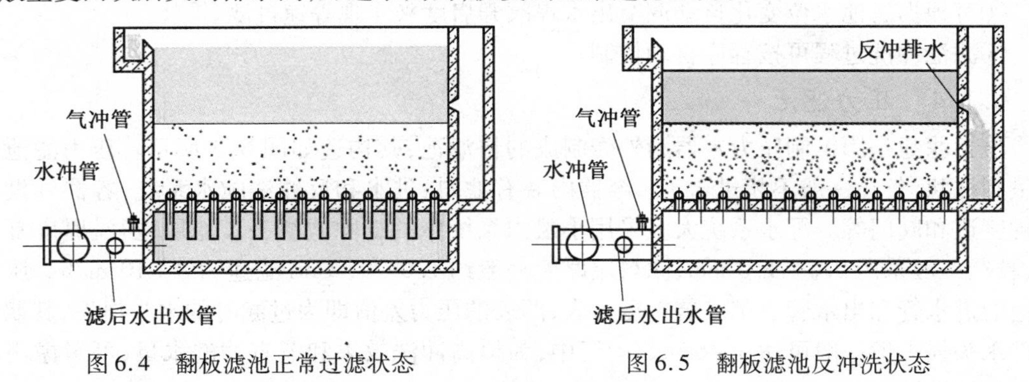

图6.4 翻板滤池正常过滤状态　　图6.5 翻板滤池反冲洗状态

翻板滤池的反冲系统、排水系统与滤料选择方面有新的技术性突破;因为翻板滤池拥有自己独特的过滤技术:允许滤料任意组合,有较好的截污能力;具有特殊的反冲系统,池内不设反冲洗排水槽,反冲洗强度大,滤料不会流失,耗水量少且滤料冲洗得干净;反冲洗时间短、反冲周期长,基建投资省、运行费用低以及施工简单、工期短等。

1. 翻板滤池与V型滤池土建工程对比

V型滤池结构复杂,施工难度大,同时中间的反冲洗排水槽占用了滤池的有效过滤面积。翻板滤池结构简单,施工方便;不需反冲洗排水槽,过滤面积可充分利用;滤池底部无集水区,仅设集水管廊;所以土建工程量和投资费用较V型滤池省。另外,翻板滤池的反冲系统,综合了普通快滤池与V型滤池的设计特点,对滤池底板水平误差施工要求为小于等于10 mm,远低于V型滤池水平误差要求小于等于2 mm,这样可降低施工难度,缩短施工周期。

2. 滤料、滤层可多样化选择

据对滤池进水水质与对出水水质要求的不同,可选择单层均质滤料或双层、多层滤料,亦可更改滤层中的滤料,一般单层均质滤料是采用石英砂或陶粒滤料;双层滤料为无烟煤和石英砂或陶粒滤料和石英砂。当滤池进水水质差,亦可用颗粒活性炭置换无烟煤等滤料。

3. 双层气垫层保证配气、配水均匀

翻板滤池反冲洗时,在集水管廊顶板下和异型横管内可同时形成两个均匀的气垫层,既保证了布气、布水的均匀性又可以避免气、水分配出现脉冲现象,影响反冲效果。

4. 翻板滤池节能效果显著

目前,国内使用的虹吸滤池、普通快滤池及V型滤池在反冲洗的水冲洗、气水混合冲洗和漂洗阶段,反冲洗水均通过排水槽溢流堰排走,且为防止滤料的流失反冲强度也限制得较低,这样既不可能把滤池冲洗得很干净又浪费了大量的水、电资源。

由于采用了先进的反冲洗工艺和技术先进的翻板阀，翻板滤池在气冲、气水混合冲、水冲3个阶段中翻板阀始终是关闭的，我们可以提高反冲强度，加大滤料的碰撞和反冲水的清洗强度，这样既提高了滤池的反冲效率，又避免了滤料的流失，同时又使反冲水得到了重复利用，减少了反冲水的用量。由于翻板排水阀是在反冲洗结束20 s后才逐步开启，而且第一排水时段中翻板阀只开启45°，所以，积聚在滤池内的反冲水和悬浮物仅上部的可以排出，而池内的滤料由于比重大、沉降速度快不会流失。另外，翻板滤池排水初期水头较高更有利于水面漂浮物的排出。

翻板滤池的水冲强度为15～16 $L/(m^2 \cdot s)$，滤料膨胀率可达15%～25%，根据设计计算和实测资料翻板滤池的反冲洗耗水量为3～4.5 m^3/m^2，而V型滤池的反冲洗耗水量为6～8 m^3/m^2，翻板滤池与V型滤池相比，反冲洗耗水、耗电均可节约近50%。

鉴于翻板滤池具有不可替代的优点，近两年我国各大专业设计院，在广州、深圳、龙岗、宝安、中山等地区的新建水厂工艺设计中均采用翻板滤池。翻板滤池是水处理的一种新的过滤技术，除具有上述优点外，又是一种节能型滤池，不仅可用于新建水厂，同时可用于自来水厂传统滤池技术改造。

6.2　净水滤池工况

6.2.1　滤层含污能力

过滤时，杂质在滤料层中的分布如图6.6所示，其分布不均匀的程度与进水水质、水温、滤料粒径、形状和级配、滤速、凝聚微粒强度等多种因素有关。衡量滤料层截留杂质能力的指标通常有滤层截污量和滤层含污能力等。单位体积滤层中所截留的杂质量称为滤层截污量。在一个过滤周期内，整个滤层单位体积滤料中的平均含污量称为“滤层含污能力”，单位为 g/cm^3 或 kg/m^3。图6.6中曲线与坐标轴所包围的面积除以滤层总厚度即为滤层含污能力。在滤层厚度一定下，此面积越大，滤层含污能力越大。

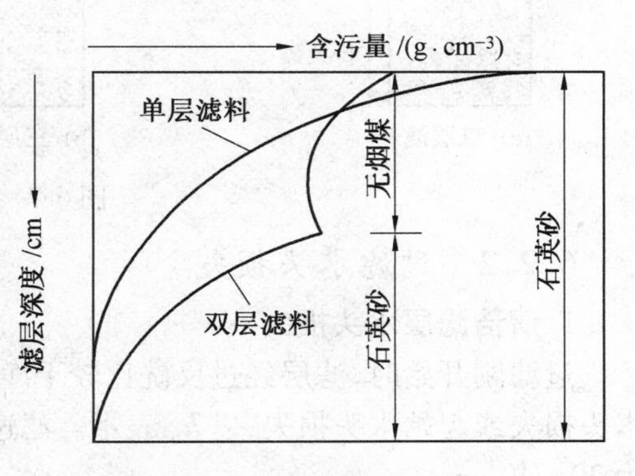

图6.6　滤料层杂质分布

提高滤层含污能力的根本途径是尽量使杂质在滤层中均匀分布。为此，出现了“反粒度”过滤，即沿过滤水流方向滤料粒径逐渐由大到小。具有代表性的有双层滤料、三层滤料及均质滤料等，如图6.7所示。

双层滤料的组成：上层采用密度较小、粒径较大的轻质滤料（如无烟煤，密度约为1.5 g/cm^3，粒径为0.8～1.8 mm），下层采用密度较大、粒径较小的重质滤料（如石英砂，密度约为2.65 g/cm^3，粒径为0.5～1.2 mm），如图6.7(a)所示。由于两种滤料的密度差，在一定反冲洗强度下，经反冲洗水力分级后，粒径较大的轻质滤料（无烟煤）仍分布在滤层的上层，粒径较小的重质滤料（石英砂）则位于下层。虽然每层滤料粒径自上而下仍是由小到大，但对整个滤层来讲，上层滤料的平均粒径总是大于下层滤料的平均粒径。实践证明，双层滤料含污能力较单层滤料约高一倍以上。因此,在相同滤速下,可增长过滤周期;在相同过滤周期下,可提高滤速。

三层滤料的组成:上层采用小密度、大粒径的轻质滤料(如无烟煤,粒径为0.8~1.6 mm),中层采用中等密度、中等粒径的滤料(如石英砂,粒径为0.5~0.8 mm),下层采用小粒径、大密度的重质滤料(如石榴石、磁铁矿等,粒径为0.25~0.5 mm),如图6.7(b)所示。

就整个滤层而言,各层滤料平均粒径由上而下递减。如果三种滤料经反冲洗后在整个滤层中适当混杂,则称混合滤料。尽管称之为混合滤料,每层仍以其原有滤料为主,掺有少量其他滤料。这种滤料组合不仅可以提高滤层的含污能力,且因下层重质滤料粒径很小,对保证滤后水质有很大作用。

均质滤料的组成:所谓"均质滤料",是指沿整个滤层深度方向的任一横断面上,滤料组成和平均粒径均匀一致,如图6.7(c)所示。它并非指整个滤层的粒径完全相同,滤料粒径仍存在一定程度的差别。采用均质滤料,反冲洗时要求滤料层不能膨胀,为此应采用气、水反冲洗。无论采用双层滤料、三层滤料或均质滤料都是对滤层组成的变动,但其滤池构造、工作过程和单层滤料滤池基本相同。

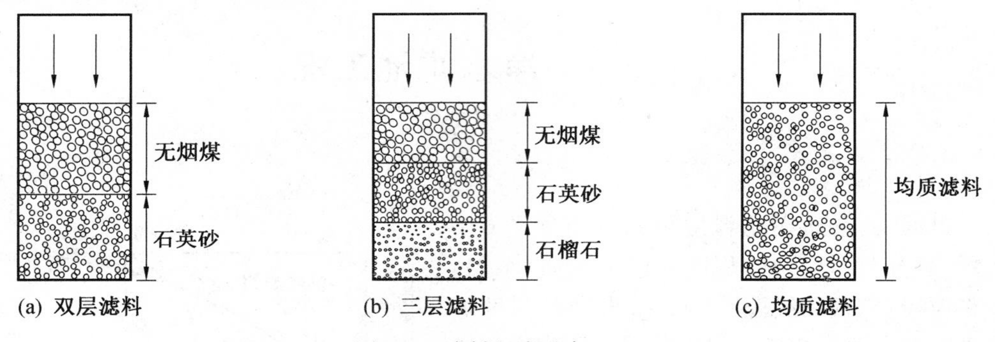

图6.7　滤料组成示意

6.2.2　过滤水头损失

1. 清洁滤层水头损失

过滤刚开始时,滤层经过反洗比较干净,此时产生的过滤水头损失较小,称为清洁滤层水头损失或起始水头损失,以 h_0 表示。滤速为8~10 m/h时,单层砂滤池的起始水损失约为30~40 cm。

2. 等速过滤与变速过滤

过滤开始以后,随着过滤时间的延续,滤层中截留的杂质越来越多,滤层的孔隙率逐渐减少。根据公式,当滤料形状、粒径、级配、厚度以及水温一定时,随着滤料孔隙率的减小,若水头损失保持不变,将引起滤速的逐渐减小。反之,在滤速保持不变时,将引起水头损失的增加。这样就产生了快滤池的两种基本过滤方式:等速过滤和变速过滤。

(1)等速过滤

过滤过程中,滤池过滤速度保持不变,亦即滤池流量保持不变的过滤方式,称等速过滤。在等速过滤状态下,滤层水头损失增加值与过滤时间一般呈直线关系。随着过滤水头损失逐渐增加,滤池内水位随之升高,当水位升高至最高允许水位时,过滤停止以待冲洗,故等速过滤又称为变水头等速过滤。虹吸滤池和无阀滤池即属于等速过滤的滤池。

(2)变速过滤

过滤过程中,滤池过滤速度随过滤时间的延续而逐渐减小的过滤方式称“变速过滤”或“减速过滤”。在变速过滤状态下,过滤水头损失始终保持不变,由于滤层的孔隙率逐渐减小,必然使滤速也逐渐减小,故变速过滤又称为等水头变速过滤。移动罩滤池即属于变速过滤的滤池,普通快滤池可以设计成变速过滤,也可设计成等速过滤。

过滤过程中,当滤层截留了大量杂质,以致砂面以下某一深度处的水头损失超过该处水深时,便出现负水头现象。滤层出现负水头后,由于压力减小,原来溶解在水中的气体会不断释放出来。释放出来的气体对过滤有两个破坏作用:一是增加滤层局部阻力,减少有效过滤面积,增加过滤时的水头损失,严重时会影响滤后水质;二是气体会穿过滤层,上升到滤池表面,有可能把部分细滤料或轻质滤料带上来,从而破坏滤层结构。在反洗时,气体更容易将滤料带出滤池,造成滤料流失。

6.2.3 滤料及级配

滤料颗粒都具有不规则的形状,其粒径是指正好可通过某一筛孔的孔径,如图6.8所示。滤料粒径级配是指滤料中各种粒径颗粒所占的质量比例。

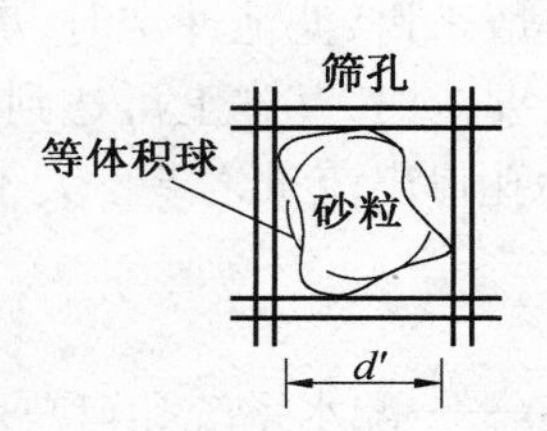

图6.8 校准孔径示意

生产中,滤料的粒径级配通常以最大粒径 d_{max}、最小粒径 d_{min}和不均匀系数 K_{80}来表示。这也是我国室外给水设计规范(GB50013—2006)中所采用的滤料粒径级配法,如图6.9所示。

$$K_{80}=\frac{d_{80}}{d_{10}} \tag{6.1}$$

式中 d_{10}——通过滤料质量10%的筛孔孔径,mm;

d_{80}——通过滤料质量80%的筛孔孔径,mm。

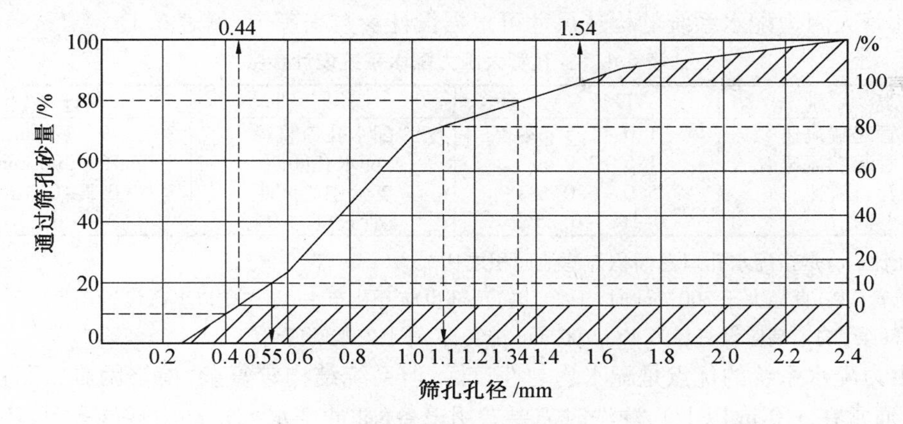

图6.9 滤料筛分曲线

其中 d_{10}又称为有效粒径,它反映滤料中细颗粒尺寸;d_{10}反映滤料中粗颗粒尺寸。由此可见,K_{80}的大小反映了滤料颗粒粗细不均匀程度,K_{80}越大,则粗细颗粒的尺寸相差越大,颗粒越不均匀,对过滤和反冲洗都会产生非常不利的影响。因为K_{80}较大时,滤层的孔隙率小、含污能力低,从而导致过滤时滤池工作周期缩短;反冲洗时,若满足细颗粒膨胀要求,粗颗粒将得不到很好的清洗,反之,若为满足粗颗粒膨胀要求,细颗粒可能被冲出滤池。K_{80}越接近于1,滤料越均匀,过滤和反冲洗效果越好,但滤料价格很高。为了保证过滤和反洗效果,通常要求K_{80}<2.0。

滤料粒径级配除采用最大粒径、最小粒径和不均匀系数表示以外,还可采用有效粒径d_{10}和不均匀系数K_{80}来表示。另外,在生产中也有用K_{60}($K_{60}=d_{60}/d_{10}$)代替K_{80}来表示滤料不均匀系数。d_{60}的含义与d_{10}或d_{80}相同。双层滤料经反冲洗以后,有可能出现部分混杂(在煤-砂交界面上),这主要取决于煤、砂的密度差、粒径差及煤和砂的粒径级配、滤料形状、水温及反冲洗强度等因素。生产经验表明,煤-砂交界面混杂厚度在5 cm左右,对过滤有益无害。三层滤料反冲洗后,滤层中也存在适当混杂,但上层仍然以煤粒为主,中层以石英砂为主,下层以重质矿石为主。就整个滤层而言,滤层孔隙尺寸由上而下递减。

6.2.4 配水系统

1.大阻力配水系统

一般来讲,滤池冲洗时,承托层和滤料层对布水均匀性影响较小,当配水系统配水均匀性符合要求时,基本上可达到均匀反冲洗目的。通常要求$Q_a/Q_c\geqslant 0.95$,以保证配水系统中任意两孔口出流量之差不大于5%,由此得出,大阻力配水系统构造尺寸应满足下式:

$$\left(\frac{f}{\omega_1}\right)^2+\left(\frac{f}{n\omega_2}\right)^2\leqslant 0.29 \tag{6.2}$$

式中 f——配水系统孔口总面积,m^2;

ω_1——干管截面积,m^2;

ω_2——支管截面积,m^2;

n——支管根数。

上式表明,反冲洗配水的均匀性只与配水系统构造尺寸有关,而与反冲洗强度和滤池面积无关。但实际上,当单池面积过大时,影响配水均匀性的其他因素也将对冲洗效果产生影响,故单池面积一般不宜大于100 m^2。

穿孔管大阻力配水系统的构造尺寸可根据设计参数来确定,见表6.1。

表6.1 穿孔管大阻力配水系统设计参数

类　别	设计参数	类　别	设计参数
干管起端流速	1.0~1.5 m/s	配水孔口直径	9~12 mm
支管起端流速	1.5~2.0 m/s	配水孔间距	75~300 mm
孔口流速	5.0~6.0 m/s	支管中心间距	0.2~0.3 m
开孔比	0.2%~0.25%	支管长度与直径	<60

注:①开孔比(α)是指配水孔口总面积与滤池面积之比

②当干管(渠)直径大于300 mm时,干管(渠)顶部也应开孔布水,并在孔口上方设置挡板

③干管(渠)的末端应设直径为40~100 mm排气管,管上安装阀门

大阻力配水系统的优点是配水均匀性较好,但系统结构较复杂,检修困难,而且水头损失很大(通常在3.0 m以上),冲洗时需要专用设备(如冲洗水泵),动力耗能多,故不能用于反冲洗水头有限的虹吸滤池和无阀滤池。此时,应采用中、小阻力配水系统。

2.中小阻力配水系统

如果将干管起端流速v_1和支管起端流速v_2减小至一定程度,配水系统压力不均匀的影响就会大大削弱,此时即使不增大孔口阻力系数S_1,同样可以实现均匀配水,这就是小阻力配水系统的基本原理。小阻力配水系统的配水均匀性取决于开孔比的大小,开孔比越大,则孔口阻力越小,配水均匀性越差。小阻力配水系统的开孔比通常都大于1.0%,水头损失一

般小于0.5 m。由于其配水均匀性较大阻力配水系统差,故使用有一定的局限性,一般多用于单格面积不大于20 m^2 的无阀滤池、虹吸滤池等。

由于孔口阻力与孔口总面积或开孔比成反比,故开孔比越大,孔口阻力越小。大阻力配水系统如果增大开孔比到0.60% ~0.80%,就可以减小孔眼中的流速,从而减少配水系统的阻力。所谓中阻力配水系统,就是指其开孔比介于大、小阻力配水系统之间,水头损失一般为0.5 ~3.0 m。中阻力配水系统的配水均匀性优于小阻力配水系统。常见的中阻力配水系统有穿孔滤砖等。

6.2.5 反冲洗

快滤池的反冲洗方法有三种:高速水流反冲洗;气、水反冲洗;表面辅助冲洗加高速水流反冲洗。

高速水流反冲洗是当前我国广泛采用的一种冲洗方法,其操作简便,滤池结构和设备简单,故本节作为重点介绍。

1. 高速水流反冲洗

高速水流反冲洗是利用高速水流反向通过滤料层时,产生的水流剪力和流态化滤层造成滤料颗粒间碰撞摩擦的双重作用,把截留在滤料层中的杂质从滤料表面剥落下来,然后被冲洗水带出滤池。为了保证反冲洗达到良好效果,要求必须有一定的冲洗强度、适宜的滤层膨胀度和足够的冲洗时间,这称之为冲洗三要素。生产中,冲洗强度、滤层膨胀度和冲洗时间应根据滤料层的类别来确定,见表6.2。

表6.2 冲洗强度、膨胀度和冲洗时间

序 号	滤 层	冲洗强度 /(L·s·m^{-2})	膨胀度 /%	冲洗时间 /min
1	石英砂滤料	12 ~15	45	7 ~5
2	双层滤料	13 ~16	50	8 ~6
3	三层滤料	16 ~17	55	7 ~5

注:①设计水温按20 ℃计,水温每增减1℃,冲洗强度相应增减1%

②由于全年水温、水质有变化,应考虑有适当调整冲洗强度的可能

③选择冲洗强度应考虑所用混凝剂品种

④膨胀度数值仅作设计计算用

(1)滤层膨胀度

滤层膨胀度是指反冲洗时滤层膨胀后所增加的厚度与滤层膨胀前厚度之比,用 e 表示:

$$e = \frac{L - L_0}{L_0} \times 100\% \tag{6.3}$$

式中 L_0——滤层膨胀前厚度,cm;

L——滤层膨胀后厚度,cm。

(2)反冲洗强度

反冲洗强度是指单位面积滤层上所通过的冲洗流量,以 L/(s·m^2)计;也可换算成反冲洗流速,以 cm/s 计;1 cm/s = 10 L/(s·m^2)。

冲洗效果决定于反冲洗强度(即冲洗流速)。反冲洗强度过小时,滤层膨胀度不够,滤层孔隙中水流剪力小,截留在滤层中的杂质难以被剥落掉,滤层冲洗不净;反冲洗强度过大时,滤层膨胀度过大,由于滤料颗粒过于离散,滤层孔隙中水流剪力降低、滤料颗粒间相互碰

撞摩擦的概率减小，滤层冲洗效果差，严重时还会造成滤料流失。故反冲洗强度过大或过小，冲洗效果均会降低。

生产中，反冲洗强度的确定还应考虑水温的影响，夏季水温较高，水的黏度较小，所需反冲洗强度较大；冬季水温低，水的黏度大，所需的反冲洗强度较小。一般来说，水温增减1℃，反冲洗强度相应增减1%。

（3）冲洗时间

冲洗时间长短也影响到滤池的冲洗效果。当冲洗强度和滤层膨胀度都满足要求但反冲洗时间不足时，滤料颗粒表面的杂质因碰撞摩擦时间不够而不能得到充分清除；同时，反冲洗废水也因排除不彻底导致污物重返滤层，覆盖在滤层表面而形成"泥膜"，或进入滤层形成"泥球"。因此，足够的冲洗时间也是保证冲洗效果的关键。冲洗时间可按表6.2选用，也可根据冲洗废水的允许浊度决定。

对于非均匀滤料，在一定冲洗强度下，粒径小的滤料膨胀度大，粒径大的滤料膨胀度小。因此，要同时兼顾粗、细滤料膨胀度要求是不可能的。理想的膨胀率应该是截留杂质较多，上层滤料恰好完全膨胀起来而下层最大颗粒滤料刚刚开始膨胀。因此，设计或操作中，可以最粗滤料刚开始膨胀作为确定冲洗强度的依据。如果由此而导致上层细滤料膨胀度过大甚至引起滤料流失，滤料级配应加以调整。

2. 气、水反冲洗

高速水流反冲洗虽然操作方便，池子和设备较简单，但冲洗耗水量大，水力分级现象明显，而且，未被反冲洗水流带走的大块絮体沉积于滤层表面后，极易形成"泥膜"，妨碍滤池正常过滤。因此，为了改善反冲洗效果，需要采取一些辅助冲洗措施，如气、水反冲洗等。

气、水反冲洗的原理是：利用压缩空气进入滤池后，上升空气气泡产生的振动和擦洗作用，将附着于滤料表面杂质清除下来并使之悬浮于水中，然后再用水反冲把杂质排出池外。空气由鼓风机或空气压缩机和储气罐组成的供气系统供给，冲洗水由冲洗水泵或冲洗水箱供应，配气、配水系统多采用长柄滤头。气、水反冲操作方式有以下几种：

①先进入压缩空气擦洗，再进入水反冲。

②先进入气-水同时反冲，再进入水反冲。

③先进入压缩空气擦洗，再进入气-水同时反冲，最后进入水反冲。

确定冲洗程序、冲洗时间和冲洗强度时，应考虑滤池构造、滤料种类、密度、粒径级配及水质水温等因素。目前，我国还没有气、水反冲洗控制参数和要求的统一规定。生产中，多根据经验选用。

采用气、水反冲洗有以下优点：空气气泡的擦洗能有效地使滤料表面污物破碎、脱落，故冲洗效果好，节省冲洗水量；冲洗时滤层不膨胀或微膨胀，不产生或不明显产生水力分级现象，从而提高滤层含污能力。但气、水反冲洗需增加气冲设备（鼓风机或空气压缩机和储气罐），池子结构及冲洗操作也较复杂。国外采用气、水反冲比较普遍，我国近年来气、水反冲也日益增多。

第7章　消毒及深度处理

7.1　消毒剂及其副产物产生

天然水由于受到生活污水和工业废水的污染而含有各种微生物，其中包括能致病的细菌性病原微生物和病毒性病原微生物，它们大多黏附在悬浮颗粒上，水经混凝沉淀过滤处理后，可以去除绝大多数病原微生物，但还难以达到生活饮用水的细菌学指标。消毒的目的就是杀死各种病原微生物，防止水致疾病的传播，保障人们身体健康。消毒是生活饮用水处理中必不可少的一个步骤，它对饮用水生物安全起保证作用。我国饮用水标准规定：细菌总数不超过100个/mL，大肠菌群不超过3个/L。

给水处理中常用的是氯消毒法。氯消毒具有经济、有效、使用方便等优点，应用历史最久。但自从20世纪70年代发现受污染水源经氯化消毒会产生三氯甲烷等小分子的卤代烃类和卤代酸类致癌物以后，对氯消毒的副作用便引起了广泛重视，其危害程度也存在争议。目前，氯消毒仍是最广泛使用的一种消毒方法，但其他消毒方法也日益受到重视。消毒不仅应用于饮用水，在污（废）水处理过程中同样也需要消毒。城市污（废）水经一级或二级处理后，水质大大改善，细菌含量也大幅度减少，但细菌的绝对值仍很可观，并存在有病原菌的可能。因此，在排放水体前或中水回用、农田灌溉时，应进行消毒处理。污水消毒应连续进行，特别是在城市水源地的上游、旅游区、夏季流行病流行季节，应严格连续消毒。非上述地区或季节，在经过卫生防疫部门的同意后，也可考虑采用间歇消毒或酌减消毒剂的投加量。污（废）水的消毒方法及原理同饮用水。

7.1.1　氯消毒

1. 氯在水中的消毒作用

氯在水中的消毒作用根据水质不同可分为两种情况：

（1）原水中不含氨氮

易溶于水的氯溶解在水中，几乎瞬时发生下列反应：

$$Cl_2 + H_2O \longrightarrow HClO + HCl \tag{7.1}$$

$$HClO \longrightarrow H^+ + ClO^- \tag{7.2}$$

HClO（次氯酸）和 ClO^-（次氯酸根）都具有氧化能力，统称为有效氯，亦称为自由氯。近代消毒作用观点认为：HClO由于是很小的中性分子，可以扩散到带负电的细菌表面，并渗入到细菌内部，氧化破坏细菌体内的酶，而使细菌死亡。而 ClO^- 虽具有氧化作用，但因其带负电，难于靠近带负电的细菌，故较难起到消毒作用。

HClO和 ClO^- 的相对比例取决于温度和pH值。如图7.1可以看出：在相同水温下，水的pH值越低，所含HClO越多，当 $pH<6$ 时，HClO接近100%；当 $pH>9$ 时，ClO^- 接近100%；当 $pH=7.54$ 时，HClO和 ClO^- 大致相等。生产实践表明，pH值越低，相同条件下，消毒效果越好，也证明HClO是消毒的主要因素。

（2）原水中含有氨氮

原水中，由于受到有机污染而含有一定的氨氮。氯加入含有氨氮成分的水中，产生如下反应：

$$NH_3 + HClO \longrightarrow NH_2Cl + H_2O \quad (7.3)$$

$$NH_2Cl + HClO \longrightarrow NHCl_2 + H_2O \quad (7.4)$$

$$NHCl_2 + HClO \longrightarrow NCl_3 + H_2O \quad (7.5)$$

NH_2Cl、$NHCl_2$和 NCl_3分别叫作一氯胺、二氯胺和三氯胺，它们统称为化合性氯或结合氯。它们在平衡状态下的含量比例决定于氯、氨的相对浓度、pH 值和温度。一般当 pH>9 时，一氯胺占优势；当 pH=7.0 时，一氯胺和二氯胺同时存在，近似等量；当 pH<6.5 时，主要是二氯胺；当 pH<4.5 时，三氯胺才存在，自来水中一般不可能形成。

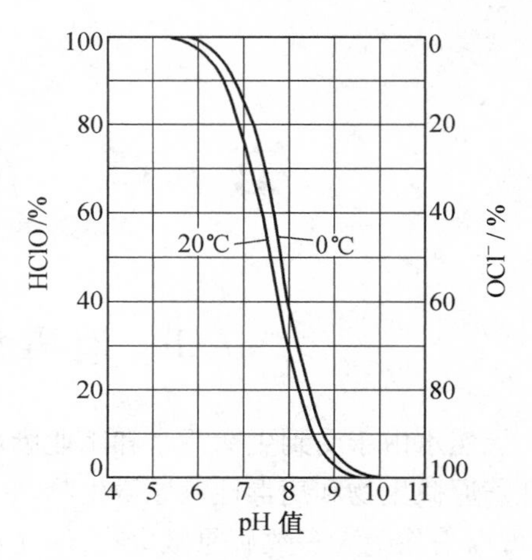

图 7.1　不同 pH 值和水温时，水中 HClO 和 ClO^-的比例

从消毒效果而言，水中有氯胺时，起消毒作用的仍然是 HClO，这些 HClO 由氯胺与水反应生成（见式（7.3）~（7.5）），因此氯胺消毒比较缓慢。根据实验表明，用氯消毒 5 min 内可杀灭细菌达 99% 以上；在相同条件下，氯胺消毒 5 min 内仅达 60%；要达到 99% 以上的灭菌效果，需要将水与氯胺的接触时间延长到十几个小时。比较三种氯胺消毒效果，$NHCl_2$要胜过 NH_2Cl，但前者具有臭味。NCl_3消毒效果最差，且具有恶臭味，因其在水中溶解度很低，不稳定且易气化，所以三氯胺的恶臭味并不引起严重问题。一般情况下，水的 pH 值较低时，NHCl 所占比例大，消毒效果较好。

2. 投氯量与余氯量

水中的投氯量，可以分为两部分：需氯量和余氯量。需氯量指用于杀死细菌、氧化有机物和还原性物质所消耗的部分。余氯是为了抑制水中残存细菌的再度繁殖而在消毒处理后的水中维持的剩余氯量。我国饮用水卫生标准（GB5749—2006）规定，投氯接触 30 min 后，游离性余氯不应低于 0.3 mg/L，集中式给水出厂水除应符合上述要求外，管网末梢水不应低于 0.05 mg/L。后者余氯量仍具有杀菌能力，但对再次污染的消毒尚显不够，而可作为预示再次受到污染的信号，这对于管网较长且存在死水端及设备陈旧，且间隙运行的水厂尤为重要。余氯量及余氯种类与投氯量、水中杂质种类及含量等有密切关系。

①水中无细菌、有机物和还原性物质等，则需氯量为零，投氯量等于余氯量。如图 7.2 所示的虚线①，该虚线与坐标轴成 45°。

②事实上，天然水特别是地表水源多少已受到有机物和细菌污染，虽然经澄清过滤处理，但仍然有少量细菌和有机物残留水中，氧化有机物和杀死细菌要消耗一定的氯量，即需氯量。投氯量必须超过需氯量，才能保证一定的剩余氯。如果水中有机物较少，而且主要不是游离氨和含氮化合物时，需氯量 OM 满足以后就会出现余氯，如图 7.2 中的实线②所示。此曲线与横坐标交角小于 45°，其原因有：一是水中

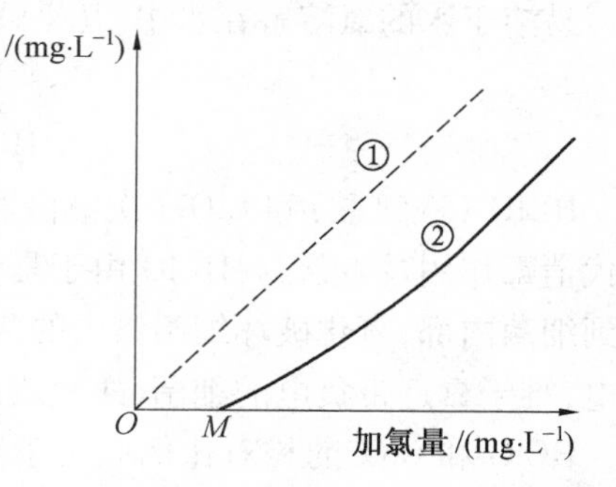

图 7.2　加氯量和与余氯量的关系

有机物与氯作用的速度有快慢，在测定余氯时，有一部分有机物尚在继续与氯作用中；二是水中有一部分氯在水中某些杂质或光线的作用下会自行分解。

③当水中的有机物主要是氨和氮化合物时，情况比较复杂。投氯量与余氯量之间的关系曲线如图 7.2 所示。

如图 7.3 所示，曲线 $AHBC$ 与斜虚线间的纵坐标值 b 表示需氯量；曲线 $AHBC$ 的纵坐标 a 表示余氯量。曲线可分为 4 区：在 1 区即 OA 段，余氯量为零，需氯量 b_1，1 区消毒效果不可靠；在 2 区 AH 段，投氯后，氯与氨反应，有化合性余氯产生（主要为一氯胺），具有一定消毒效果；在 3 区 HB 段，仍然产生化合性余氯，随着投氯量增加，产生下列不具有消毒作用的化合物；余氯反而减少，直至折点 B 为止，折点余氯量最少。

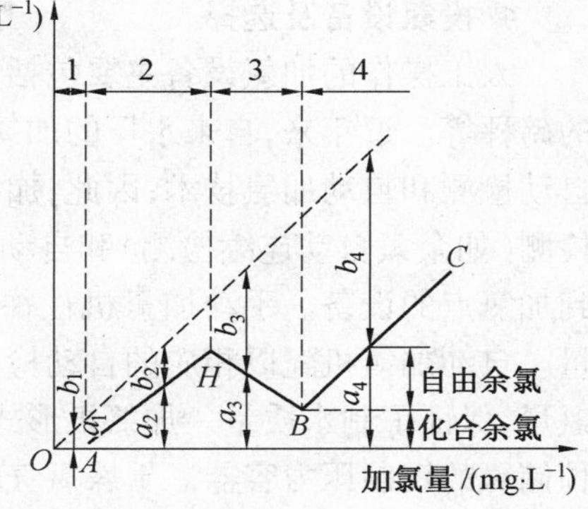

图 7.3　折点加氯

$$2NH_2Cl+HClO \longrightarrow N_2\uparrow+3HCl+H_2O \tag{7.6}$$

在 4 区 BC 段，水中已没有消耗氯的物质，故随着投氯量增加，水中余氯也随着增加，而且是自由性余氯，此区消毒效果最好。

生产实践表明，当原水中游离氨在 0.3 mg/L 以下时，通常投氯量控制在折点后，称为折点加氯；原水游离氮在 0.5 mg/L 以上时，峰点以前的化合性余氯量已够消毒，控制在峰点前以节约加氯量；原水游离氨在 0.3～0.5 mg/L 的范围内，投氯量难以掌握。缺乏资料时，一般的地面水经混凝、沉淀和过滤后或清洁的地下水，投氯量可采用 1.0～1.5 mg/L；一般的地面水经混凝沉淀未经过滤时可采用 1.0～1.5 mg/L。对于污（废）水，投氯量可参考下列数值：一级处理排放时，投氯量为 20～30 mg/L；不完全二级处理水排放时，投氯量为 10～15 mg/L；二级处理水排放时，投氯量为 5～10 mg/L。

3. 投氯点

一般采用滤后投氯，即把氯投在滤池出水口或清水池进口处，或滤池至清水池的连接管（渠）上，称为滤后投氯消毒。滤后消毒为饮用水处理的最后一步。这种方法一般适用于原水水质较好，经过滤处理后水中有机物和细菌已被大部分除去，投加少量氯即能满足余氯要求。如果以地下水作水源，无混凝沉淀过滤等净化设施，则需在泵前或泵后投加。图 7.4 为自来水消毒的一般工艺流程。

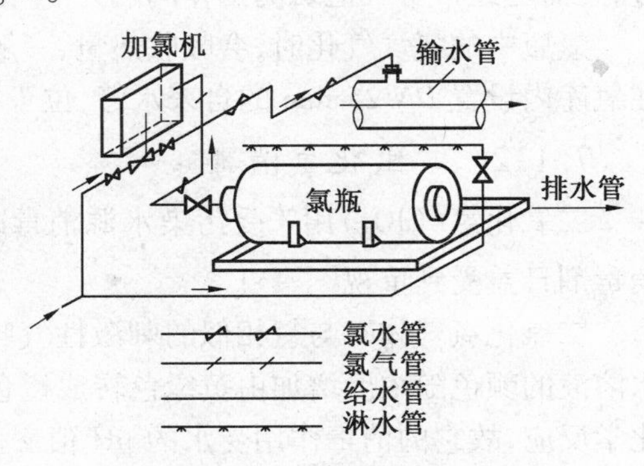

图 7.4　氯的投加

当处理含腐殖质的高色度原水时，在投加混凝剂的同时投氯，以氧化水中有机物，可提高混凝效果。这种氯化法称为滤前氯化或预氯化。预氯化也可用于硫酸亚铁作为混凝剂时（将亚铁氯化为三价铁，促进硫酸亚铁的混凝效果）。预氯化还能防止水厂内各类构筑物中滋长青苔和延长氯胺消毒的接触时间，使投氯量维持在图 7.3 中的 AH 段，以节省加氯量。

当城市管网延伸很长，管网末梢的余氯难以保证时，需要在管网中途补充投氯。这样既能保证管网末梢的余氯，又不致使水厂附近的余氯过高。管网中途投氯的位置一般都设在加压泵站及水库泵站中。

一般在投氯点后可安装静态混合器，使氯与水均匀混合，提高杀菌效果，并节省氯量。同时应加强余氯的连续监测；有条件时，投氯地点宜设置余氯连续测定仪。

4. 投氯设备及选择

人工操作的加氯设备主要包括加氯机（手动）、氯瓶和校核氯瓶质量（也即校核氯质量）的磅秤等。近年来，自来水厂的加氯自动化发展很快，特别是新建的大、中型水厂，大多采用自动检测和自动加氯技术，因此，加氯设备除了加氯机（自动）和氯瓶外，还相应设置了自动检测（如余氯自动连续检测）和自动控制装置。加氯机是安全、准确地将来自氯瓶的氯输送到加氯点的设备。手动加氯机往往存在加氯量调节滞后、余氯不稳定等缺点，影响制水质量。自动加氯机配以相应的自动检测和自动控制设备，能随着流量、氯压等变化自动调节加氯量，保证了制水质量。加氯机形式很多，可根据加氯量大小、操作要求等选用。氯瓶是一种储氯的钢制压力容器。干燥氯气或液态氯对钢瓶无腐蚀作用，但遇水或受潮则会严重腐蚀金属，故必须严格防止水或潮湿空气进入氯瓶。氯瓶内保持一定的余压也是为了防止潮气进入氯瓶。

5. 加氯量计算

$$q = Q \times b \tag{7.7}$$

式中 q——每天的投氯量，g/d；

Q——设计水量，m^3/d；

b——加氯量，g/m^3，一般采用 0.5～1.0 g/m^3。

6. 加氯间和氯库

加氯间是安置加氯设备的操作间，氯库是储备氯瓶的仓库。加氯间和氯库可以合建，也可分建。采用加氯间与氯库合建的方式，中间用墙分开，但应留有供人通行的小门。

由于氯气是有毒气体，加氯间在设计时应注意：加氯间和氯库位置应设于主导方向下方，且需与经常有人值班的工作间隔开。

氯瓶中的氯气气化时，会吸收热量，一般采用自来水喷淋在氯瓶上，以供给热量，设计中在氯库内设置 *DN* 25 mm 的自来水管，位于氯瓶上方，帮助液氯气化。

7.1.2 二氧化氯消毒

二氧化氯（ClO_2）用于受污染水源消毒时，可减少氯化有机物的产生，故二氧化氯作为消毒剂日益受到重视。

二氧化氯气体有与氯相似的刺激性气味，易溶于水。它的溶解度是氯气的 5 倍。ClO_2 水溶液的颜色随浓度增加由黄绿色转成橙色。ClO_2 在水中是纯粹的溶解状态，不与水发生化学反应，故它的消毒作用受水的 pH 值影响极小，这是与氯消毒的区别之一。在较高 pH 值下，ClO_2 消毒能力比氯强。ClO_2 易挥发，稍一曝气即可从溶液中逸出。气态和液态 ClO_2 均易爆炸，温度升高、曝光、与有机质接触时也会发生爆炸，所以 ClO_2 通常在现场制备。

ClO_2 的制取方法主要是：

$$2NaClO_2 + Cl_2 \longrightarrow 2ClO_2 + 2NaCl \tag{7.8}$$

由于亚氯酸钠较贵，且 ClO_2 生产出来即须使用，不能贮存，所以，只有水源污染严重（尤其是氨或酚的质量浓度达几个 mg/L），而一般氯消毒有困难时，才采用 ClO_2 消毒。

ClO_2对细胞壁的穿透能力和吸附能力都较强，从而有效地破坏细菌内含硫基的酶，它可控制微生物蛋白质的合成，因此，ClO_2对细菌、病毒等有很强的灭活能力；ClO_2消毒在制备过程中不产生自由氯，则对有机物污染的水也不会产生 THMs。ClO_2仍可保持其全部杀菌能力。此外，ClO_2还有很强的除酚能力，且消毒时不产生氯酚臭味。

ClO_2消毒虽具有一系列优点，但生产成本高，且生产出来后即须使用，不能贮存，故目前我国生产上应用很少。但由于 ClO_2处理受污染水具有独特优点，目前已受到专家们的重视。

7.1.3　漂白粉和漂白粉消毒

漂白粉由氯气和石灰加工而成，其组成复杂，可简单表示为 $Ca(ClO)_2$，有效氯约为30%。漂白粉分子式为 $Ca(ClO)_2$，有效氯约为 60%。二者均为白色粉末，有氯的气味，易受光、热和潮气作用而分解使有效氯降低，故必须放在阴凉干燥和通风良好的地方。漂白粉加入水中反应如下：

$$2Ca(ClO)_2+2H_2O \longrightarrow 2HClO+Ca(OH)_2+CaCl_2 \tag{7.9}$$

反应后生成 HClO，因此，消毒原理与氯气相同。

漂白粉需配制成溶液加注，溶解时先调成糊状物，然后再加水配成 1.0%～2.0%（以有效氯计）浓度的溶液。当投加在滤后水中时，溶液必须经过 4～24 h 澄清，以免杂质带进清水中；若加入浑水中，则配制后可立即使用。

漂白粉用量：

$$W=\frac{Qa}{C} \tag{7.10}$$

式中　W——漂白粉用量，kg/d；

Q——设计水量，m^3/d；

a——最大加氯量，kg/m^3，根据水质不同，一般采用 0.001 5～0.005 kg/m^3；

C——有效氯含量（体积分数），一般采用 20%～25%。

溶解池容积：

$$V_1=\frac{W}{bn} \tag{7.11}$$

式中　V_1——溶解池的容积，m^3；

b——溶解后漂白粉溶液浓度；

n——每日药剂配制次数，一般要小于 3。

溶解池内调制好的漂白粉溶液进入溶液池，进一步加水稀释，配制成质量分数为 1% 的溶液，则可计算出溶液池的容积 V_2 为

$$V_2=10V_1 \tag{7.12}$$

7.1.4　次氯酸钠消毒

电解食盐水可得到次氯酸钠（NaClO）：

$$NaCl+H_2O \longrightarrow NaClO \tag{7.13}$$

$$NaClO+H_2O \longrightarrow HClO+Na \tag{7.14}$$

次氯酸钠的消毒作用依然靠 HClO，但其消毒作用不及氯强。因次氯酸钠易分解，故通常采用次氯酸钠发生器现场制取，就地投加，不宜贮运，适用于小型水厂。

7.1.5 氯胺消毒

采用氯胺消毒，由于作用时间长，杀菌能力比自由氯弱，目前我国应用较少，但氯胺消毒具有以下优点：当水中含有有机物和酚时，氯胺消毒不会产生氯臭和氯酚臭，同时大大减少THMs产生的可能；能保持水中余氯较久，适用于供水管网较长的情况。

人工投加的氨可以是液氨、硫酸铵或氯化铵。液氨投加方法与液氯相似。硫酸铵和氯化铵应先配成溶液，然后投加到水中。氯和氨的投加量视水质不同而采用不同比例，一般采用氯：氨=3：1～6：1。当以防止氯臭为主要目的时，氯和氨之比小些；当以杀菌和维持余氯为主要目的时，氯和氨之比应大些；采用氯胺消毒时，一般先投氨，待其与水充分混合后再投氯，这样可减少氯臭，特别当水中含酚时，这种投加顺序可避免产生氯酚恶臭。如为维持余氯持久（当管网较长时），则可采用进厂水投氯消毒，出厂水投氨减臭并稳定余氯。

7.1.6 其他消毒

1.紫外线消毒

紫外线消毒采用高压石英汞灯发出的紫外光，能穿透微生物的细胞壁与细胞质，达到消毒的目的。根据实验，波长在200～360 nm的紫外线具有杀菌能力，而波长为260 nm左右的杀菌能力最强。同时，紫外线能破坏有机物。

消毒设备有浸水式及水面式两种。浸水式是将石英灯管置于水中，其特点是紫外线利用率高，杀菌效果好，但设备构造复杂。

水面式杀菌设备构造简单，但由于反光罩吸收紫外线及光线的散射，杀菌效果不如浸水式。紫外线消毒特点是：

①消毒速度快，污水经紫外线照射几十秒即能杀菌；

②杀菌效率高，去除细菌总数可达96%左右；

③不产生二次污染，处理后的水无味无色；

④操作方便，管理简单；

⑤耗电量大，运行成本高，消毒费用高；

⑥消毒效力受水中悬浮物含量的影响，消毒后，不能保持杀菌能力。紫外线消毒仅应用于小水厂的消毒。

常用的消毒剂性能及选择可参见表7.1。

表7.1 消毒剂性能

性能	氯、漂白粉	氯氨	二氧化氯	臭氧	紫外线辐射
消毒灭细菌	优良（HClO）	适中，较氯差	优良	优良	良好
灭病毒	优良（HClO）	差（接触时间长时效果好）	优良	优良	良好
灭活微生物效果	第三位	第四位	第二位	第一位	
pH值的影响	消毒效果随pH增大而下降，在pH=7左右时加氯较好	受pH值的影响小，pH≤7时主要为二氯胺，pH≥7时为一氯胺	pH值的影响比较小，pH>7时，效果稍好	pH值的影响小，pH值小时，剩余O_3残留较久	对pH值变化不敏感

续表 7.1

性能	氯、漂白粉	氯氨	二氧化氯	臭氧	紫外线辐射
在配水管网中的剩余消毒作用	有	可保持较长时间的余氯量	比氯有更长的剩余消毒时间	无 补加氯	无 补加氯
副产物生成 THMs	可生成	不大可能	不大可能	不大可能	不大可能
其他中间产物	产生氯化和氧化中间产物,如氯胺、氯酚、氯化有机物等,某些会产生臭味	产生的中间产物不详,不会产生氯臭味	产生的中间产物为氯化芳香族化合物,氯酸盐、亚氯酸盐等	中间产物为醛、芳香族羧酸、酞酸盐等	产生何种中间产物不详
国内应用情况	应用广泛	应用较少	尚未在城市水厂中应用	应用较少	应用不多,且只限于小水量处理
一般投加量(mg·L^{-1})	2~20	0.5~3.0	0.1~1.5	1~3	
接触时间	30 min	2 h		数秒至 10 min	
适用条件	绝大多数水厂用氯消毒,漂白粉只用于小水厂	原水中有机物较多和供水管线较长时,用氯胺消毒较宜	适用于有机物如酚污染严重时,需现场制备	制水成本高,适用于有机物污染严重时。因无持续消毒作用,在进入管网的水中还应加少量氯消毒	管网中没有持续消毒作用。适用于工矿企业等集中用户用水处理

2. 加热消毒

通过对水加热实现灭菌消毒,加热消毒效果好,但费用很高,日处理污水450 m^{3}的消毒处理费用约是液氯、臭氧、紫外线的十几倍以上。适用于特殊情况下的水量少量处理。

3. 辐射消毒

利用电子射线等高能射线灭菌消毒的方法。射线有很强的穿透能力,可穿透微生物的细胞壁和细胞质,瞬时完成灭菌作用,辐射消毒法设备投资较大,安全防护严格,目前应用较少。

7.1.7 消毒副产物控制

通过对水源水进行消毒生成势研究后发现,色度升高后,其各种消毒副产物变化较为明显,其中卤乙酸的增加比例要高于三卤甲烷,在高色的条件下,消毒副产物增加明显,特别是三氯乙醛增加较快,同时水体的还原性明显增强。

根据对各个分子片段的消毒副产物生成势研究发现,小分子物质小于1 Kda对于三氯甲烷贡献度较高,且三氯甲烷在大分子片段中生成潜能低,卤乙酸在大于10 Kda和小于1 Kda中生成潜能较大,因此可以确定,腐殖酸对于卤乙酸贡献度大,而富里酸对于三卤甲烷和卤乙酸均有较大贡献。

净水工艺各环节色度去除效率相对稳定,混凝、沉淀过程对于色度的去除率最高,是工艺中控制色度的核心部分,其中沉淀后色度去除率约40% ~50%。浊度在不同时期内去除效率差异性大,特别是沉淀池出水,当原水浊度低时,特别是冰封期低温、低浊情况下,沉后水浊度反而二次提升,这部分浊度增加值可认为是混凝剂的背景值,而在夏季稳定期虽然原水浊度高,但沉后水和出厂水浊度反而较低,其工艺去除率与原水浊度之间成反比。

7.2 优质水技术

7.2.1 优质饮用水的概念

饮用水水源污染及污水回用的发展使给水处理工艺中给水与污水处理之间的交叉越来越多,依靠目前水厂内常规的处理工艺有时难以达到饮用水标准。以有机污染为重点去除对象的自来水处理工艺正逐步形成。

一方面,饮用水水源污染的严重性、传统工艺本身的不足、加氯消毒的副作用、二次供水的污染问题等多种因素综合并存,使饮用水水质难以得到保证。另一方面,随着人民生活水平的提高,人们对饮用水的水质标准又提出了更高的要求。为了改善饮用水水质,有必要对常规给水处理的出水作进一步深度处理,去除对人体健康有害的物质。在居民健康饮水意识不断提高的情况下,优质饮用水的概念应运而生。

优质饮用水是最大限度地去除原水中的有毒有害物质,同时又保留原水中对人体有益的微量元素和矿物质的饮用水。优质饮用水应仅仅局限于供人们直接饮用等直接入口的专门饮用水。城市供水中只有2% ~5%用于生活饮用,其余95% ~98%的水适用于生产、绿化和消防等方面。

优质饮用水包括三个方面的意义:

①去除了水中的病毒、病原菌、病原原生动物(如寄生虫)的卫生安全的饮用水。在目前不断发现新的病原微生物(如贾第鞭毛虫、军团菌、隐孢子囊虫等)这一形势下,人们不再对消毒工艺抱有绝对信心。

②去除了水中的多种多样的污染物,特别是重金属和微量有机污染物等对人体有慢性、急性危害作用的污染物质。这样可保证饮用水的化学安全性。

③在上述基础上尽可能地保持一定浓度的人体健康所必需的各种矿物质和微量元素。

优质饮用水是安全性、合格性、健康性三者的有机统一。在三个层次上相互递进、相互统一构成了优质饮用水的实际意义。其中安全性是第一位的。

7.2.2 优质饮用水的水质

目前饮用水水质标准的基础文件有欧洲共同体(EEC)的饮用水水质指令、世界卫生组织(WHO)的饮用水水质准则、美国环保局(EPA)的安全饮水法。

我国新国标早在2006年12月29日就发布了,但考虑到实行新国标需要有个过渡期,所以并未要求强制执行。新国标借鉴了美国、欧盟、俄罗斯、日本等国家和地区的饮用水卫生标准,检测指标从原来的35项增加到106项,接轨国际通用水质标准。“新国标”新增加的71项标准主要参考了美国、日本等国家的生活饮用水质标准,加强了对水质有机物、微生物和水质消毒等方面的要求,并对砷、铅、铬等重金属类的指标限制规定到最低,基本实现饮用水标准与国际接轨。

饮用水水质指标是一定发展阶段的产物，它与一定的水处理水平和分析检测水平是相互适应的，随着人们生活水平和科学技术水平的提高而发生变化。优质饮用水的指标体系不同于目前的《生活饮用水卫生标准》。

由于水的浊度一定程度上反映了水质的优劣和安全程度，我国2000年供水规划要求一类自来水公司浊度达到1NTU，优质饮用水水质对浊度指标要求应更高，《饮用净水水质标准》（征求意见稿）建议定为0.5NIU。Ames 致突变试验是综合检验水中污染物导致基因突变的一种遗传毒理学方法，在美、日、法等国较普遍地用于水质处理的评价，所以 Ames 试验应作为评价优质饮用水的水质指标。

我国饮用水水质标准中常规的综合指标或少数几种有毒物的最高允许浓度，已不能反映众多有机物对人体健康的危害，也不能反映多种毒物同时存在所产生的协同效应。国外先进的饮用水水质标准已经将水质指标除感官性指标和微生物指标外向农药、消毒副产物、微量有机污染物、病毒等指标发展。这应该是饮用水水质指标体系的发展方向。

7.2.3　优质饮用水处理工艺

1.活性炭吸附深度处理工艺

吸附是一种物质附着在另一种物质表面上的过程，它可发生在气液、气固、液固两相之间。在相界面上，物质的浓度自动发生累积或浓集。在水处理中，主要利用固体物质表面对水中物质的吸附作用。

吸附法就是利用多孔性的固体物质，使水中一种或多种物质被吸附在固体表面而去除的方法。吸附法可有效完成对水的多种净化功能，例如脱色、脱嗅，脱除重金属离子、放射性元素，脱除多种难于用一般方法处理的剧毒或难生物降解的有机物等。

具有吸附能力的多孔性固体物质称为吸附剂，例如活性炭、活化煤、焦炭、煤渣、吸附树脂、木屑等，其中以活性炭的使用最为普遍。废水中被吸附的物质则称为吸附质；包容吸附剂和吸附质并以分散形式存在的介质被称为分散相。

吸附处理可作为离子交换、膜分离技术处理系统的预处理单元，用以分离去除对后续处理单元有毒害作用的有机物、胶体和离子型物质，还可以作为三级处理后出水的深度处理单元，以获取高质量的处理出水，进而实现废水的资源化应用。吸附过程可有效捕集浓度很低的物质，且出水水质稳定、效果较好，吸附剂可以重复使用，结合吸附剂的再生，可以回收有用物质，所以在水处理技术领域得到了广泛的应用。但是，吸附法对进水的预处理要求较为严格，运行费用较高。

以活性炭为代表的吸附工艺是目前对付有机污染物的首选工艺，其他吸附剂如多孔合成树脂、活性炭纤维等也正在推广应用当中。活性炭来源广泛，比表面积大，对色、臭、味、农药、消毒副产物、微量有机污染物等都具有一定的吸附能力，还可以有效去除铁、锰、汞、铬、砷等重金属，因此在研究和应用中使用广泛，效果较好。美国环保局认为活性炭是控制合成有机物、THMs 和卤代乙酸等有机污染物的有效方法之一，美国活性炭用在给水净化上的数量占其总数量的三分之一，居各种用途的首位。活性炭吸附净水技术是利用活性炭的高效吸附性能，去除水中的臭味、有机物、酚、烷基苯磺酸盐、消毒副产物、重金属离子和其他微量有害物质，其用于水的深度处理工艺流程如图 7.5 所示。颗粒活性炭净水工艺的处理效果较好，其有机物 TOC 的去除率达 70% 左右，Ames 试验可由进水的阳性转变为阴性。

原水 → 常规处理 → 颗粒活性炭吸附 → 消毒

图 7.5　颗粒活性炭吸附处理工艺流程

吸附剂表面的吸附力可分为三种,即分子间引力(范德华力)、化学键力和静电引力;因此吸附可分为三种类型:物理吸附、化学吸附和离子交换吸附。

(1)物理吸附

物理吸附是一种常见的吸附现象。吸附质与吸附剂之间的分子间引力产生的吸附过程称为物理吸附。物理吸附的特征表现在以下几个方面:

①放热反应。

②没有特定的选择性。由于物质间普遍存在着分子引力,同一种吸附剂可以吸附多种吸附质,只是因为吸附质间性质的差异而导致同一种吸附剂对不同吸附质的吸附能力有所不同。物理吸附可以是单分子层吸附,也可以是多分子层吸附。

③物理吸附的动力来自分子间引力,吸附力较小,因而在较低温度下就可以进行。不发生化学反应,所以不需要活化能。

④被吸附的物质由于分子的热运动会脱离吸附剂表面而自由转移,该现象称为脱附或解吸。吸附质在吸附剂表面可以较易解吸。

⑤影响物理吸附的主要因素是吸附剂的比表面积。

(2)化学吸附

化学吸附是吸附质与吸附剂之间由于化学键力发生了作用而使得化学性质改变引起的吸附过程。化学吸附的特征为:

①吸附热大,相当于化学反应热。

②有选择性。一种吸附剂只能对一种或几种吸附质发生吸附作用,且只能形成单分子层吸附。

③化学吸附比较稳定,当吸附的化学键力较大时,吸附反应为不可逆。

④吸附剂表面的化学性能、吸附质的化学性质以及温度条件等,对化学吸附有较大的影响。

物理吸附后再生容易,且能回收吸附质,化学吸附因结合牢固,再生较困难,必须在高温下才能脱附。脱附下来的可能还是原吸物质,也可能是新的物质。利用化学吸附处理毒性很强的污染物更安全。

2. 臭氧-生物活性炭(O_3-BAC)处理技术

为了改善对有机物的处理效果和延长活性炭的使用寿命,20 世纪 70 年代欧洲开始应用臭氧-生物活性炭(O_3-BAC)处理技术,如图 7.6 所示。

原水 → 常规絮凝沉淀过滤 → O_3-BAC 处理 → 消毒

图 7.6　臭氧-生物活性炭(O_3-BAC)处理工艺流程

臭氧和生物活性炭联用工艺具有优异的除有机污染物性能。该工艺已经广泛地推广应用于欧洲国家如法、德、意、荷等上千座水厂中,我国已经在大庆、伊春、松原等地设计和建成了 10 余座臭氧活性炭联用法深度净化水厂。该工艺将臭氧氧化、活性炭吸附、微生物降解统为一体,其中适量的臭氧氧化所产生的中间产物有利于活性炭的吸附去除,臭氧自降解产物氧气所导致的活性炭中的好氧微生物活性提高和生物再生也都为广大的研究人员所证实。实践证明,臭氧氧化和生物活性炭联用工艺可以使水中的 TOC、COD_{Mn},UV_{254}、THMFP、NH_3—N 等有明显的降低,可以使 Ames 实验阳性的原水变为阴性,出水水质良好。O_3-BAC 处理工艺对去除水中的 COD、色度与臭味、酚、硝基苯、氯仿、六六六、DDT、氨氮、氰化物等均有明显效果,Ames 试验结果为阴性,并延长了活性炭的工作周期。

由于 O_3无持续消毒能力,而 Cl_2消毒会增加水中的消毒副产物 THMs,因此作为优质饮用水供水系统,在出厂前可采用 ClO_2消毒,以维持管网中的杀菌能力。

3.精密过滤处理技术

精密过滤是使用精密过滤器对水进行过滤,其能去除杂质短粒范围视精密过滤器的种类而不同。精密过滤器在水处理中常用的有滤芯过滤器和预涂膜过滤器。滤芯过滤器的滤芯元件常用的是多孔陶瓷和聚丙烯纤维,能去除 2 ~ 5 μm 以上的颗粒。预涂膜过滤器常用的有硅藻土过滤,它是在过滤前首先对滤元预涂硅藻土形成 2 ~ 3 mm 厚的过滤膜,能够去除胶体颗粒、细菌和部分病毒及大分子有机物。精密过滤在优质饮用水处理中应用时一般应与活性炭吸附相结合,流程如图 7.7 所示。显然,经图 7.9 处理后的出水水质要高于图 7.5、图 7.6 处理流程的水质。

原水 → 常规处理 → 活性炭吸附 → 精密过滤 → 消毒

图 7.7　精密过滤处理工艺流程

4.膜分离处理技术

利用膜将水中的物质(微粒、分子或离子)分离出去的方法称为水的膜析处理法(或称膜分离法、膜处理法)。在膜处理中,以水中的物质透过膜来达到处理目的时称为渗析,以水透过膜来达到处理目的时称为渗透。膜处理法有渗析、电渗析、反渗透、扩散渗析、纳滤、超滤、微孔过滤等。

根据推动力的不同,膜分离有下列几种:

浓度差:扩散渗析;

电位差:电渗析;

压力差:反渗透(RO, reverse osmosis):MW<100, 0.2 ~0.3 nm

纳滤(NF, nanofiltration):MW: 100 ~1 000, 0.5 ~5 nm

超滤(UF, ultrafiltration):MW: 1 000 ~1 000 000, 5 nm ~0.2 μm

微滤(MF, microfiltration):0.2 ~1 μm

膜分离的特点:

①可在一般温度下操作,没有相变。

②浓缩分离同时进行。

③不需投加其他物质,不改变分离物质的性质。

④适应性强,运行稳定。

由于膜分离法具有在分离过程中不发生相变化,能量的转化效率高;一般不需要投加其他物质,可节省原材料和化学药品;在常温下可进行;适应性强,操作及维护方便,易于实现自动化控制等优点。因此在工业用水处理中被广泛应用,尤其是纯水生产方面。同时膜分离法还具有分离和浓缩同时进行,可回收有价值的物质;根据膜的选择透过性和膜孔径的大小,可将不同粒径的物质分开而使物质得到纯化而又不改变其原有的属性的优点。因此在工业废水处理中也被广泛应用。近年来膜制造技术发展较快,已开始在生活供水领域应用,水处理中常用的膜分离法的技术特征见表 7.2。

表 7.2 主要膜分离法的技术特征

		微滤(MF)	超滤(UF)	纳滤(NF)	反渗透(RO)	电渗析(ED)
推动力		压力差	压力差	压力差	压力差	电位差
膜孔径/μm		0.02~10	0.001~0.02	0.000 5~0.01	0.000 1~0.01	
透过膜的物质		水、分子	水、小分子	水、部分离子	水	离子
去除对象		微粒	微粒、大分子	部分离子、小分子	离子、小分子	离子
膜类型		多孔膜	非对称性膜	非对称性膜或复合膜	非对称性膜或复合膜	离子交换
膜材料		醋酸纤维素、复合膜、醋酸、硝酸纤维素混合膜、聚碳酸酯膜	醋酸纤维素、聚砜、聚酰胺、聚丙烯腈	氯甲基化/季胺化聚砜膜(荷电膜)、醋酸纤维素、磺化聚砜、磺化聚醚砜、芳香族聚酰胺复合材料	醋酸纤维素、聚酰胺复合膜	
膜组件常用形式		板式、折叠筒式	卷式、中空纤维	卷式	卷式、中空纤维	
进水水质指标	浊度/NTU				卷式<0.5 中空纤维<0.3	1~3
	污染指数/FI				卷式<3~5 中空纤维<3	
	化学耗氧量/$(mg \cdot L^{-1})$				<1.5	<3
	游离氯/$(mg \cdot L^{-1})$				卷式<0.2~1.0 中空纤维<0	<0.1
	水温/℃	5~35	10~35	15~35	15~35	5~40
	总 Fe/$(mg \cdot L^{-1})$				<0.05	<0.3
	Mn/$(mg \cdot L^{-1})$					<0.1
	操作压力/MPa	0.01~0.2	0.1~0.5	0.5~1,一般为0.7,最低0.3	卷式:5.5 中空纤维2.8	<0.3

近年来随着相关技术的发展,膜的造价以及处理成本正逐步降低,在优质水生产、水的深度处理等领域的应用也日趋广泛,其中上海市政设计院设计了全国第一家膜水厂,预计未来膜处理将在水处理市场中会占有越来越大的份额。膜处理后对消毒副产物前驱物的控制效果明显,特别是超滤、纳滤等膜技术对于小分子前驱物的去除率很高,能够有效保证出水的安全。

反渗透膜、超滤膜、微滤膜和纳滤膜最初应用于工业用水、海水、苦咸水等的淡化和脱盐处理等,现在已经广泛地应用于去除水中的浊度、色度、嗅味、消毒副产物前驱物质、微生物、溶解性有机物等。选择合适的膜技术或膜技术组合,可以对饮用水进行深度净化处理,甚至可以将原水处理到所希望的任何水质水平。正确地设计相应的预处理流程,采用合适的清洗技术和合适的工艺参数,可以减小膜污染的趋势,延长膜体的使用寿命,可以降低整个膜系统的投资和运行费用,有利于膜技术更普遍地应用到包括饮用水处理的各个方面。特别是在受污染的水源水处理、消毒副产物的控制等方面被美国环保局推荐为最佳技术之一,膜技术也被誉为21世纪的水处理技术。

膜处理技术是水经过滤膜后,将水中杂质截留。膜分离分为微滤、超滤和反渗透。微滤是水通过由中空聚丙烯纤维等组成的微滤膜,微滤膜孔径在0.1~0.26 μm之间,因此能截留水中0.1~0.2 μm以上的杂质,可去除浊度、臭味、色度及较大的病毒和部分有机物,其工作压力在0.15~0.2 MPa之间。用于优质饮用水的处理流程如图7.8所示,图中微滤前的活性炭处理可视实际水质设置或取消。

原水→常规处理→活性炭吸附→微滤→消毒

图7.8　微滤处理工艺流程

超滤是水通过2.0~20 μm孔径的超滤膜,因而能去除大部分有机物,并能将病毒全部去除,其工作压力为0.5 MPa;反渗透是水通过半透膜,能截留水中的小分子、离子,其工作压力达5~10 MPa。超滤和反渗透处理技术在水处理中一般用于纯水的生产,其处理工艺如图7.9所示。

原水→常规处理→深度预处理→超滤或反渗透→消毒

图7.9　纯水处理工艺流程

5. 离子交换吸附

离子交换吸附是指吸附质的离子由于静电引力聚集到吸附剂表面的带电点上,同时吸附剂表面原先固定在这些带电点上的其他离子被置换出来,等于吸附剂表面放出一个等当量离子。离子所带电荷越多,吸附越强。电荷相同的离子,其水化半径越小,越易被吸附。

水处理中大多数的吸附现象往往是上述三种吸附作用的综合结果,即几种造成吸附作用的力常常相互起作用。只是由于吸附质、吸附剂以及吸附温度等具体吸附条件的不同,使得某种吸附占主要地位而已。例如,同一吸附体系在中高温下可能主要发生化学吸附,而在低温条件下可能主要发生物理吸附。

这里主要指固体吸附剂,如活性炭、硅藻土、沸石、离子交换树脂等。一般固体表面都有吸附作用,由于吸附可看成是一种表面现象,所以与吸附剂的表面特性有密切的关系。采用吸附的方法进行水处理,实质上是利用吸附剂的吸附特性实现对污染物的分离。吸附剂性能的好坏,选用的吸附剂是否适用于处理对象,对于吸附效率影响较大。

(1)比表面积

单位重量的吸附剂所具有的表面积称为比表面积(m^2/g),随着物质孔隙的多少而变化。比表面积越大,吸附能力越强,一般比表面积随物质多孔性的增大而增大。由于孔性活性炭的比表面积可达1 000 mm^2/g以上,所以活性炭在水处理中是一种良好的吸附剂。

(2)表面能

液体或固体物质内部的分子受它周围分子的引力在各个方向上都是均衡的,一般内层分子之间引力大于外层分子引力,故一种物质的表面分子比内部分子具有多余的能量,称为表面能。固体表面由于具有表面能,因此可以引起表面吸附作用。

(3)表面化学性质

在固体表面上的吸附除与其比表面积有关外,还与固体所具有的晶体结构中的化学键有关。固体对溶液中电解质离子的选择性吸附就与这种特性有关。

固体比表面积的大小只提供了被吸附物与吸附剂之间的接触机会,表面能从能量的角度研究吸附表面过程自动发生的原因,而吸附剂表面的化学状态在各种特性吸附中起着重要的作用。

7.2.4 常用吸附剂

1. 活性炭

活性炭是用以碳为主的物质，如煤、木屑、果壳以及含碳的有机废渣等作原料，经高温炭化和活化制得的疏水性吸附剂。在制造过程中以活化过程最为重要，根据活化方法可分为药剂活化法及气体活化法。活性炭外观为暗黑色，具有良好的吸附性能，化学稳定性好，可耐强酸及强碱，能经受水浸、高温。比重比水轻，是多孔性的疏水性吸附剂。

活性炭在制造过程中，挥发性有机物去除后，晶格间生成的空隙形成许多形状和大小不同的细孔。这些细孔壁的总表面积（即比表面积）一般高达500 ~ 1 700 m^2/g，这就是活性炭吸附能力强、吸附容量大的主要原因。表面积相同的炭，对同一种物质的吸附容量有时也不同，这与活性炭的细孔结构和细孔分布有关。细孔构造随原料、活化方法、活化条件不同而异，一般可以根据细孔半径的大小分为三种：大微孔，半径 100 ~ 10 000 nm；过渡孔，半径 2 ~ 100 nm；小微孔，半径小于 2 nm。一般活性炭的小微孔容积约 0.15 ~ 0.90 mL/g，其表面积占总面积的95%以上，对吸附量的影响最大，与其他吸附剂相比，具有小微孔特别发达的特征；过渡孔的容积约 0.02 ~ 0.10 mL/g，其表面积通常不超过总表面积的5%；大微孔容积约 0.2 ~ 0.5 mL/g，其表面积仅有 0.5 ~ 5 m^2/g，对于液相物理吸附，大微孔的作用不大，但作为触媒载体时，大微孔的作用甚为显著。

活性炭的性质受多种因素的影响，不同的原料、不同的活化方法和条件，制得的活性炭的细孔半径也不同，表面积所占比例也不同。

活性炭的细孔分布如图 7.10 所示。

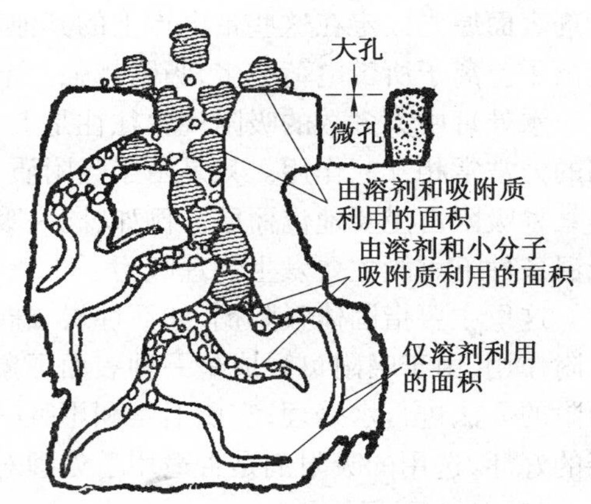

图 7.10 活性炭的细孔分布及作用模式

（1）活性炭表面化学性质

活性炭表面化学性质包括：

①活性炭的元素组成。活性炭的吸附特性，不仅受细孔结构而且受活性炭表面化学性质的影响。在组成活性炭的元素中，炭占 70% ~95%，此外还含有两种混合物，一是由于原料中本来就存在炭化过程中不完全炭化而残留在活性炭结构中，或在活化时以化学键结合的氧和氢。另一种是灰分，构成活性炭的无机部分。灰分的含量及组成与活性炭的种类有关，椰壳炭的灰分在3%左右，煤质炭的灰分高达20% ~30%。活性炭的灰分对活性炭吸附水溶液中有些电解质和非电解质有催化作用。活性炭含硫较低，活化质量好的炭不应检出硫化物，氮的含量极微。

②表面氧化物。活性炭中氢和氧的存在对活性炭的吸附及其特性有很大的影响。在炭化及活化的过程中，由于氢和氧与碳以化学键结合使活性炭的表面上有各种有机官能团形式的氧化物及碳氢化物，这些氧化物使活性炭与吸附质分子发生化学作用，显示出活性炭的选择吸附性，这些有机官能团有羧基、酚性氢基、醌型碳基、醚、酯、荧光黄型的内酯、碳酸无水物、环状过氧化物等。

活性炭在活化和后处理（酸洗或碱洗）的过程中，使活性炭表面带有在水溶液中呈酸性或碱性的化合物。在液相吸附时，可以改变溶液的 pH 值。活性炭在后处理时对酸、碱的吸附量，与活化温度有密切的关系。

(2)活性炭水处理的特点

①活性炭对水中有机物有较强的吸附特性。由于活性炭具有发达的细孔结构和巨大的比表面积,所以对水中溶解的有机污染物,如苯类化合物、酚类化合物、石油及石油产品等具有较强的吸附能力,而且对用生物法和其他化学法难以去除的有机污染物,如色度、异臭、亚甲蓝表面活性物质、除草剂、杀虫剂、农药、合成洗涤剂、合成染料、胺类化合物,及许多人工合成的有机化合物等都有较好的去除效果。

②活性炭对水质、水温及水量的变化有较强的适应能力。对同一种有机污染物的污水,活性炭在高浓度或低浓度时都有较好的去除效果。

③活性炭水处理装置占地面积小,易于自动控制,运转管理简单。

④活性炭对某些重金属化合物也有较强的吸附能力,如汞、铅、铁、镍、铬、锌、钴等,所以,活性炭在电镀废水、冶炼废水处理中也有很好的效果。

⑤饱和炭可经再生后重复使用,不产生二次污染。

⑥可回收有用物质,如处理高浓度含酚废水,用碱再生后可回收酚钠盐。

活性炭是目前水处理中应用最为广泛的吸附剂。粉状活性炭吸附能力强,易制备,成本低,但再生困难,不易重复使用;粒状活性炭吸附能力低于粉状活性炭,生产成本也较高,但工艺操作简便,再生后可重复使用,故在实际中使用量较大。

纤维活性炭是一种新型高效的吸附材料,它将有机碳纤维经过活化处理后制成,具有发达的微孔结构和巨大的表面积,并拥有众多的官能团,其吸附性能远远超过目前的普通活性炭,但对制造的原料要求较高,工艺过程也较为严格。

2. 树脂吸附剂

树脂吸附剂又称吸附树脂,是一种人工合成的有机材料制造的新型有机吸附剂。它具有立体网状结构,微观上呈多孔海绵状,具有良好的物理化学性能,在150 ℃下使用不熔化、不变形,耐酸耐碱,不溶于一般溶剂,比表面积达800 m^2/g。

按吸附树脂的特性,可以将其划分为非极性、弱极性、极性和强极性四种类型。吸附树脂的制造过程中,其结构特性可以较容易地进行人为控制,例如,可以根据吸附质的特性要求,设计特殊的专用树脂,但价格较高。

吸附树脂是在水处理中有发展前途的一种新型吸附剂,具有选择性好、稳定性高、应用范围广泛等特点,吸附能力接近活性炭,比活性炭更易再生。在应用上,其性能介于活性炭与离子交换树脂之间,适用于微溶于水、极易溶于有机溶剂、相对分子质量略大且带有极性的有机物的吸附处理,例如脱色、脱酚和除油等。

3. 腐殖酸类吸附剂

腐殖酸是一组具有芳香结构、性质相似的酸性物质的复合混合物。腐殖酸的结构单元中含有大量的活性基团,包括酚基、羧基、醇基、甲氧基、羰基、醌基、胺基和磺酸基等。腐殖酸对阳离子的吸附性能,由上述活性基团决定。

作为吸附剂使用的腐殖酸类物质有两类:一类是直接或经简单处理后用作吸附剂的天然富含腐殖酸的物质,如泥煤、风化煤、褐煤等;另一类是将富含腐殖酸的物质用适当的黏合剂制备腐殖酸系树脂,造粒成型后应用。

腐殖酸类物质能吸附污水中的多种金属离子,尤其是重金属和放射性离子,吸附率达90% ~99%。腐殖酸对阳离子的吸附净化过程包括离子交换、螯合、表面吸附、凝聚等作用,既有化学吸附,也有物理吸附。金属离子的存在形态不同,吸附净化的效果也不同。当金属离子浓度高时，离子交换占主导地位；当金属离子浓度低时，以螯合作用为主。

腐殖酸物质吸附饱和后，再生较为容易。但应用中存在吸附容量不高、机械强度低、pH值范围窄等问题，还需要进一步的研究处理。

7.3 传统净水工艺升级改造

目标净水厂进水水质为具有低温、低浊、低碱度、低硬度、高色、富含有机物特征的高稳定水，导致水厂在实际运行中存在混凝剂投量大、絮凝池絮凝效果不佳、沉淀池沉淀效果较差的问题。

本节以寒区某大型湖库水源净水厂为例分别介绍絮凝池、沉淀池、滤池改造方案。

7.3.1 絮凝过程改造

在不改变工艺性质的前提下，开发出了网格机械搅拌絮凝池强化混凝技术，具体为在现有水平式机械搅拌絮凝池的搅拌桨叶上增加细网格，使能量更均匀地作用于水体，利用细网格旋转时产生的微涡旋促进密实絮体颗粒的形成的一种强化混凝技术，相比于原有设计方案，该技术仅在混凝段浆板上增加网格，其改造费用低，对系统参数影响小，同时能够显著地提高轴功率效率，提高混凝效果，根据研究发现，带格网搅拌桨混凝效果均好于不带格网搅拌桨的效果，确定最优格网尺寸为 5 ~ 8 mm，改造后可节药 10% ~15%，且在水温越低时，在搅拌桨上增加网格其强化絮凝效果更明显。

进行改造的一组工艺又平行分为两个絮凝池，如图 7.11 所示，每个絮凝池为三级串联，每级均分为三格；相应的搅拌桨根据絮凝池的布置也分为三级，每级分为三格，每格四个搅拌桨，每个搅拌桨宽 1.95 m，长 6.3 m。

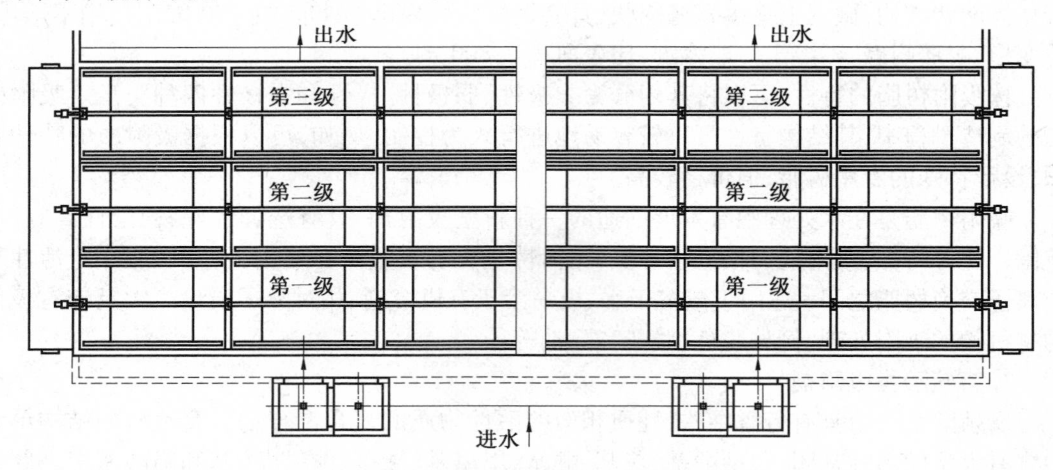

图 7.11　三级机械絮凝池平面图

采用丝径 1 mm，网格尺寸 40 mm×40 mm 的不锈钢网改造后，第一级絮凝池所需电机功率由原来的 1.86 kW（计算值）变为 1.96 kW（计算值），功率增加 0.1 kW，增幅 5.75%，将搅拌桨转速由 3 r/min 降低为 2.945 r/min 可保证功率不增加；第二级絮凝池所需电机功率由原来的 0.55 kW（计算值）变为 0.58 kW（计算值），功率增加 0.03 kW，增幅 5.75%，将搅拌桨转速由 2 r/min 降低为 1.963 r/min 可保证功率不增加。根据长期监测发现，改造后投药量明显降低，且出水水质及其稳定性显著提高。

7.3.2　沉淀池改造

目前，该净水厂所采用的沉淀池为异向流斜管沉淀池，其单元结构如图7.12所示。

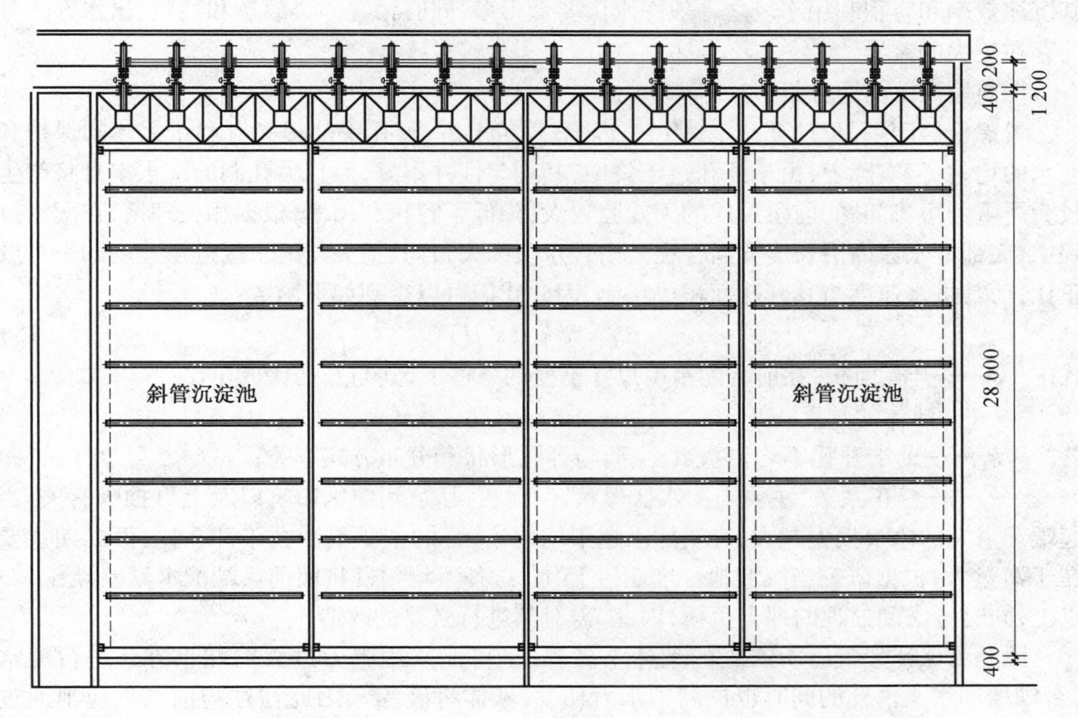

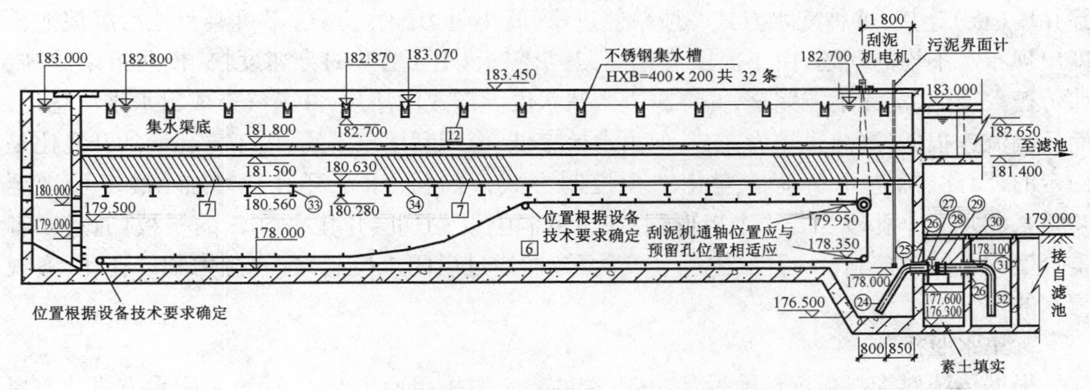

图7.12　磨盘山净水厂异向流斜管沉淀池工艺图

单池设计流量 $q=0.67\ m^3/s$，沉淀池清水区上升流速度1.2 mm/s。单池尺寸为 $L\times B\times H=28.0\ m\times20.2\ m\times5.45\ m$，有效水深5.0 m。池体竖向由污泥区、布水区、斜管区、清水区及超高组成，设计清水区高1.5 m，斜管区高0.87 m，布水区高1.5 m，排泥区高1.13 m，超高0.45 m。

斜管采用 $\phi30$ 的乙丙共聚蜂窝斜管；在每座沉淀池内设有非金属链条水下刮泥机2台，并设调速装置，根据原水浊度控制刮泥机的转速；同时，池内设有排泥阀、污泥界面计等配套辅助设备及仪表。设计沉淀池出水浊度为2NTU，设计排泥量为 $Q=163\ m^3/h$，排泥含水率为99.7%，排泥按时间控制，并由污泥界面计控制开始排泥时间，同时提供按时间排泥条件。

在日常使用中，异向流斜管沉淀池的运行基本正常，但由于前期设计思想仍基于浊度控制，因此整个沉淀池工艺参数有一定的出入，且虽然沉淀池的出水浊度并未高于2NTU，但其沉淀效率和容积利用率较之一般净水厂要低得多，同时污泥的排放量和性质、出水方式等均存在较大的差异。

1. 前段配水问题分析

考虑检修问题，设计开孔率达15%以上，理论上讲，开孔率的提高有利于絮体的保护和配水的均匀，但实际上，由于开孔过于集中，其均匀性并不好，而且大孔洞的配水本身将产生较为严重的短流问题，前段形成的无效腔较大，降低了容积利用率，根据相关理论，在配水过程中，底部配水区内沿长度方向存在着沿程水头损失，且其损失与配水区进水速度的平方成正比，而其进水速度与其开孔面积成正比，因此我们可以得到如下函数：

$$\Delta h = k_1 k_2 f(s^2, l) \tag{7.15}$$

式中　s——开孔面积，在前端配水墙尺寸不变的条件下，其与开孔比成正比；

l——池体的长度；

k_1——前端开孔不均匀系数，主要与开孔形状和分布方式有关；

k_2——修正系数，主要与配水区形状、刮泥板设置、污泥区影响以及上方抽吸有关，当起端和末端的水头损失越大，表明配水越不均匀，一区的主要限制在于开孔比，而二期主要在于k_1过大，根据研究当沉淀池长度超过15 m，这种不均匀性将使前后端配水量差异在1/3以上，同时考虑到处理的冲击负荷，因此，需对其进行必要的改造。

因此为保证絮凝后所产生的絮体不破碎，不可能采用阻力过大的配水方式进行配水（否则增加水头消耗的同时也提高了水力梯度，絮体将破碎），因此往往与前端反应池通过穿孔墙（板）连接，这种配水方式一般单侧进水，属小阻力配水方式，不可避免地沿沉淀池长度出现布水不均的问题，由于前段流速高，其沿斜板（管）上升的分速度快，板间雷诺数高，弗劳德数降低，沉淀不能完全，并穿越进入清水区上形成泥渣层，并最终造成出水水质恶化，而后端流速很低，沉淀虽较为充分，但出水效率低，容积利用率不高，由于穿孔墙的开孔比是固定的，因此，随进水负荷的变化缺少控制方式，现将配水墙开孔比增加（最多可增至40%），将均布小孔改为若干个矩形洞，在矩形洞上设置双层开孔率50%的栅板，通过二者重合度的不同来控制（一个为固定，一个为移动，通过启闭机控制）配水阻力和开孔比，实现配水的均匀。

2. 集水堰控制

根据传统斜管斜板沉淀池设计，其上端的集水堰采用均布形式，而这一配水方式的前提是清水区上升流速的绝对均匀，但实际上当沉淀池纵向长度超过15 m之后，这种均匀是不可能存在的，因此，不可避免地带来了前段单位堰长负荷高后端负荷低的问题，实际上，在工程中这一问题更为严重，由于高负荷工作条件下其存在着较为严重的抽吸作用，其出水量差异被进一步放大，其前后端出水量差异可达6倍，并造成出水水质差别较大。从表观上来看，如图7.13所示，前段污泥层已逼近出水堰，而后段斜管上几无漂浮物，同时检测发现，当前段出水堰絮体密度较小，结构松散，可沉淀性差（30 min沉降比，前后差异在1倍以上），同时在其大量流失的情况下，出水存在漏铝的问题，此外，其还可能造成出水有机成分增加，导致消毒副产物超标等问题。

由此对堰的分配问题和出水符合的控制，其理论依据主要为以下两点：

①合理分配出水负荷，提高出水稳定性，对于传统堰的单位长度出水量计算方法进行修

图 7.13　沉淀池出水前后对比图

正,将现有斜管斜板沉淀池出水方式进行改造,即降低前端出水堰长(或取消前段出水),从而保证以后端出水为主的优化运行模式。

②根据不同沉淀区域,合理调节斜管上清水区高度(依靠堰的高度升降),拟合实际水力流线,保证各个沉降点总沉降时间相同以及出水均匀,减轻底部配水不均匀所导致的上升流速差异影响。

具体改造应侧重于堰板的调节方式选择和流量控制调节,从前期的实践情况来看主要有三点:

①对于堰口阻力调节。

②对于不同堰板出水高度调节(建议增加前段升降梁或卡槽)。

③对于坡度的调节。

7.3.3　翻板阀滤池改造

1. 某净水厂翻板阀滤池使用经验

翻板滤池又叫苏尔寿滤池,是瑞士苏尔寿(Sulzer)公司下属工程部(现瑞士 VATECH-WABAG Wintert hur)的研究成果。所谓“翻板”是因为该型滤池的反冲洗排水舌阀(板)在工作过程中是在 0 ~ 90°范围内来回翻转的。目前世界上已有 300 多家水厂采用苏尔寿滤池,主要分布在欧洲。在亚洲,昆明自来水集团有限公司七水厂(昆明七水厂)、香港大浦水厂以及寒区某净水厂(一、二期)均有应用。

翻板滤池通常采用双层滤料形式,滤层厚度常大于 1.2 m,承托层采用“粗 — 细 — 粗”的砾石分层方式,承托层厚度可达 0.45 m。翻板阀滤池的配水系统属于中(小)阻力配水系统,采用独特的上下双层配气配水层形式,由横向配水管、竖向配水管和竖向配气管组成。过滤时,翻板阀滤池水流为下向流,滤后清水通过底部清水区进入清水管中流出,由于滤层含污能力强,因此,过滤周期可达 36 h 以上。反冲洗时,翻板阀滤池采用闭阀冲洗方式,冲洗过程分为气冲+气水联冲+水冲、单独水冲两大阶段。无论水冲、气冲时都不向外排水,一个反冲洗阶段结束后,静止数十秒后再排水,在这段时间内滤料与反冲洗水经沉淀分离,可以有效地防止滤料流失。

寒区某净水厂翻板滤池采用的设计运行参数见表 7.3,在实际运行过程中,进水色度小于 30°,出水浊度小于 15°,滤速 6 ~ 7 m/h,过滤周期 48 h,反冲洗水量小于 6 100 m^3/h。

表 7.3　寒区某净水厂翻板滤池设计运行参数

序号	名称	计算方式	数量	单位
1	滤池总格数			
	系列数	$X=$	4	
	每系列格数	$X'=$	6	个滤池
	滤池总个数	$N=$	24	个
2	单格滤池流量	$Q'=Q/N$	804.69	m^3/h
	设计滤速	$V=$	7.0	m/h
	滤池每日工作时间	$T_1=$	24	h
	冲洗周期	$T_2=$	36	h
	同时冲洗滤池数	$N'=$	1	个
	单独气洗时间	$t_{1气}=$	3	min
	气水同时洗时间	$t_2=$	5	min
	单独水洗时间	$t_{3水}=$	3	min
	反冲洗时间	$t_{反}=$	16	min
3	每个滤池每天实际过滤时间	$T_3=T_1-t_{反}/60\times T_1/T_2=$	23.82	h
4	每个滤池有效表面积	$F=Q'/V=$	114.96	m^2
5	单池有效宽	$B_1=$	8	m
	单池有效长	$L_1=F/B_1=$	14.37	m
6	取长		14.50	m
	每个滤池实际宽度	$B_2=B_1=$	8.0	m
7	实际有效过滤面积	$F=$	116.0	m^2
8	实际滤速	$V_{实}=Q'\times T_1/T_3/F=$	6.99	m/h
9	强制滤速	$V_{强}=V_{实}\times N/(N-N')=$	7.29	m/h
10	水洗强度		57	$m^3/h\cdot m^2$
11	反冲洗水流量		6 612.00	m^3/h
12	反冲洗水量		110.2	m^3
13	占滤池高度		0.95	m
14	前两段水冲占滤池高度		1.99	m
15	排水后再冲洗 2 min		2.00	min
16	反冲洗水量		220.40	m^3

2. 滤池改造经验

与传统净水工艺不同的是寒区湖库型水体滤池工作参数具有显著的不同，尽管前段进水负荷很低，但寒区滤池的滤速往往很低，这主要考虑到前段沉淀絮体未能完全沉淀（絮体粒径多为 10 ~100 μm 之间）而进行必要的截留所致，考虑到城市用水量巨大，水源单一，因此单池设计面积往往接近或超过设计规范的极限要求，在这一情况下，采用原有诸如普通快滤池、重力无阀滤池、虹吸滤池、移动罩滤池等应用都受到了限制。目前比较成功的案例是以改进型的普通快滤池（多为均质滤料）、V 型滤池为主，但从经济和安全性角度而言存在着一定的缺陷，主要表现为：

①滤后水稳定性不高。

②反冲洗效果不佳。

③滤池内易于产生泡沫以及藻类。

以上问题的主因在于滤池内污染物质难以完全输出，而单纯增加冲洗强度效果不佳，且经济性不好，而增加表面冲洗，或采用类似翻板阀滤池这种抽吸形式可以在一定程度上缓解这些影响。

3. 翻板阀滤池水击现象及机制分析及解决案例

水击是管道中液体瞬变流动中的一种压力波，它的产生是由于管道中某一截面液体流速发生了改变。这种改变可能是正常的流量调节，或者是事故而使流量堵截，从而使该处压力产生一个突然的跃升或下跌，这个压力的瞬变波称为水击。寒区某净水厂二期翻板滤池调试阶段，在反冲洗第三阶段，第一次水洗闭阀后，发现产生严重的水击现象，具体表征为：滤池水位达到最高液位后，关闭阀门，此时连接管段和阀门产生强烈的震动，并产生噪声，具有典型的水击特征，同时通过工况曲线分析，我们发现，该点流量出现异动，流量曲线不再平滑向下，而是产生锯齿型波段，这意味着，闭阀过程中存在水击水流的干扰。该现象的产生，给水厂的运行带来了严重的安全隐患，严重时甚至造成阀门的损坏和局部的破裂。

根据翻板滤池工作过程所产生的水击现象，经试验研究发现如反冲洗过程无水击，则流量监控曲线平滑，流量变化过程符合理论值，如图 7.14(a)所示，如产生水击现象则流量变化曲线出现锯齿，如图 7.14(b)所示，其锯齿峰产生点与主峰相分离，经分析，这主要是因为流量监测点较远，压力传输过程延迟所造成的。反冲洗过程将造成闭阀后流量的异常，这是相关管道和阀门工作压力异常变化的结果。

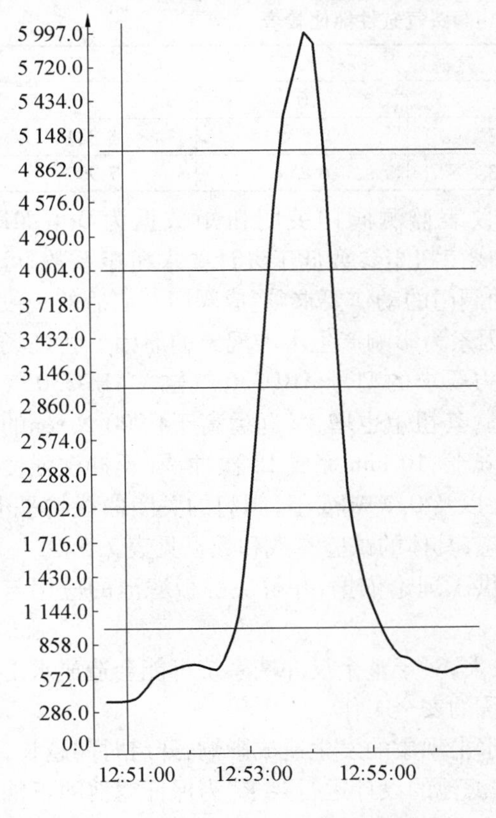

(a) 反冲洗无水击流量变化图

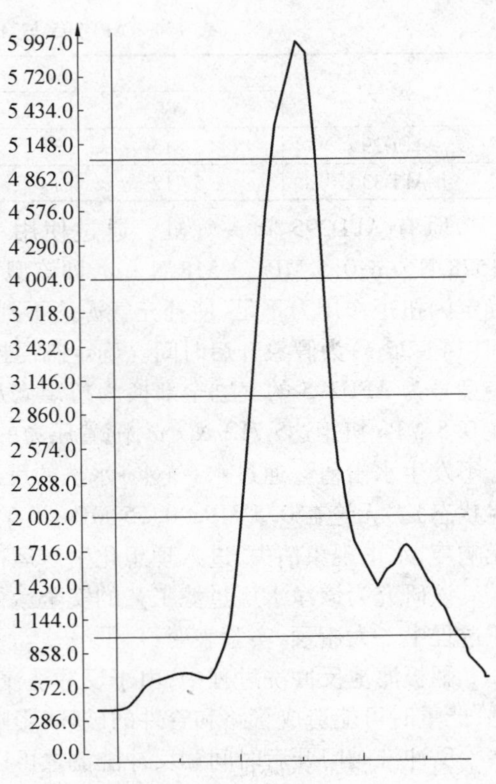

(b) 反冲洗水击流量变化图

图 7.14　反冲洗水击前后流量变化图

依据这一结果，课题组分析，将有四点原因可能会造成以上后果：

①阀门的关闭过短。

②反冲洗流量过大。

③气动管路压力。

④阀门扭矩。

针对关闭阀门时间问题，在相同流量、相同压力、不同关阀时间的情况下分别进行反冲洗试验。通过两次实验发现，在冲洗流量较高时，无论开启时间为 30 s 还是 60 s 水击现象依旧发生，因此可以判定这一因素不是产生水击现象的主要因素。而后针对反冲洗流量过大要因在相同压力、相同关阀时间、不同流量的情况下分别进行研究发现，冲洗流量与水击现象的发生有直接的联系，当反冲洗流量达到一定水平后，水击现象开始发生，且增加继续反冲洗流量将使水击作用增强，由此可知，如在实际工程中合理地降低反冲洗流量是可以保证整个系统安全工作的（不产生水击现象）。但由于滤池工作的需要，在反冲洗时，往往需要较大的流量，否则将导致反冲洗不彻底、工作周期缩短、滤层阻力增加等问题。因此，在实际翻板滤池的运行管理过程中，不能通过简单的降低流量作为解决水击问题的方法。

针对气动管路压力不足问题在相同压力、不同流量、相同关阀时间的情况下分别更换型号为 APD330 的阀头气缸，进行反冲洗试验。APD295（原有）和 APD330 阀头的性能对比见表 7.4。

表 7.4　APD295 与 APD330 阀头气缸性能比较表

型号	气源压力/bar			
	5	5.5	6	7
APD295	3 815	4 197	4 578	5 341
APD330	5 712	6 283	6 854	7 997

原有 APD295 阀头气缸。通过使用在线仪表监测阀门关闭扭矩数据为 0.6 MPa，4 578 N · m；0.5 MPa，3 518 N · m，即该型号的阀门扭矩参数低于设计要求扭矩系数，可以确定因扭矩作用力不足，使补充气源达不到气动阀门的动作要求，造成阀门开启后的一段时间（14 ~25 s）为假象开启时间。确定阀门扭矩因素为影响产生水击现象的原因。将现场安装型号为 APD295 的气缸全部换为扭矩满足压力要求的型号 ABD330 气缸。ABD330 气缸在 0.5 MPa 扭矩达5 712 N · m，随着压力的增高，其扭矩也增大，远远高于4 900 N · m的理论不发生水击值。通过水+气水+水洗的反冲洗试验，10 min 完成 18 次冲洗（反冲洗强度临界状态）。无论在 0.5 MPa、0.55 MPa、0.6 MPa 以及 0.7 MPa 下，阀门的关闭曲线均平滑，无响声，水击现象消失，进入理想化生产运行状态，具体的试验参数和数据见表 7.5。

该研究为该净水厂过滤工艺的安全运行提供了理论依据，并解决翻板滤池的应用与推广过程中一大瓶颈，实验表明：

翻板滤池反冲洗过程中，由于反冲洗流量较大，对于整个反冲洗系统可能会造成水击问题，严重时可能造成管路和管件的破坏，影响系统的安全工作。

反冲洗阀门开启时间和反冲洗流量可以对水击现象的发生造成影响，开启时间越长，反冲洗流量降低，均会造成水击现象减弱。但根据滤池的设计运行要求，为保证滤池的正常反冲洗效果，这两种方法均不可行，因此其不能作为水击问题解决的途径。

表7.5　试验数据汇总表

	设计值	试验值	实际值	效果/结论
阀门关闭时间	小于15 s	30 s	45 s	增大关闭时间有利于消除水击现象
		60 s		
反冲洗流量	6 600 m^3/h	4 100 m^3/h	6 100 m^3/h	设计流量过大,需要阀门关闭时间过短,调整流量后,关闭时间和冲洗强度都可满足要求
		5 100 m^3/h		
		5 400 m^3/h		
气动管路压力	0.6 MPa	0.5 MPa	0.5～0.7 MPa	阀门扭矩产生影响
		0.7 MPa		
阀门扭矩	4 900	4 600	5 700～6 800	
		4 900		
		5 800		

根据阀头气缸的更换后所做的大量实验表明,原APD295气缸在0.5 MPa、0.55 MPa、0.6 MPa下产生水击问题,而在0.7 MPa下不产生水击问题,APD330气缸在0.5 MPa、0.55 MPa、0.6 MPa以及0.7 MPa下均不产生水击问题,而气缸的各个工作压力的不同,实质上是气缸扭矩的不同,根据实际计算发现当阀门扭矩大于4 900 N·m时理论上将不发生水击现象,根据两种气缸的性能比较发现,APD295气缸在0.7 MPa下,APD330气缸在0.5 MPa、0.55 MPa、0.6 MPa以及0.7 MPa下的扭矩值均远高于这一理论值,因此可以确定造成水击问题的主要原因在于阀头气缸的扭矩不足。

第8章　寒区湖库型水源水净水厂节能减排

节能减排政策是我国提倡可持续发展战略的关键点，净水厂生产过程中也要尽可能满足节能减排的政策要求，水厂能耗主要集中在电能、药剂消耗和生产过程中的自用水率等部分，以下我们分别从重力流节能、变频泵节能、泵站供水方案、净水厂节药及排泥水、反冲洗水回用等方面介绍净水厂实际节能方法和实施效果。

8.1　寒区湖库型水源水净水厂节能、降耗

水厂取送水用电量占全水厂用电的比重非常大，而用电量在水厂生产成本中占70%左右，所以如何使水厂耗电量最低，是水厂节能的重要途径。

8.1.1　重力流节能

重力流是一种比较理想的供水方式，它有省电、节能、投资少、成本低、运行管理简单、方便等优点。重力流供水是指在没有压力的情况下，完全依靠排水管道的倾斜坡度（高差）重力自流。简言之，就是水在没有人为的动力下，由上而下地流动。

选用重力流输水的基本条件就是要有一定的地势高差，这个地形高差要满足输水管道沿线各处构筑物的水头损失需要，并直接进入蓄水池，且其重力流输水管道的末端，还需要一定的自由水头，这时的地形差还需要大一些，即地形坡度要等于或大于输水水力坡度。

常规的供水过程主要由三部分组成，即取水工程、净水工程、送水工程。常规供水工程工艺流程如图8.1所示。

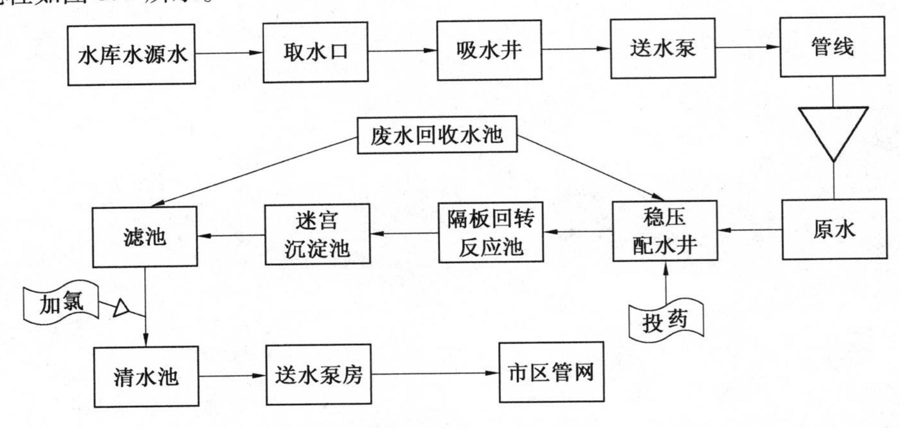

图8.1　常规供水工程工艺流程图

采用重力流之后，其工艺流程如图8.2所示。

从图上可以看出，该水厂充分利用水库水头，完善配水方案，实施从水库到净水厂全部采用重力流输送水资源。水厂向市区送水部分也采用重力配水，完成靠自流输水的省电节能。

重力流节能表现为：

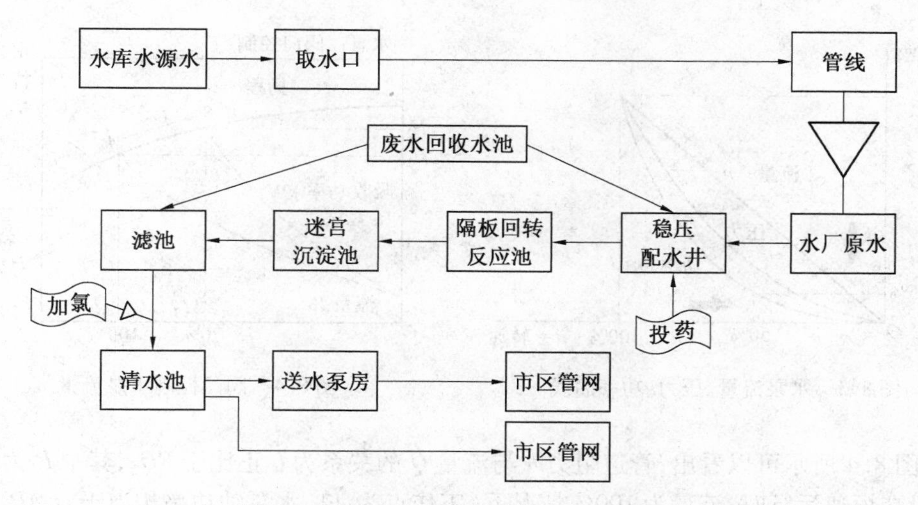

图 8.2　采用重力流供水工程工艺流程图

(1) 减少购买设备的成本

重力流减少了吸水井、取水泵站等工程项目,简化了工艺流程,节省了购买吸水泵、送水泵及高压断路器及其附带低压电气设备的费用。

(2) 节省送水的用电成本

传统的送水方式是采用电机水泵把水加压,然后经管道把水输送给水厂或用户,是把电能转换成机械能,再把机械能转换成水的动能。采用重力流供水是利用现有的地形落差,不需要改造,把水本身具有的重力势能转换成水的动能。

(3) 减少设备管理费用

因为少用了电气设备,所以减少了设备维护成本和人员检查巡视的管理成本。

8.1.2　采用变频泵节能

应用于水泵等设备的传统方法是通过调节出口或入口的挡板、阀门开度来控制给水量,其输出功率大量消耗在挡板、阀门的截流过程中。另外,由于在通常的设计中为了满足峰值需求,水泵选型的富裕量往往过大,也造成了不应有的浪费。根据水泵类的转矩特性,采用变频调速器来调节流量,将大大节约电能。

水泵的节能计算过程比较复杂,由于水泵的净扬程一般都不为零,故其流量、扬程和轴功率与转速的关系要在做出各工况点的相似抛物线,并求出各工矿点的转速后,才可用比例定律进行计算。水泵消耗的电功率也可用比例定律计算。在进行节能计算时要用流量作为依据,全流量轴功率采用实际水泵系统的轴功率进行计算。并要注意在计算节电率时使用的比较电功率,应为采用阀门调节时相同流量下水泵实际消耗的电功率。在相同流量百分比时,不同的净扬程、轴功率,其节电率也不尽相同。

下面以某水泵为例来说明,假设水泵净扬程为零,如图 8.3 所示:流量 Q 正比于转速 n,压力 H 正比于 n^2,转矩 T 正比于 n^2,功率 P 正比于 n^3。

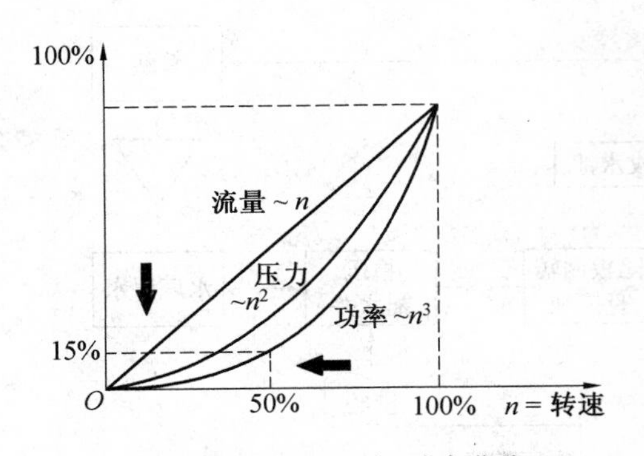

图 8.3　水泵流量、压力、功率曲线

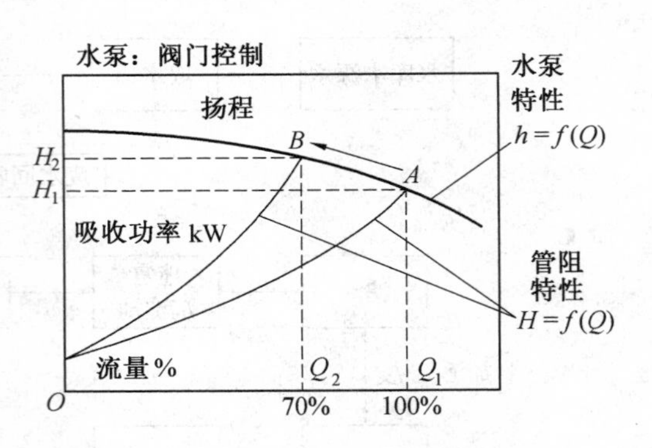

图 8.4　阀门控制水泵流量

如图 8.4 所示可以看出，管道阻力 h 与流量 Q 的关系为 h 正比于 RQ_2，其中 R 为阻力系数；电机在恒速运行时，流量为 100% 情况下（工作点为 A），水泵轴功率相当于 Q_1AH_1O 所包围的面积。电机在恒速运行时，采取调节阀门的办法获得 70% 的流量（工作点为 B），将导致管阻增大，水泵轴功率相当于 Q_2BH_2O 所包围的面积，所以轴功率下降不大。采用变频器调速控制流量时，由于管道特性没有改变，水泵特性发生变化（工作点为 C），轴功率与 Q_2CH_3O 所包围的面积成正比。故其节能量与 CBH_2H_3 所包围的面积成正比，输入功率大大减小，如图 8.5 所示。

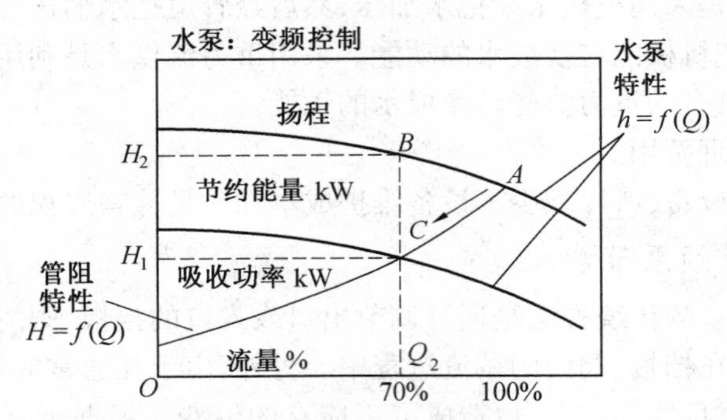

图 8.5　变频调节水泵流量

采用变频器进行调速，当流量下降到 80% 时，转速也下降到 80%，而轴功率 N 将下降到额定功率的 51.2%，如果流量下降到 60%，轴功率 N 可下降到额定功率的 21.6%，当然还需要考虑由于转速降低会引起的效率降低及附加控制装置的效率影响等。

1. 水泵节能的计算

根据 GB12497 对电机经济运行管理的规定有如下的计算公式。

采用挡板调节流量对应电动机输入功率 P_{1V} 与流量 Q 的关系为

$$P_{1V} \approx [0.45+0.55(Q/Q_N)^2]P_{1e} \tag{8.1}$$

式中　P_{1e}——额定流量时电动机输入功率，kW；

Q_N——额定流量。

2. 应用实例

某水厂离心泵 500 kW，电机 4 极、实际用水量为 0.6～0.7，准备改造为变频器驱动，估算节电率和投资回收期。

由式(8.1)得

$$P_{1V}=(0.45+0.55\times0.65^2)\times245=0.6428\times245=157\ (\mathrm{kW})$$

采取阀门调节流量时水泵所需的轴功率为 157 kW,变频器调速器调流量时相对调节阀门调水流量的节电率为 0.6。每天可节能

$$24\times306\times157\times60\%=678\ 240\ (\mathrm{kW\cdot h})\approx67.8(万\ \mathrm{kW\cdot h})$$

年节电费(电价 0.40 元/(kW·h))

$$0.4\times678\ 240\approx27(万元)$$

但是,目前一般的供水系统也都采用了多泵并联运行,大小泵搭配,以及泵的调节等经济运行方式,其运行的经济性也很好,在此基础上进行变频改造其节能潜力已经不是很大了,对于这一点应该有一个清楚的认识,不要过度夸大变频调速的节能效果,否则适得其反!

8.1.3　泵站供水方案节能实例

以寒区(属中温带大陆季风气候,全年气温变化较大,多年平均气温为 3.1 ℃,多年平均降水量为 569 mm)某水厂为例,结合本厂自身特点,对设计泵站机组运行方案进行优化。该水厂泵站共有高压定速泵 4 台、低压定速泵 2 台、高压变频泵 2 台、低压变频泵 2 台,两条管线采用重力流向市区送水。在原有供水模式下存在两个问题:

(1)高低压区不平衡供水

高压区设计使用水泵 4 台,2 台备用,每日流量 14 万 t 远低于设计流量 28 万 t;低压区设计使用水泵 4 台,2 台备用,实际使用 5 台,变频无备用,实际流量 47 万 t 远高于设计流量 33 万 t。

(2)出厂压力不稳定,清水池溢流或低水位

因午后供水量加大,清水池液位下降快,通过对水泵机组进行强制停车,调节水泵机组出水流量,因此清水池调节供水峰谷作用不明显。清水池水位上升较快时未能及时开启水泵,导致过高水位发生溢流,为避免水位较低时出现泵站掉车,采用强制停车,导致管路出现接近负压。每日压力变化如图 8.6 所示。

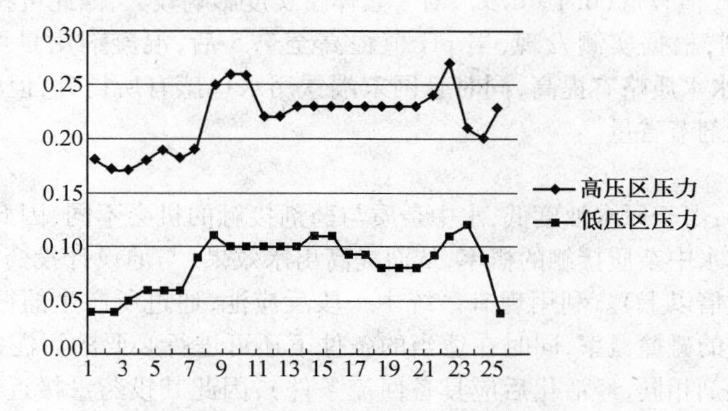

图 8.6　原供水模式管线压力变化图

优化分区技术,通过重新分配出水管路配水方式,启动 1 ~2 台高压泵参与高压区配水,关闭低压区 DN1000 管线出厂阀门,开启厂外低压区 DN1000 与高压区 DN1200 联络阀门,DN1000 管线供水量由高压区 DN1200 进行转输,预计低压区供水量降至 40 万 t,高压区供水量增至 21 万 t,接近设计流量,且通过清水池水位调节进行错峰调谷,保证全天低压区供水压力稳定在 0.1 MPa 以上,提高低压区机组效率。调整后低压区机组 3 台机组开启,3 台机组备用;高压区 3 台机组开启,3 台机组备用,满足安全供水需要。

原有泵组和优化后泵组工况见表8.1和表8.2。

表8.1 原有泵组和优化后泵组压力对比

低压区低扬程泵（$Q=4\ 600\ m^3/h$，$H=24\ m$）	最高日配水量/（万 $m^3 \cdot d^{-1}$）	水泵工作台数	单泵流量/（$m^3 \cdot h^{-1}$）	出厂压力/MPa	备注
优化前	45.52	5	3 793	0.05～0.18	其中2台调速
优化后	41.31	4	4 303	0.15～0.20	其中1台调速

可以看出低压区水泵机组在调节分区优化后，单泵流量已接近4 600 m^3/h 的最佳流量，效率已超过90%，未优化前单泵流量仅为3 793 m^3/h，水泵效率仅为83%，且分区优化后，稳步提高了低压区每日出水压力和平均水压。

表8.2 原有泵组和优化后泵组流量对比

高压区高扬程泵（$Q=3\ 000\ m^3/h$，$H=47m$）	最高日配水量/（万 $m^3 \cdot d^{-1}$）	水泵工作台数	单泵流量/（$m^3 \cdot h^{-1}$）	出厂压力/MPa	备注
高压供水区	13.6	2	2 833	0.18～0.26	无调速
高压供水区	17.81	3	2 474	0.21～0.35	其中1台调速

8.1.4 净水厂节药

根据原水指标，传统混凝理论认为这类原水的理论加药量是非常低的，根据试验发现，原水理论需要量和实际需要量的差值在1倍以上，这主要由于在低剂量投药过程中，由于水中杂质含量低，其接触概率降低，因此，多数混凝剂都浪费在这一传质过程中，亦即所谓的加药增浊。

为此采用两种方案进行了节药：

1. 提高碱度，改善药剂纯度

由于原水pH值较低（6.4～6.9），对于絮体密实度影响较大，因此可在原水（水库内）或混凝前投加碱剂，根据实测发现，当pH值提高至7.5后，混凝剂用量可以明显下降（约5%～10%），出水水质略有提高，同时管网末端饮用水口感有所提升，但根据经济核算，其成本要高于混凝剂节省量。

2. 底泥回流

其原理基于：由于原水浊度低，水中杂质与药剂接触的机会不同，因此在工艺中大量投药可提高药剂与水中杂质接触的概率，从而提高出水效果（与原设计投药量相比，目前投药量为推荐值的2倍以上）。利用现有系统中一段反应池，通过所产生的循环泥渣层来提高药剂和水中杂质的碰撞概率，同时在适当的条件下还可进行必要的污泥回流（其产生的污泥组分几与混凝剂相同，经活化后应具备回流条件），因此其投药量接近于需要量，可以大大节药。回流后出水指标略有改善，同时出水稳定性提高。

8.2 排泥水与反冲洗水及其他工艺排水处理

本节仍以东北地区某寒区水厂为例介绍其排泥水和反冲洗水的处理。

8.2.1 水量核算

净水厂制水过程中将产生约5%的生产废水，根据磨盘山设计处理能力（90万 m^3/d）计算其最大废水量约4.5万 m^3/d，由于在实际生产过程中优化了部分工艺参数，且实际制水量仅为设计值的90%（约80万 m^3/d）。因此水量需重新核算，磨盘山净水厂工艺废水的产生环节为滤池反冲洗废水和沉淀池排泥水两部分，其他工艺环节可忽略不计，根据核算这两部分产生废水量如下。

1. 反冲洗排水量计算

反冲洗排水量计算

$$Q_{反冲洗} = \sum nq_i + q_{漏失} \tag{8.2}$$

式中　q_i——单次反冲洗排水量 $q_i = q_{1i} + q_{2i} + q_{3i} + q_{4i}$；

$q_{1i}, q_{2i}, q_{3i}, q_{4i}$——单次反冲洗滤层上清水排除、气水联合反洗排水、单独水洗排水以及初滤水的量；

$q_{漏失}$——管道漏失的水量。

根据磨盘山水厂现有运行工作状态，滤池供24格，单格滤池每48 h反冲洗一次，每次冲洗时间约半个小时，根据实际生产情况核定反冲洗水单期每日6 000～9 000 m^3。由于反冲洗周期存在优化的可能，在设计中取7 500 m^3/d，由于用水不均匀性较大，时变化系数约为1.2，则设计时处理量为375 m^3/h（单期），两期反冲洗水总量为750 m^3/h。

2. 排泥水排水量计算

$$Q_{排泥} = \sum nq_i + q_{漏失} \tag{8.3}$$

式中　q_i——单次排泥排水量 $q_i = qt$；

q——单位时间排泥管出水量；

t——单次排泥时间；

$q_{漏失}$——管道漏失的水量。

根据磨盘山水厂现有运行工作状态，二期沉淀池共设有64个排泥口，根据实际生产情况核定排泥水水量单期每日10 000～13 000 m^3。在设计中取11 000 m^3/日，时变化系数取1.2，则设计时处理量为550 m^3/h（单期），两期排泥水总量为1 100 m^3/h。

根据近1年多的观察测定，其生产废水总量约为3.5～3.9万 m^3/d。

8.2.2　反冲洗水及排泥水水质

根据实验室分析和生产性试验法发现，反冲洗排水和排泥水水质存在明显的差别，其中反冲洗排水各项感官性指标相对较低，水中杂质沉降性好，短时间内即出现较为明显的泥水分层现象，沉淀后上层水质优化明显，但存在少量肉眼可见的后生动物，底部污泥中具有部分颗粒化无机物质和絮体。

排泥水水质各项指标很差，且极不稳定，其中仅色度变化范围就达200～4 000，且生物量极大，难以直接回用，通过试验发现排泥水各项感官性指标明显高于反冲洗水，水中多为松散絮体，可沉降性极差，在实验室和生产性试验中发现，至少需静沉3～4 h方能出现较为明显的分层情况，沉降后的污泥仍较为松散，容易出现二次混浊问题。

8.2.3　反冲洗水和排泥水处理

对排泥水进行加药比对，发现只有当采用聚丙烯酰胺，且投量在3 mg/L以上时才有明显的效果，这一点使经济上难以承受，且难以保障回用安全。研究发现，污泥不同排水时段沉降性能明显不同。初始沉淀池污泥沉降性能变化显著，其中起始和末端污泥浓度低，沉降性很好，仅需约45～100 min即可达到沉降要求，但最终沉降比略高，絮体有上反现象，而中

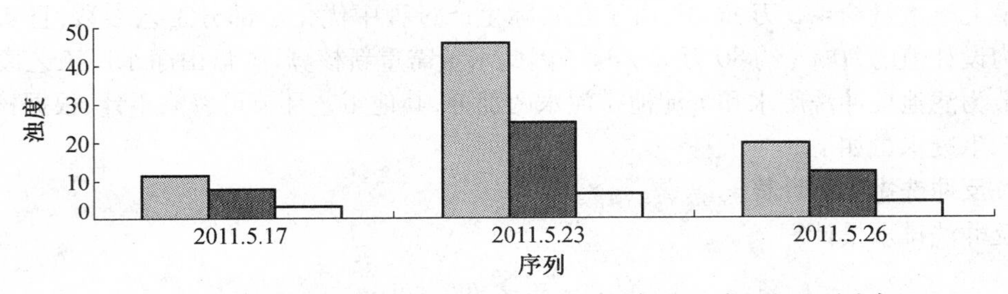

■ 反冲洗水初始浊度 ■ 沉淀 25 min 后浊度 □ 沉淀 30 min 后浊度

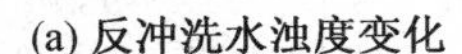

(a) 反冲洗水浊度变化

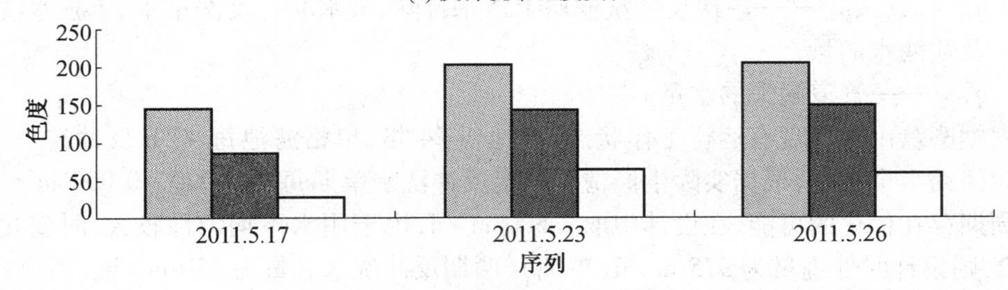

■ 反冲洗水初始色度 ■ 沉淀 25 min 后色度 □ 沉淀 30 min 后色度

(b) 反冲洗水色度变化

高锰酸盐指数
20
15
10
5
0
2011.5.17 2011.5.23 2011.5.26
序列

■ 反冲洗水初始高锰酸盐指数 ■ 沉淀 25 min 后高锰酸盐指数 □ 沉淀 30 min 后高锰酸盐指数

(c) 反冲洗水高锰酸盐指数变化

图 8.7 反冲洗水主要指标变化图

段污泥浓度很高,需要 4 ~6 h 才可完成沉淀,最终沉降比仍高达 50% ~60% 。使用哈尔滨工业大学崔崇威教授课题组流化澄清反应器仅需 45 ~90 min 就可达到沉降要求,且投药量小于 1.5 mg/L,沉降比较低,絮体密实。

对净水厂反冲洗水进行的沉降实验显示,通过考察反冲洗水不同时间的出水水质和沉淀效果发现:其一,反冲洗水感官性指标良好,色度、浊度以及高锰酸盐指数等指标约为原水指标的 3 ~8 倍,但生化指标不甚理想(但无致病微生物);其二,水中存在肉眼可见后生动物,并难以沉降去除;其三,水中杂质多为无机颗粒物质和相对密实的絮体,其密度较大,沉降速度较快,沉淀出较为典型的成层沉淀,静沉 30 min 后泥水比例小于 0.25;其四,多次水样对比发现其水质存在一定的差异性,这主要由于水样采自不同的反冲洗阶段所致,但由于现有反冲洗渠内存在一定的调节作用,因此差异性并不大,在实际生产中应注意保证池体容积;最后,经过长周期沉淀后(沉淀时间大于 2 h),泥水比例最终低于 0.1,但如停留时间过长,微生物将出现增长趋势,同时其产生相关生化反应,可能导致亚硝酸根等超标现象,因此实践中应尽可能保持连续运行。

同时由于反冲洗水沉淀后水中可生化降解物质仍较原水高,因此其生物稳定性相对活跃，水中细菌总数仍处于较高水平，并出现原后生动物，相关微生物种类和性质尚需进一步研究，但通过对其粪大肠杆菌和耐热粪大肠杆菌检测发现，其并不具有致病微生物，因此表明，反冲洗沉后水整体上是安全的。如将其按照小比例投配进入系统后，将不会影响寒区供水水质的安全。

根据试验表明，排泥水水质各项指标很差，且极不稳定，其中仅色度变化范围就达200～4 000，悬浮物浓度约100～2 000 mg/L，且生物量极大，难以直接回用，通过试验发现排泥水各项感官性指标明显高于反冲洗水，水中多为松散絮体，可沉降性极差，在实验室小时和生产性试验中发现，至少需静沉3～4 h方能出现较为明显的分层情况，如达到较为稳定的沉淀效果则需6 h以上，沉降后地步污泥仍较为松散，容易出现二次混浊问题。

根据实验发现，排泥水水质存在明显的阶段性，以及初始排泥和排泥后期（其水量约占总排泥水量的60%），其悬浮物质量浓度低于300 mg/L，沉降性能较好，沉淀时间约为2 h左右，而中间段浓水悬浮物质量浓度普遍高于500 mg/L，沉降性能极差。

对排泥水进行加药比对，发现在中间段浓水只有当采用聚丙烯酰胺，且投量在10 mg/L以上时才有明显的效果，这一点使经济上难以承受，且难以保障回用安全。而初始排泥和排泥后期在少量投加药剂（约2～3 mg/L）时即有良好的沉降效果。而在浓水稀释后，在相同的悬浮物浓度下，其沉降与初期和后期排泥水基本相同，因此基本可以确定其沉降性能与其浓度具有正相关性，实验同时发现在相同的环境参数下，存在最优沉降浓度，当高于或低于这一浓度时沉降性能则会下降，因此如限制进水浓度（可通过稀释和回流）最终可在较短的停留时间内（2～3 h）分离1/3左右的沉淀池排泥水，分离后剩余污染物易于达到固体通量要求，可进行机械脱水。根据对排泥水上清液的水质分析发现，各项水质指标要劣于反冲洗上清液，色度普遍高于30度，浊度也在15NTU以上。

根据相关湖库水源水排泥水处理案例，本书推荐一种高效的排泥水处理工艺，如图8.8所示。

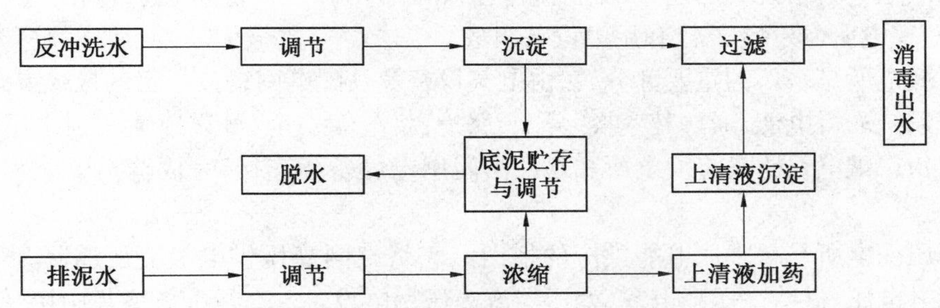

图8.8　推荐水厂反冲洗及排泥水处理工艺图

第9章 寒区净水厂供电

电能是清洁的二次能源，是现代生产的主要能源和动力。电能既可以由其他能源转换而来，也易于转换成其他形式的能源以供应用，电能的输送既简单经济，又便于控制、测量，有利于实现生产控制自动化。

在水行业的发展过程中伴随而来的电力问题日益引起人们的重视，保证安全供电，保证供电的电能质量，保护用电设备和供电线路在规定的参数范围内是安全供水的要求和保障。另外，根据城市供水的需要，在净水、输配水等各个环节上消耗大量的能力，现代的供水企业能源消耗占生产成本的比重非常大，因此，合理地节能降耗，不但能够有效地降低企业成本，而且还符合国家节能减排的要求。

9.1 水厂供配电

供配电系统的主要任务就是用户电能的供应和分配，水厂供配电系统就是将电力系统的电能降压再分配电能到各个生产车间，它由高压配电线路、净水厂降压变电所、车间变压器、低压配电线路及高低压用电设备组成。水厂总降压变电所及供配电系统电能分配是根据各个车间的负荷数量和性质，生产工艺对负荷的要求，以及负荷布局，结合国家供电情况等因素决定的。

9.1.1 水厂供配电系统概述

净水厂是电力系统中的用户，其供配电系统由水厂降压变电所、水厂高压配电所、配电线路、车间变电所（或变压器）和用电设备组成。

水厂变电所是水厂的重要部分，它由电气设备及其配电网络按一定的接线方式所构成，它从电力系统取得电能，通过其变换、分配、保护，将电能安全、可靠地输送到水厂的各个用电车间。水厂配电线路是将变电所和水厂车间用电设备相连接，完成输送电能和分配电能的任务。

总降压变电所是净水厂电能供应的枢纽。它将电网高压供电经变压器降为6～10 kV的高压配电电压，供给高压配电室、变压器或高压用电设备。高压配电室集中接受6～10 kV的电压，再分配到附近各用电车间或高压用电设备。

配电线路分为6～10 kV水厂内高压配电线路和380/220 V低压配电线路。高压配电线路将总降压变电所与高压配电室或高压用电设备连接，低压配电线路将厂区内车间用变压器变换的380/220 V电压送至各低压用电设备。

一般而言，水厂的用电车间主要有稳压井车间、投药车间、加氯车间、净水车间、鼓风机房、污泥脱水车间、废水回收车间、办公楼、变电所、锅炉房以及送水泵房等。水厂用电设备按用途可分为动力用电设备、工艺用电设备、电热用电设备、照明用电设备及自控系统用电设备等。

水厂供配电工作要很好地为水厂生产服务，切实保证水厂生产和生活用电的需要。必须依据的标准是：

《供配电系统设计规范》(GB50052—2009)；

《城镇供水厂运行、维护及安全技术规程》(CJJ58—2009)；

《35 ~ 110 kV 变电所设计规范》(GB50059—92)；

《3 ~ 110 kV 高压配电装置设计规范》(GB50060—2008)；

《10 kV 以下变电所设计规范》(GB50053—94)；

《低压配电系统设计规范》(GB50054—2001)；

《通用用电设备配电设计规范》(GB50055—2001)；

《电力装置的继电器保护和自动装置设计规范》(GB50062—2008)。

国家《城镇供水厂运行、维护及安全技术规程》(CJJ58—2009)对水厂系统配电装置的工业电压与工业负荷、配电系统运行、低配电装置、防雷保护、电力电缆、低电压配电以及室内配电线路、电器照明设备等方面作出了具体规定，在日常使用过程中，应严格按照国家行业运行规范及要求进行操作，绝对禁止违规操作。

例如，寒区某净水厂供配电系统。

图 9.1 所示为寒区某净水厂的配电系统图，电源进线来自电力系统，66 kV 电源进线经厂区内总降压变压器降为 10 kV，然后把经配电线路、车间变压器等设备把电能分配到水厂各车间。

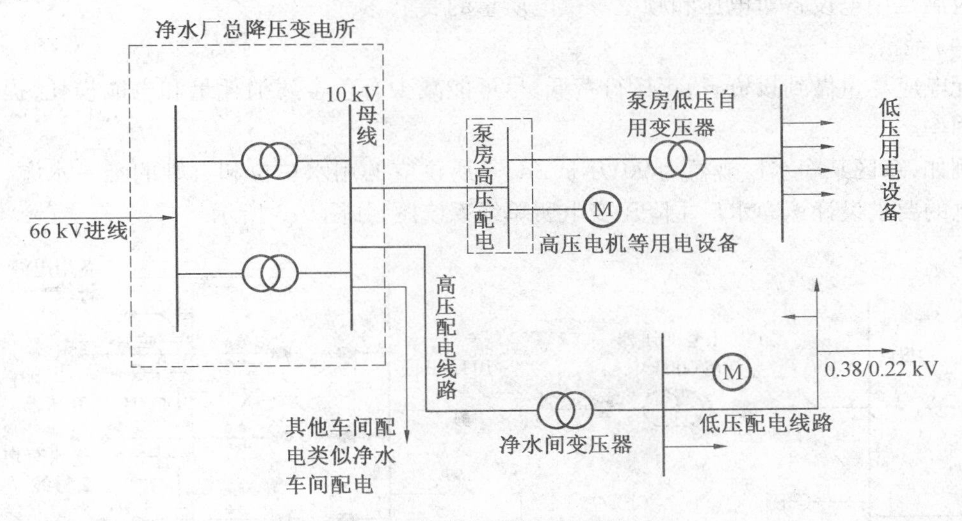

图 9.1　某净水厂供配电系统图

电能从变电所 10 kV 母线经高压配电线路把电能输送到净水间变压器，在净水间再对电能进行分配，一部分电能供净水间电气设备使用，另一部分供净水间照明、计算机等低压用电设备使用。其他车间配电与净水间类似。电能送至送水泵房，在送水泵房采用分段母线形式，再把电能分配给送水泵房各用电设备，其中部分电能经高压开关柜(图 9.2)送给高压水泵电机，部分电能经泵站自用变压器变换为低压电供泵站内照明、蓄电池充电等其他低压电气设备使用。

9.1.2　水厂配电系统要求及原则

供配电的基本要求是：

(1)安全

在电能的供应、分配和使用过程中，不发生人身事故和设备事故。

图 9.2　某净水厂泵站高压配电柜

(2)可靠

应满足用电设备对供电安全性的要求。

(3)优质

应满足用电设备对电压和频率等供电质量的要求。

(4)经济

配电应尽量做到投资省、年运行费低,尽可能减少有色金属消耗量和电能损耗,提高电能利用率。

例如,寒区某净水厂规模为 90 万 m^3/d,是所供应的用水单位和百姓的唯一水源,结合供配电的要求设计该净水厂主降压变电所单线系统图,如图 9.3 所示。

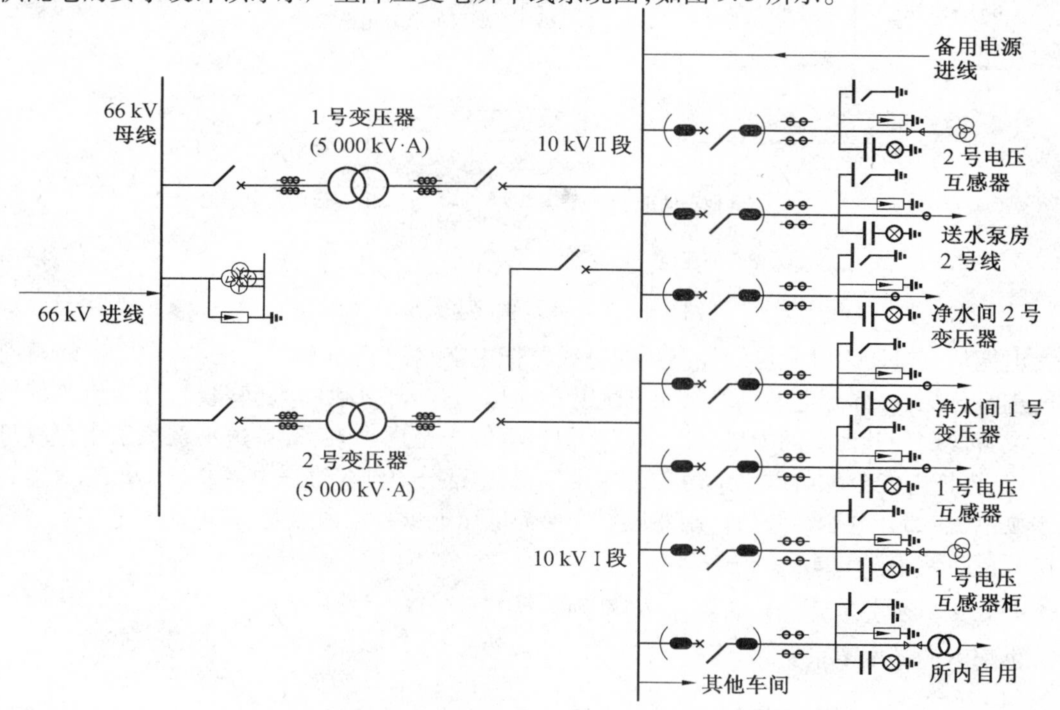

图 9.3　寒区某净水厂变电所单线系统图

水厂配电全部采用成套配电装置。该水厂变电所各路负载器装设了避雷器、接地开关以及采用有明显断开点的收车控制柜等,都体现了水厂供配的电安全性。10 kV 侧采用单母线分段接线,这种接线方式与单母线相比,提高了供电的可靠性和灵活性,两段母线之间用断路器分开,方便检修各段母线,当分段母线任意段发生故障时,在继电保护作用下分段断路器会自动断开,缩小故障的停电范围。备用电源相低压侧母线供电,防止主电源故障而影响生产,这也是水厂供电可靠性的体现。为了提高电能质量和电能利用率,该水厂配置装设电压互感器来抑制电网谐波提高功率因数。另外,在满足安全、可靠、优质电能的情况下,我们要尽量采用节能、投资少的设备,在设计供配电系统时,其4个基本要求要综合考虑:

①供配电系统设计必须从全局出发,统筹兼顾,按照负荷性质、用电容量、工程特点和地区供电条件,合理确定设计方案。

②供配电系统设计应根据工程特点、规模和发展规划,做到远近期结合,以近期为主。

③配电系统设计应采用符合国家现行有关标准的效率高、能耗低、性能先进的电气产品。

④供配电系统设计除应遵守本规范外,还应符合国家现行的有关标准和规范的规定。

9.1.3　电能的质量标准

电能的质量是指电压质量、频率质量和供电可靠性3个方面。

1. 电压质量

电压质量是电压偏离额定电压的幅度、电压波动与闪变,可用电压波形来衡量。

(1)电压偏差是指电压偏离额定电压的幅度,一般以百分比表示,即

$$\Delta U\% = \frac{U - U_N}{U_N} \times 100\% \tag{9.1}$$

式中　$\Delta U\%$——电压偏差百分数;

U——实际电压;

U_N——额定电压。

我国规定的允许电压偏差见表9.1,要求供电电压不超过允许值。

表9.1　电压允许偏差

线路额定电压	允许电压偏差
35 kV 及以下	±5%
10 kV 及以下	±7%
220 V	±7%,-10%

(2)电压波动与闪变

电压波动是指电压的急剧变化,电压波动每秒大于1%即为电压急剧变化。电压波动用电压最大值、最小值或其百分数表示:

$$U_{波动} = U_{max} - U_{min} \tag{9.2}$$

$$U_{波动}\% = \frac{U_{max} - U_{min}}{U_N} \times 100\% \tag{9.3}$$

电压波动允许值见表9.2。周期性电压急剧变化引起光源光通量急剧波动而造成人眼视觉不舒服的现象叫电压闪变。

表 9.2 电压波动允许值(GB/T 12326—2000)

额定电压/kV	允许电压偏差
10 及以下	2.5
35~110	2.0
220 及以上	1.6

(3)电压波形

电压质量是以正弦电压波形畸变率来衡量的,理想情况下电压波形为正弦波,但水厂中有很大非线性负荷,使电压变形。我国规定电压允许畸变值见表 9.3。

表 9.3 共用电网谐波电压限值(相电压)

电网额定电压/kV	电压总谐波畸形率/%	各相谐波电压含有率	
		奇次	偶次
0.38	5.0	5.0	2.0
6			
10	4.0	3.2	1.6
35			
66	3.0	2.4	1.2
110	2.0	1.6	0.8

2. 频率质量

频率质量是以频率偏差来衡量的,我国规定的频率为 50 Hz。

3. 供电可靠性

供电可靠性是以对用户停电的次数和时间来衡量的。它常用供电可靠性 K_{rel} 表示,即用实际供电时间与统计区全部时间的比值的百分数表示:

$$K_{rel} = \frac{T_y}{T_s} \times 100\% \tag{9.4}$$

$$T_y = T_s - T_t \tag{9.5}$$

$$T_t = \sum_{i=1}^{n} t_i \tag{9.6}$$

式中 T_y——统计区实际供电时间,h;

T_s——统计区全部时间,h;

T_t——统计区全部停电时间之和,h;

t_i——统计区内每次停电时间,h。

9.1.4 水厂负荷等级

电力负荷分级的意义,在于正确地反映它对供电可靠性要求的界限,以便恰当地选择符合我国实际水平的供电方式,满足我国现代化建设的需要,提高投资的效益。区分电力负荷对供电可靠性要求,在于因停电在政治或经济上造成损失或影响的程度。损失越大,对供电可靠性的要求越高;损失越小,对供电可靠性的要求越低。一级负荷是最重要的负荷,对一级负荷中特别重要的负荷要由与电网不并列的、独立的应急电源供电。

净水厂负责向用水单位和百姓供水,属于一级负荷,一旦停电,各车间将不能正常运行。直接导致无法向外送水,停水后不仅会对水厂设备及正常运行造成损害,还会对用水企业和人民百姓造成严重不良影响。

9.1.5　负荷计算

负荷计算是根据已知工厂的用电设备安装容量来确定预期不变的最大假想负荷。一般按全厂总降压变电所的负荷计算,应考虑各个车间的总负荷加上车间变压器和办公楼变压器的功率损耗以及电机水泵的损耗,求出全水厂总降压变电所高压侧计算负荷及总功率因数。但也应该考虑厂区发展规划,为厂区发展留有一定的余度,余度留得过多会造成一定的电量浪费,留得过少又在一定程度上阻碍了厂区发展,所以余度的把握也很重要。

电力负荷在不同的场合可以有不同的含义,它可以指用电设备或用电单位,也可以指用电设备或用电单位的功率或电流的大小。供配电系统进行电力设计时,需要根据计算负荷选择校验供电系统的导线截面,确定变压器的容量,制定改善功率因数的措施,选择及确定保护设备等。计算负荷的确定是否合理,将直接影响到电器设备和导线电缆的选择是否经济合理,系统是否正常可靠地运行。

用电设备的铭牌“额定功率”,经过换算至统一规定的工作制下的“额定功率”称为设备容量,用 P_e 表示。用电设备按照工作制可以分为三类:

①长期工作制设备。能长期连续运行,每次连续工作时间超过 8 h,而且运行时负荷比较稳定($P_e = P_N$)。

②短时工作制设备。工作时间较短,而间歇时间相对较长

$$P_e = \sqrt{\frac{\varepsilon_N}{\varepsilon_S}} P_N = \sqrt{\frac{\varepsilon_N}{\varepsilon_S}} S_N \cos\varphi_N \tag{9.7}$$

式中　ε_N—— 与铭牌额定容量对应的负荷持续率;

ε_S—— 其值为 100% 的负荷持续率;

$\cos\varphi_N$—— 铭牌规定的功率因数。

③断续周期工作制设备。工作具有周期性,时而工作、时而停歇、反复运行,通常这类设备的工作特点用负荷持续率来表征,即一个工作周期内的工作时间与整个工作周期的百分比值。

计算负荷也可以认为就是半小时最大负荷,即用半小时最大负荷 P_{30} 来表示有功计算负荷,用 Q_{30}、S_{30} 和 I_{30} 分别表示无功计算负荷、视在计算负荷和计算电流。

确定负荷计算的方法有多种,目前用得比较多的是需要系数法、二项式法和单相负荷的计算。

1. 需要系数法

普遍应用于求全厂和大型车间或变电所的计算负荷。

(1)单个用电组有功负荷公式为

$$P_{30} = K_\Sigma K_L / (\eta_e \eta_{WL}) P_e \tag{9.8}$$

式中　P_e—— 设备组用电容量之和,即 $P_e = \sum P_N$;

K_Σ—— 设备组同时系数;

K_L—— 设备组负荷系数;

η_e—— 设备组平均效率;

η_{WL}—— 配电线路平均效率。

令:

$$K_\Sigma K_L / (\eta_e \eta_{WL}) = K_d (K_d \text{ 为需要系数})$$

则

$$K_d = \frac{P_{30}}{P_e} \tag{9.9}$$

即用电组的需要系数等于用电组半小时的最大负荷与其设备容量之比。

实际上需要系数不仅与用电设备组的工作性质、设备台数、设备效率、线路损耗等因素有关，还与操作人员的操作技能和生产组织等多种因素有关，因此应尽可能地通过实测分析确定，使之尽量接近实际值。

用电设备组的计算负荷：

$$P_{30} = K_d P_e \tag{9.10}$$

$$Q_{30} = P_{30} \tan \varphi \tag{9.11}$$

$$S_{30} = P_{30} / \cos \varphi \tag{9.12}$$

$$I_{30} = S_{30} / (\sqrt{3} U_N) \tag{9.13}$$

（2）多组用电设备组负荷计算

在计算时应先分别求出各组用电设备的计算负荷，并且要考虑各用电设备组的最大负荷不一定同时出现的因素，i 为用电设备组的组数，计入一个同时系数 K_Σ 。

总的有功计算负荷为

$$P_{30} = K_{\Sigma p} \sum_{i=1}^{n} P_{30.i} \tag{9.14}$$

总的无功计算负荷为

$$Q_{30} = K_{\Sigma q} \sum_{i=1}^{n} Q_{30.i} \tag{9.15}$$

总的视在计算负荷为

$$S_{30} = \sqrt{P_{30}^2 + Q_{30}^2} \tag{9.16}$$

总的计算电流为

$$I_{30} = S_{30} / (\sqrt{3} U_N) \tag{9.17}$$

2. 二项式法

适用于设备台数较少而容量差别较大的低压线和分支线的负荷计算。用二项式法进行负荷计算时，既考虑用电设备组的设备总容量，又考虑几台最大用电设备引起的大于平均负荷的附加负荷。

（1）单组用电设备组的计算负荷

$$P_{30} = bP_{e\Sigma} + cP_x \tag{9.18}$$

式中　b,c——二项式系数，通过查表可知；

$bP_{e\Sigma}$ ——用电设备组的平均功率，其中 $P_{e\Sigma}$ 是该用电设备组的设备总容量；

cP_x ——为每组用电设备组中 x 台容量较大的设备投入运行时增加的附加负荷，其中 P_x 是 x 台容量最大设备的总容量；

（2）多组用电设备组的计算负荷

同样要考虑各组用电设备的最大负荷不同时出现的因素，因此在确定总计算负荷时，只能在各组用电设备中取一组最大的附加负荷，再加上各组用电设备的平均负荷，即

$$P_{30} = \sum (bP_{e\Sigma})_i + (cP_x)_{max} \tag{9.19}$$

$$\sum (bP_{e\Sigma}\tan\varphi)_i + (cP_x)_{max}\tan\varphi_{max} \tag{9.20}$$

式中　$(cP_x)_{max}$——附加负荷最大的一组设备的附加负荷；

$\tan\varphi_{max}$——最大附加负荷设备组的平均功率因数角的正切值。

3.单相负荷的计算

由于计算用电负荷的目的是为了选择电气设备,因此在接有较多单项设备的三项电路中,无论单项设备接于相电压还是线电压,只要三项不平衡就应以最大负荷的有功功率的三倍作为三项有功负荷,以满足运行要求。

(1)单相设备接于相电压的等效三相负荷计算

单相设备接于相电压时,其等效三项容量 P_e 应按最大负荷相所接单相设备容量 $P_{e.m\varphi}$ 的3倍计算,即

$$P_e = \sqrt{3}P_{e.\varphi}$$

其等效三相计算负荷按前述需要系数法计算。

(2)单相设备接于线电压的等效三相负荷计算

由于容量为 $P_{e.\varphi}$ 的单相设备在线电压上产生的电流 $I = P_{e.m\varphi}/(U\cos\varphi)$,此电流应与等效3倍容量 P_e 产生的电流 $I' = P_e/(\sqrt{3}U\cos\varphi)$ 相等,因此其等效3倍容量为 $P_e = \sqrt{3}P_{e.m\varphi}$。

计算时首先应将接于线电压的单相设备容量换算成接于相电压的设备容量,然后分相计算各相的设备容量与计算负荷。总的三相有功功率计算负荷为最大有功负荷相的有功计算负荷 $P_{30.m\varphi}$ 的3倍,即

$$P_{30} = 3P_{30.m\varphi} \tag{9.22}$$

总的三相无功功率计算负荷为最大有功负荷相的有功计算负荷 $Q_{30.m\varphi}$ 的3倍,即

$$Q_{30} = 3Q_{30.m\varphi} \tag{9.23}$$

关于将接于线电压的单相用电设备容量转换成接于相电压的单相用电设备容量的问题,可按下述公式进行换算:

A相　$P_A = P_{AB-A}P_{AB} + P_{CA-A}P_{CA}$,$Q_A = q_{AB-A}P_{AB} + q_{CA-A}P_{CA}$

B相　$P_B = P_{BC-B}P_{BC} + P_{AB-B}P_{AB}$,$Q_B = q_{BC-B}P_{BC} + q_{AB-B}P_{AB}$

C相　$P_C = P_{CA-C}P_{CA} + P_{BC-C}P_{BC}$,$Q_C = q_{CA-C}P_{CA} + q_{BC-C}P_{BC}$

式中　P_{AB},P_{CA},P_{BC}——接于AB,BC,CA相间的有功设备容量;

P_A,P_B,P_C——换算为A,B,C相的有功容量;

q_{AB},q_{CA},q_{BC}——接于AB,BC,CA相间的有功设备容量;

Q_A,Q_B,Q_C——换算为A,B,C相的有功容量;

P_{AB-A},q_{AB-A}…——接于AB…等相间的设备容量换算为A…等相设备容量的有功功率和无功功率换算系数,查实际情况表可得。

4.寒区水厂变压器负荷计算

净水厂区变电所主降压变压器(图9.4)的容量应能承受全厂所有车间用电负荷的最大值,并留一定的余量,以便于厂区以后用电设备扩建,但为了节约电能节省成本,余量不能留得过大,即大于厂区各车间可能同时运行的用电设备的容量之和。

用电依照用电设备计算负荷公式,对于变电设备容量进行计算,计算过程如下所示。

图9.4　寒区某水厂主降压变压器

(1) 用电设备组的计算负荷

有功功率 P_c (kW): $P_c = K_x P_e$

无功功率 Q_c (kvar): $Q_c = P_c \tan\varphi$

视在功率 S_c (kV·A): $S_c = \sqrt{P_c^2 + Q_c^2}$

(2) 变电所的计算负荷

有功功率 P_c (kW): $P_c = K_{\sum p} \sum (K_x P_e)$

无功功率 Q_c (kvar): $Q_c = K_{\sum q} \sum (K_x P_e \tan\varphi)$

视在功率 S_c (kV·A): $S_c = \sqrt{P_c^2 + Q_c^2}$

式中　P_e ——用电设备组的设备功率 kW,大型设备机组按轴功率除以电机效率计算;

K_x ——用电设备组的需要系数,取值范围为 0.2 ~ 1.0,根据设备运行时间查设计手册表取值,例如,24 h 工作的送水泵机组为 1.0,冲洗泵为 0.5,鼓风机为 0.7,回收水系统设备为 0.80 ~ 0.90;锅炉房设备为 0.80 ~ 1.0;机修、化验设备 0.40 ~ 0.50;不常用的阀门电机为 0.20。

$\tan\varphi$ ——用电设备功率因数相角对应的正切值, $\cos\varphi$ (电机功率因数)用电设备电机出厂参数;

$K_{\sum p}$ ——有功功率同时系数,0.8 ~ 1.0,一般取 0.90;

$K_{\sum q}$ ——无功功率同时系数,0.93 ~ 1.0,一般取 0.95。

(3) 变压器损耗

有功功率损耗 ΔP_T (kW): $\Delta P_T = 0.01 S_c$

无功功率损耗 ΔQ_T (kvar): $\Delta Q_T = 0.05 S_c$

视在功率损耗 ΔS_c (kV·A): $\Delta S_c = \sqrt{\Delta P_T^2 + \Delta Q_T^2}$

(4) 变压器容量计算及选择

变压器计算容量 S_r : $S_r(\text{kV}\cdot\text{A}) = \dfrac{S_c + \Delta S_c}{0.60 \sim 0.70}$

0.60 ~ 0.70 为变压器经济运行区间值。

9.1.6　无功功率补偿

1. 有功功率、无功功率与视在功率

(1)有功功率

有功功率即平均功率。交流电的瞬时功率不是一个恒定值,功率在一个周期内的平均值叫作有功功率,它是指在电路中电阻部分所消耗的功率,对电动机来说是指它的出力,以字母 P 表示,单位为千瓦(kW)。

(2)无功功率

无功功率在具有电感(或电容)的电路里,电感(或电容)在半周期的时间里把电源的能量变成磁场(或电场)的能量贮存起来,在另外半周期的时间里又把贮存的磁场(或电场)能量送还给电源。它们只是与电源进行能量交换,并没有真正消耗能量。我们把与电源交换能量的振幅值叫作无功功率,以字母 Q 表示,单位千乏(kvar)。

(3)视在功率

视在功率在具有电阻和电抗的电路内,电压与电流的乘积叫视在功率,以字母 S 或符号 P_s 表示,单位为千伏安(kV·A)。

有功功率、无功功率、视在功率三者关系表示如下:

$$\cos\varphi = \frac{\text{有功功率}}{\text{全功率}} \tag{9.24}$$

$$S = \sqrt{P^2 + Q^2} \tag{9.25}$$

$$P = S\cos\varphi = UI\cos\varphi$$

$$S = S\sin\varphi = UI\sin\varphi \tag{9.26}$$

无功功率用以调整、平衡变电站网络电压,提高功率因数,降低损耗,提高供电质量。

在正常情况下,用电设备不但要从电源取得有功功率,同时还需要从电源取得无功功率。如果电网中的无功功率供不应求,用电设备就没有足够的无功功率来建立正常的电磁场,那么,这些用电设备就不能维持在额定情况下工作,用电设备的端电压就要下降,从而影响用电设备的正常运行。从发电机和高压输电线供给的无功功率,远远满足不了负荷的需要,所以在电网中要设置一些无功补偿装置来补充无功功率,以保证用户对无功功率的需要,这样用电设备才能在额定电压下工作。

电网中的电力负荷如电动机、变压器等,属于既有电阻又有电感的电感性负载。电感性负载的电压和电流的相量间存在着一个相位差,通常用相位角 φ 的余弦 $\cos\varphi$ 来表示。$\cos\varphi$ 称为功率因数,又叫力率。功率因数是反映电力用户用电设备合理使用状况、电能利用程度和用电管理水平的一项重要指标。无功补偿的作用是提高功率因数,功率因数是指在交流电网中电压与电流之间的相位差(φ)的余弦值。

瞬时功率因数率为

$$\cos\varphi = \frac{P}{\sqrt{3}UI} \tag{9.27}$$

最大功率因数为

$$\cos\varphi = \frac{P_c}{S_c} \tag{9.28}$$

供电部门对用户的供电要求为 $\cos\varphi \geqslant 0.9$。

2. 提高功率因数的方法

(1)提高自然功率因数

自然功率因数是指未装设任何补偿装置的实际功率因数。提高功率因数,采用科学措施减少用电设备的武功功率的需要量,使供配电系统的功率因数提高。水厂的设备基本上是固定的,所以这种补偿方式水厂一般不用。

(2)人工补偿功率因数

人工补偿的方法有并联电容器、同步电动机补偿、调相机(仅含无功功率的同步发电机)补偿以及动态无功补偿。

通常把具有容性功率负荷的装置与感性功率负荷并联接在同一电路,能量在两种负荷之间相互交换。这样,感性负荷所需要的无功功率可由容性负荷输出的无功功率补偿。

净水厂的感性用电设备基本上是固定的,水厂一般采用在进线端安装并联电容器组(图9.5)进行补偿。

图 9.5　某水厂并联电容器成套装置

并联电容器一般采用三角形接线,它的装设方式有三种:功补偿在一次系统中进行,一般电网武功补偿有集中补偿、分组补偿和单台电动机就地补偿。

①高压集中补偿。将电容器组集中装设在变电所6~10 kV母线上。补偿范围最小,补偿效果最差,但装设集中,运行条件较好,维护管理方便,投资较少。

②分组补偿。在并联补偿电容器装设在配电变压器低压侧和用户车间配电屏。低压电容器补偿屏安装在低压配电室。补偿范围比高压集中补偿大,比较经济,运行维护安装方便。

③单独就地补偿。把电容器装设在功率因数较低的设备旁,补偿范围最大,效果最好,但投资较大,电容器利用率低。

寒区水厂厂内用电采用分组补偿,即在配电变压器低压侧和用户车间配电屏安装并联补偿电容器,在每回路进线都要安装并联无功补偿设备。

某并联电容器型号含义表示如下:

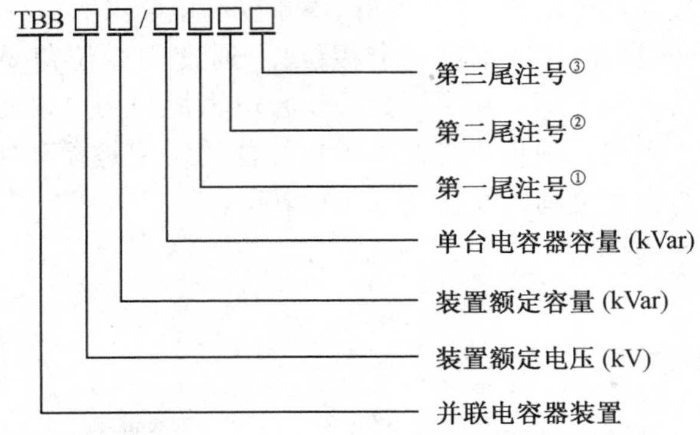

注:①A表示Y接线,B表示Y-Y接线。

②K表示开口三角电压保护,C表示电压差动保护,L表示中线不平衡电流保护。

③W表示户外装置,如不标注则为户内。

例如,TBB10-4800/100-AK 表示装置额定电压为 10 kV,装置额定容量为 4 800 kvar,单台电容器容量为 100 kvar,Y 接线,开口三角电压保护户内式并联电容器装置。

9.1.7　水厂供配电电压

配电电压是指用户内部向用电设备配电的电压等级,由水厂总降压变电所向高压用电设备配送的电压称为高压配电,由车间变电所(或变压器)向低压用电设备配送的电压称为低压配电。为使用电设备正常运行和有合理的使用寿命,设计供配电系统时应验算用电设备对电压偏差的要求。

供配电电压的选择,不易找出严格的规律,只能确定原则。水厂的供电电压应根据用电容量、用电设备特性、供电距离、供电线路的回路数、当地公共电网现状及其发展规划等因素经技术经济比较确定。

水厂高压配电一般是 6 kV 或 10 kV,优先考虑 10 kV,低压配电为 220 V/380 V。如寒区某水厂用电容量大约为 5 000 kV · A,主电源是 66 kV,水厂自用变电所采用的 66 kV/10 kV变压器,然后把 10 kV 的高压分别送到各车间用电设备或经各车间变压器转变为合适的电压,然后供给各车间用电设备。车间变压器再把电压变为 220 V/380 V 供给低压用电设备。

9.1.8　短路电流及电气设备保护

三项交流系统短路种类主要有三相短路、两相短路、单相短路和两项接地短路。其中三相短路属于对称短路,其他短路属于不对称短路。

水厂产生短路的原因如下:

①水厂供配电系统中电器设备载流导体的绝缘损坏。造成绝缘损坏的原因主要有设备绝缘自然老化、操作过电压、大气过电压以及绝缘受到机械损伤等。

②运行人员不遵守操作规程,如带负荷拉、合隔离开关,检修后忘拆除底线合闸等。

短路对水厂可造成以下危害:

①短路产生很大热量,将导体绝缘损坏。

②短路产生巨大电动力,使电气设备受到巨大损坏。

③短路使系统电压降低,电流升高,设备不能正常运行。

④短路造成停电,使水厂不能正常运行,给企业生产和人民生活带来不便。

⑤单相短路产生的不平衡磁场对通信线路和弱电设备产生严重电磁干扰。

电气设备选择应遵循的原则为:

①按工作环境及正常条件选择电气设备。

②按短路电流来校验电气设备的动稳度和热稳度。

③开关电气断流能力校验。

通过短路电流计算,可以正确选择和校验电气设备,以及进行继电保护装置的整定计算。参照短路电流计算数据和各回路计算负荷以及对应的额定值,选择各环节电气设备。

水厂的电气设备很多,例如断路器、隔离开关、变压器、互感器等,我们要理解电气设备铭牌上的含义。

例:断路器(图 9.6)类型型号和铭牌含义

第一单元 代表产品名称。

用下列字母表示:S——少油断路器;D——多油断路器;K——空气断路器;L——六氟

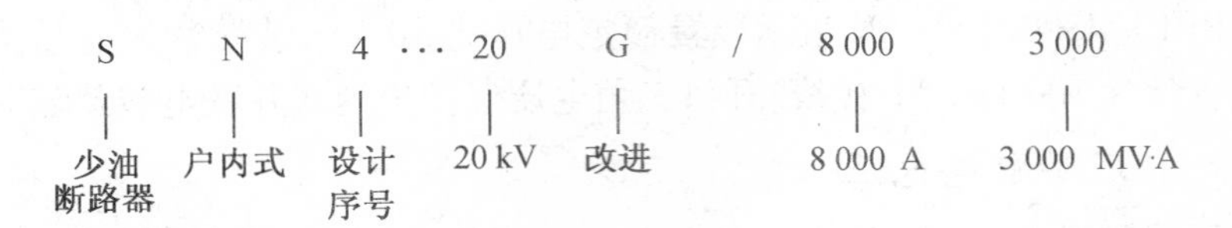

图 9.6 断路器型号含义

化硫断路器；Z——真空断路器；Q——产气断路器；C——磁吹断路器.

利用固体绝缘材料在电弧作用下分解并产生气体来灭弧的断路器，称为产气断路器。

靠电磁吹弧，利用狭缝灭弧原理将电弧吹入狭缝中冷却灭弧的断路器称为磁吹断路器。

第二单元 代表安装场所，用下列字母表示：N 户内式；W 户外式。

第三单元 代表设计序号，用数字表示。

第四单元 代表额定电压(kV)。

第五单元 代表补充工作特性，用字母表示；G 改进型；F 分项操作。

第六单元 代表额定电流。

第七单元 代表额定断流容量(mV · A)。

不同生产厂家设备标号也可不同，各电气设备型号含义请参照《电气设备手册》。

为了监视、控制和保证安全可靠运行，变压器、高压配电线路移相电容器、高压电动机、母线分段断路器及联络线断路器，皆需要设置相应的控制、信号、检测和继电器保护装置。并对保护装置作出整定计算和检验其灵敏系数。

继电保护的要求是：

①可靠性。指保护该动作时动作，不该动作时不动作，确保切除的是故障设备或线路。

②选择性。指首先由故障设备或线路本身的保护切除故障，当故障设备或线路本身的保护或断路器拒动时，才允许由相邻设备、线路的保护或断路器失灵保护切除故障，避免大面积停电。

③灵敏性。指在设备或线路的被保护范围内发生金属性短路时，保护装置应具有必要的灵敏系数，保证有故障就切除。

④速动性。指保护装置应能尽快地切除短路故障。其目的是提高系统稳定性，减轻故障设备和线路的损坏程度，缩小故障波及范围，提高自动重合闸和备用电源或备用设备自动投入的效果等。目前，水厂都采用综合保护装置保护结合自动控制系统对电气设备进行保护。

目前，电气设备主要采用微机保护，微机保护装置是用微型计算机构成的继电保护，是电力系统继电保护的发展方向，它具有高可靠性、高选择性、高灵敏度，微机保护装置硬件以微处理器（单片机）为核心，配以输入、输出通道，人机接口和通信接口等，如图 9.7 所示。

微机的硬件是通用的，而保护的性能和功能是由软件决定的。微机保护装置的数字核心一般由 CPU、存储器、定时器/计数器、Watchdog 等组成。目前数字核心的主流为嵌入式微控制器（MCU），即通常所说的单片机；输入输出通道包括模拟量输入通道（模拟量输入变换回路（将 CT、PT 所测量的量转换成更低的适合内部 A/D 转换的电压量，±2.5 V、±5 V 或 ±10 V）、低通滤波器及采样、A/D 转换和数字量输入输出通道（人机接口和各种告警信号、跳闸信号及电度脉冲等）。

微机保护可分为进线保护、出线保护、母联分段保护、进线或母联备自投保护、厂用变压器保护、高压电动机保护、高压电容器保护、高压电抗器保护、差动保护、后备保护、PT 测控

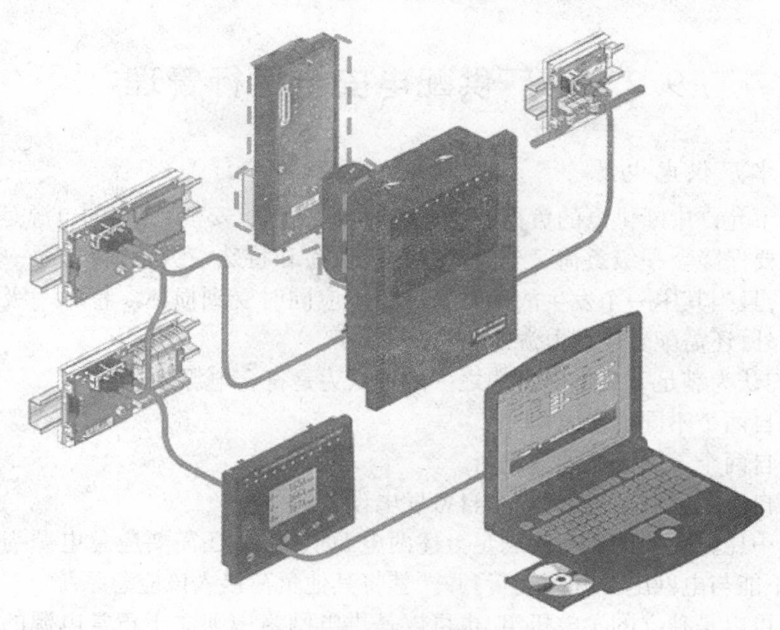

图9.7　微机保护装置

装置等,可以实现定时限/反时限保护、后加速保护、过负荷保护、负序电流保护、零序电流保护、单相接地选线保护、过电压保护、低电压保护、失压保护、负序电压保护、风冷控制保护、零序电压保护、低周减载保护、低压解列保护、重合闸保护、备自投保护、过热保护、过流保护、逆功率保护、差动保护、启动时间过长保护、非电量保护等。

水厂采用微机保护可靠性高,灵活性大,动作迅速,易于获得附加功能,维护调试方便,有利于实现电力自动化。

9.1.9　防雷装置

净水厂供电系统中防雷与接地在工厂供电系统中占有极其重要的地位,其中由于过电压使绝缘破坏是造成系统故障的主要原因,系统中磁能和电能的转化,或电能通过电容的传递,以及线路参数选择不当,致使工频电压或高次谐波电压下发生谐振等产生的过电压,称为内过电压。单从工厂供电系统来看,不会造成很大威胁,所以对内过电压不必多做考虑。由雷击引起的过电压属于外过电压,;雷电流流过地面的被击物时,具有极大的破坏性。因此,净水厂的变压器、高压开关柜、电压进线柜等用电设备都应设置避雷设备来防止雷击。避雷器的选择应按照所保护设备的安装位置及电阻值、设备重要性等方面来综合考虑。

寒区水厂变电所和厂区内较高的构筑物及各高压控制柜都设置防雷装置。为了防止雷击电磁脉冲、开关电磁脉冲及静电放电等因素对电子设备造成的损害,应执行IEC61312及GB50057—1994:2000标准规范,水厂计算机自动化系统防雷与防过电压浪涌应分为电源与信号输入输出两种通道分别设置,厂区计算机自动化系统应设置一级或多级防雷。

9.2 水厂供配电安全运行管理

9.2.1 水厂供电电源

水厂属于不允许中断供电的负荷,视为一级负荷,优质、安全、稳定的电源是净水厂生产得以运行的重要保障。一级负荷又分为普通一级负荷和特殊一级负荷,普通一级负荷应由两个电源供电,且当其中一个发生故障时另一个不应同时受到损坏。特殊一级负荷除满足两个独立电源外,还需配置应急电源。

目前,我们认为满足下列供电方式之一的可认为是符合电源要求:

①电源来自两个不同的发电厂。

②电源来自两个不同区域的变电所。

③电源来自一个区域变电所,一个自备发电设备。

一级负荷中比较重要的负荷除满足上述两电源供电外,还需要应急电源为此类负荷供电,应急电源不能与电网电源并列运行,并严禁将其他负荷接入该应急系统。

应急电源可以是独立的发电机组,也可以是供电网络中独立于正常电源的专用馈电线路(即能够保证两条供电线路不同时中断供电的线路)、蓄电池、干电池等。

寒区某水厂的电源引用实例:水厂采用双电源供电,主电源电压为66 kV,备用电源电压为10 kV,工作电源故障时,备用电源自动投入。

水厂由以下两个66 kV 变电所供电:主电源由A线送至66 kV 变电所再由变电所架空后经电缆至净水厂(输电距离为12.135 km,其中电缆线路4.45 km,架空线路7.685 km),另一路为备用电源,来自66 kV 变10 kV 专用线,用电缆线路引入(输电距离为2.60 km)。

该水厂中央控制室配有UPS(图9.8)是不间断电源,UPS可以在市电出现异常时,有效地净化市电;还可以在市电突然中断时持续一定时间给电脑等设备供电。

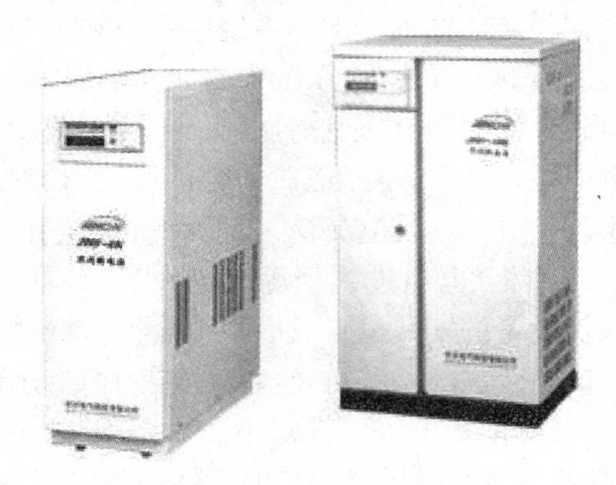

图9.8 某水厂UPS不间断电源

9.2.2 变压器并列运行

外电网经过厂区变电器把电能分配到水厂各个用水车间,变压器一旦故障,市电网将无法输送给厂区负荷。另外,当输变电线路进行检修时停电也将影响厂区正常生产,所以,为了使变压器安全经济运行以及提高供电的可靠性和灵活性,在运行中通常采用两台变压器并列运行方式。

变压器并列运行，就是将两台或两台以上变压器的一次绕组并联在同一电压的母线上，二次绕组并联在另一电压的母线上运行，如图9.9所示。其意义是：当一台变压器发生故障时，并列运行的其他变压器仍可以继续运行，以保证重要用户的用电；或当变压器需要检修时可以先并联上备用变压器，再将要检修的变压器停电检修，既能保证变压器的计划检修，又能保证不中断供电，提高供电的可靠性。又由于用电负荷季节性很强，在负荷轻的季节可以将部分变压器退出运行，这样既可以减少变压器的空载损耗，提高效率，又可以减少无功电流，改善电网的功率因数，提高系统的经济性。

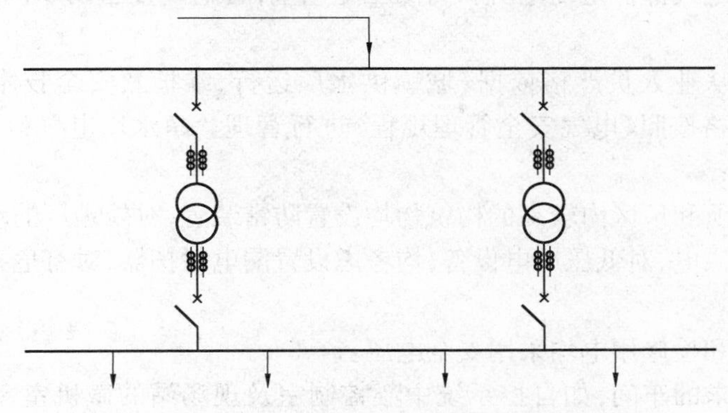

图9.9　两台变压器并联运行示意图

变压器并列运行的条件是：

①连接组标号相同。

②变压比相同。

③短路阻抗相等(允许误差±5%)。

④容量比不应超过3∶1(限于配电变压器)。

某水厂有两台主变压器，其中一台主变压器(1号变压器)发生保护系统接地，不倒电或停电无法排除故障，如倒2号备用变压器，需要短时间停电(1～2 h)，停电期间投药系统、消毒剂系统都会停止运行，即无法保证出厂水水质，所以采用该水厂变压器并联运行方式，来提高供电的可靠性。

9.2.3　净水厂倒电操作

净水厂电气设备的定期检修是净水厂的一项重要任务，一般水厂进行检修是利用电业局检修电气线路的时机，采取停电而后停水的方式，对各类电气设备和工艺设备进行检修，由于每次春检停水给用水人民及企业造成了许多不便，所以，需改变“停电又停水”进行春检的工作常规，改变工艺流程，启动备用电源，采取提前对各类工艺设备和相关电气设备进行检修等方式。

以某净水厂为例，检修工作重点是对该净水厂66 kV变电所电气设备进行检验，而66 kV变电所又是某净水厂供水的主供电源，因此，围绕着保证检修顺利进行的同时还要保障供水工作的正常进行，该净水厂通过检修期间利用倒换净水厂10 kV备用电源的方式，确保供水工作的顺利进行。净水厂提前对10 kV备用电源进行了检修，为保证启用备用电源运行的稳定性，提前将66 kV主供电源倒换至10 kV备用电源，在各项准备工作就绪的基础上，将各类生产设备由自控状态全部切换到手动状态，经过严密监视和协调配合，一次倒电成功，顺利将A净水厂66 kV主供电源倒换到10 kV备用电源。圆满完成对净水厂66 kV主供电源的检测试验工作,恢复供电,再次将转换为手动状态的各类设备一一从手动状态恢复到自动状态,并分别对一、二期滤池各一个序列进行了自动控制测试,同时,顺利将 10 kV 备用电源切换回 66 kV 主电源,至此,净水厂停电检修工作全部完成,实现了春检停电不停水的工作目标,不仅为城市供水安全提供了强有力的保障,也为今后的供水生产提供了宝贵的技术参数。

9.2.4 净水厂电气安全管理

净水厂最大的电气部位是变电所和高低压配电室,有电气设备的车间均设置各自的配电系统。

管理措施方面从业人员严格依据《城镇供水厂运行、维护及安全技术规程》(CJJ58—2009)进行操作,严格按照《电气安全管理规程》进行管理。净水厂电气设备的安全措施主要表现为以下内容:

①对室外变电所和厂区内较高的构筑物均设置防雷装置,对处理厂的动力电源,均采用双电源以保证安全供电,对低压用电设备,均考虑设置漏电保护器,对有危害气体的车间,电气部件采用防爆型。

②对低压照明和检修用电均采用安全电压。

③对有特殊要求的车间,如自控系统中心控制室及现场站的微机室,均采用防静电地板。

④对所有的电气设备都考虑足够的安全操作距离,并设置安全出口。

⑤对不同电压等级的电气设备均设标准的易识别醒目的安全标志,以及设置保护网。

第10章　寒区净水厂自控系统

10.1　寒区净水厂自控模式

随着计算机技术的发展，自控系统被越来越广泛地应用到了工业生产中，供水行业也不例外。对于净水厂而言，自控系统的应用不但大大地节省了各个工艺过程中需要的劳动力，而且降低了人为操作的失误率，保障了生产的安全性，所以自控系统是现代化净水厂的重要组成部分。

10.1.1　净水厂的自控模式及计算机网络系统

1. 净水厂的自控模式

目前，在工业过程控制中，主要有三类自动控制系统，即 PLC、DCS 和 FCS。可编程序逻辑控制器 PLC（Programmable Logic Controller），又称可编程序控制器 PC（Programmable Controller），是微机技术与继电器常规控制技术相接合的产物，是在顺序控制器和微机控制器的基础上发展起来的新型控制器，是一种以微处理器为核心用作数字控制的专用计算机。

PLC 控制系统主要用于工业过程中的顺序控制，新型 PLC 也兼有闭环控制功能。在 PLC 控制系统中可用一台 PC 机为主控制站，多台同型 PLC 为从控制站，也可一台 PLC 为主控制站，多台同型 PLC 为从控制站，构成 PLC 网络。PLC 网络既可作为独立 DCS 系统，也可作为 DCS 的子系统。

分散控制系统 DCS 与集散控制系统 TDCS 是集 4C（Communication，Computer，Control，CRT）技术于一身的监控技术，是从上到下的树状拓扑大系统，其中通信（Communication）是 DCS 的关键。DCS 控制系统常用于大规模的连续过程控制，是控制（工程师站）、操作（操作员站）、现场仪表（现场测控站）的 3 级结构。DCS 缺点是成本高，各公司产品不能互换，不能互操作，大 DCS 系统是各不相同的。

FCS（Fidlebus Control System）即现场总线控制系统，它是用现场总线这一开放的、具有互操作性的网络将现场各个控制器和仪表及仪表设备互联，构成现场总线控制系统，同时控制功能彻底下放到现场，降低了安装成本和维修费用。因此，FCS 实质上是一种开放的、具有互操作性的、彻底分散的分布式控制系统。

FCS 用全数字化、智能、多功能取代模拟式单功能仪器、仪表、控制装置，用两根总线连接分散的现场仪表、控制装置、PID 与控制中心，取代每台仪器都需要两根信号线，在总线上 PID 与仪器、仪表、控制装置都是平等的。FCS 用分散的虚拟控制站取代集中的控制站，由现场电脑操纵，还可挂到上位机，接同一总线的上一级计算机。

工业控制系统从单一的 PLC 控制，到 DCS 集散控制，再到 FCS 现场控制，是一直在不断发展进步的，但 PLC 与 DCS 控制系统如今依然有很强的生命力，是因为如今的 PLC 控制系统、DCS 系统与传统的 PLC 系统、DCS 系统已经不一样了，这三种自动控制系统都在不断发展自己，在某些方面都与其他类型的系统有交叉的地方，比如一些厂家的 DCS 系统中也用到了 FCS 系统中的现场总线技术，这样的 DCS 系统就在保留自身优势的情况下因为加入了新技术而发展成新型的 DCS 系统。

寒区水厂因其地域特点，对安全性、稳定性的要求极高，而工艺控制系统相对简单，推荐使用 DCS 系统模式，如图 10.1 所示。DCS 系统是由多台计算机分别控制生产过程中多个控制回路，同时又可集中获取数据、集中管理和集中控制的自动控制系统。

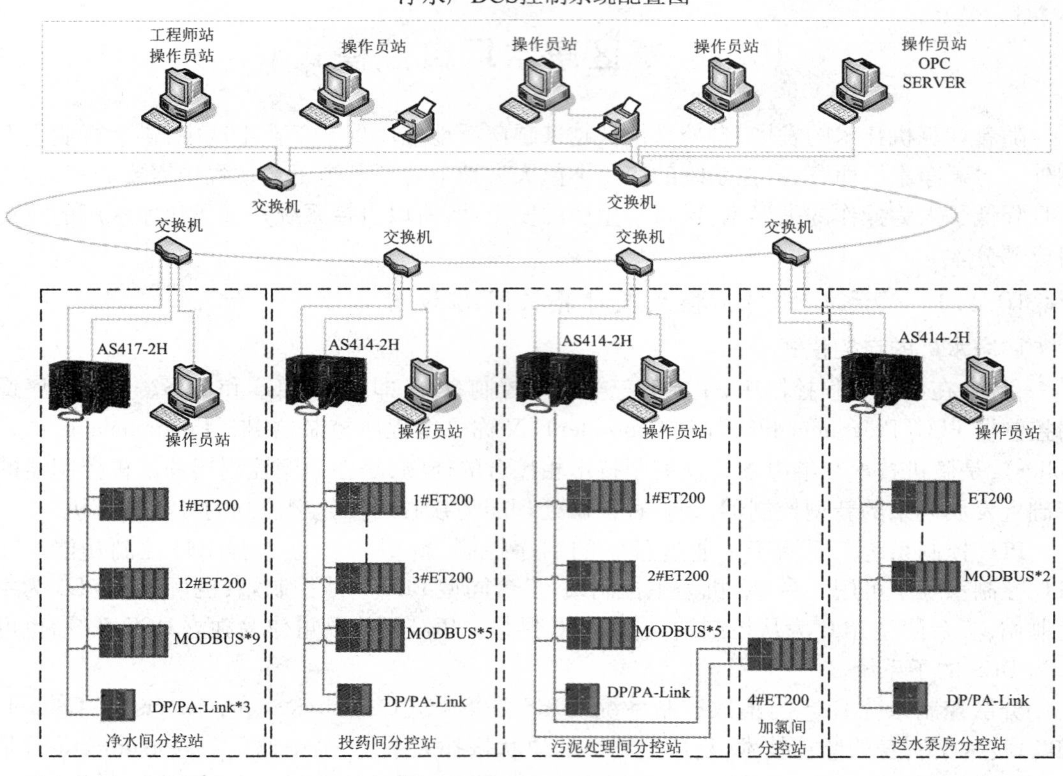

图 10.1　净水厂 DCS 自控系统图

DCS 系统采用控制器分别控制各个回路，而用中小型工控机等实施上一级的控制 。各回路之间和上下级之间通过高速数据通道交换信息。DCS 系统具有数据获取、直接数字控制、人机交互以及监控和管理等功能。DCS 系统是在计算机监督控制系统、直接数字控制系统和计算机多级控制系统的基础上发展起来的，是生产过程的一种比较完善的控制与管理系统。在分布式控制系统中，按地区把控制器安装在测量装置与控制执行机构附近，将控制功能尽可能分散，管理功能相对集中。这种分散化的控制方式能改善控制的可靠性，不会由于计算机的故障而使整个系统失去控制。当管理级发生故障时，过程控制级（控制回路）仍具有独立控制能力，个别控制回路发生故障时也不致影响全局。与计算机多级控制系统相比，分布式控制系统在结构上更加灵活、布局更为合理和成本更低。DCS 系统主要有以下几个优点：

（1）可靠性

由于 DCS 系统将控制功能分散在各台计算机上实现，系统结构采用容错设计，因此某一台计算机出现的故障不会导致系统其他功能的丧失。此外，由于系统中各台计算机所承担的任务比较单一，可以针对需要实现的功能采用具有特定结构和软件的专用计算机，从而使系统中每台计算机的可靠性也得到提高。

(2)开放性

DCS采用开放式、标准化、模块化和系列化设计,系统中各台计算机采用局域网方式通信,实现信息传输,当需要改变或扩充系统功能时,可将新增计算机方便地连入系统通信网络或从网络中卸下,几乎不影响系统其他计算机的工作。

(3)灵活性

通过组态软件根据不同的流程应用对象进行软硬件组态,即确定测量与控制信号及相互间连接关系、从控制算法库选择适用的控制规律以及从图形库调用基本图形组成所需的各种监控和报警画面,从而方便地构成所需的控制系统。

(4)易于维护性

功能单一的小型或微型专用计算机,具有维护简单、方便的特点,当某一局部或某个计算机出现故障时,可以在不影响整个系统运行的情况下在线更换,迅速排除故障。

(5)协调性

各工作站之间通过通信网络传送各种数据,整个系统信息共享,协调工作,以完成控制系统的总体功能和优化处理。

(6)控制功能齐全

控制算法丰富,集连续控制、顺序控制和批处理控制于一体,可实现串级、前馈、解耦、自适应和预测控制等先进控制,并可方便地加入所需的特殊控制算法。

2. 净水厂的网络系统

工业自控系统中的网络系统就是利用通信设备和线路将地理位置不同、功能独立的多个计算机及工业现场的设备仪表互联起来,通过计算机之间、计算机与仪表之间的通信,实现信息、软件和设备资源的共享以及协同工作等功能。构成网络系统有如下四个要素:

(1)计算机系统

计算机系统包括操作员站(通常是PC机)、工程师站及服务器(通常是高性能计算机)。

(2)网络通信设备(网络交换设备、互联设备和传输设备)

网络通信设备包括网卡、网线、集线器(HUB)、交换机、路由器等。

(3)外部设备

外部设备现场生产设备与仪表等。

(4)网络软件

网络软件包括网络操作系统(如Unix、NetWare、Windows NT)、客户连接软件、网络管理软件等。

自控系统的计算机之间的相互连接常见的有两种网络拓扑结构:环形结构以及星形结构,这两种网络结构各有优缺点,环形结构可靠性高,而星形结构维护管理容易。

目前水厂的自控系统中,现场的仪表设备与计算机之间通常是以总线结构来连接的,它是属于最底层的网络系统。总线结构将原来封闭、专用的系统变成开放、标准的系统。使得不同制造商的产品可以互连,大大简化系统结构,降低成本,更好满足了实时性要求,提高了系统运行的可靠性。

3. 净水厂的计算机系统

计算机系统分为硬件系统与软件系统。

净水厂的DCS系统中的计算机一般采用稳定性、安全性较高的工控机。计算机硬件按功能可分为数据服务器、工程师站与操作员站。操作员站是用来供现场操作人员操作,只有监视和简单的调节修改参数等功能;工程师站用来控制系统组态,具有修改程序等权限,同时具有操作级别设定等功能,可以不必在线;服务器是存放过程数据库和趋势等数据的,相比工程师站、操作员站具有更大的存储空间,是系统的“灵魂”所在。操作员站和工程师站都通过服务器来进行操作。

DCS 系统的软件系统因计算机的所属类别不同而有所不同。整体来说,不管是服务器、工程师站还是操作员站,都需要装有基本的操作系统,如 Windows XP 等。除了基本的操作系统,还应装有 DCS 自控系统软件,软件类型取决于所使用自控系统的生产厂家。对于数据服务器,因其需要对数据进行存储管理,还需要另安装数据库软件,如 SQL server、Oracle 等。

10.1.2 寒区净水厂自控系统的特点

1. 系统冗余

高可靠性是过程控制系统的第一要求。冗余技术是计算机系统可靠性设计中常采用的一种技术,是提高计算机系统可靠性的最有效方法之一。当系统发生故障时,冗余配置的部件介入并承担故障部件的工作,由此减少系统的故障时间。在寒区净水厂自控系统中,为了保障系统的安全性,达到高可靠性和高效性相统一的目的,我们通常会在控制系统的设计和应用中采用冗余技术。

(1)冗余技术概要

冗余技术就是增加多余的设备以保证系统更加可靠、安全地工作。冗余的分类方法多种多样,按照在系统中所处的位置,冗余可分为元件级、部件级和系统级,按照冗余的程度可分为 1∶1 冗余、1∶2 冗余、1∶n 冗余等多种。在当前元器件可靠性不断提高的情况下和其他形式的冗余方式相比 1∶1 的部件级热冗余是一种有效而又相对简单、配置灵活的冗余技术实现方式,如 I/O 卡件冗余、电源冗余、主控制器冗余等。因此目前国内外主流的过程控制系统中大多采用了这种方式。当然,在某些局部设计中也有采用元件级或多种冗余方式组合的成功范例。

控制系统冗余设计的目的:系统运行不受局部故障的影响,而且故障部件的维护对整个系统的功能实现没有影响,并可以实现在线维护,使故障部件得到及时的修复。冗余设计会增加系统设计的难度,冗余配置会增加用户系统的投资,但这种投资换来了系统的可靠性,它提高了整个用户系统的平均无故障时间,缩短了平均故障修复时间,因此,应用在重要场合的控制系统,冗余是非常必要的。

(2)控制系统冗余的关键技术

冗余是一种高级的可靠性设计技术,1∶1 热冗余也就是所谓的双重化,是其中一种有效的冗余方式,但它并不是两个部件简单的并联运行,而是需要硬件、软件、通信等协同工作来实现。将互为冗余的两个部件构成一个有机的整体,通常包括以下多个技术要点:

①信息同步技术。它是工作、备用部件之间实现无扰动切换技术的前提,只有按控制实时性要求进行高速有效的信息同步,保证工作、备用部件步调一致地工作,才能实现冗余部件之间的无扰动切换。

②故障检测技术。为了保证系统在出现故障时及时将冗余部分投入工作,必须有高精确的在线故障检测技术,实现故障发现、故障定位、故障隔离和故障报警。故障检测包括电源、微处理器、数据通信链路、数据总线及 I/O 状态等。其中故障诊断包括故障自诊断和故

障互检工作、备用卡件之间的相互检查。

③故障仲裁技术和切换技术。精确及时地发现故障后，还需要及时确定故障的部位，分析故障的严重性，依赖前文提到的冗余控制电路，对工作、备用故障状态进行分析、比较和仲裁以判定是否需要进行工作/备用之间的状态切换。控制权切换到冗余备用部件还必须保证快速、安全、无扰动。当处于工作状态的部件出现故障，如断电、复位、软件故障、硬件故障等，或者工作部件的故障较备用部件严重时，备用部件必须快速地无扰动地接替工作部件的所有控制任务，对现场控制不造成任何影响。同时要求切换时间应为毫秒级，甚至是微秒级，这样就不会因为该部件的故障而造成外部控制对象的失控或检测信息失效等。另外，还需要尽快通过网络通信或就地 LED 显示进行报警，通知用户出现故障的部件和故障情况，以便进行及时维护。

④热插拔技术。为了保证容错系统具有高可靠性，必须尽量减少系统的平均修复时间。要做到这一点，在设计上应努力提高单元的独立性、可修复性、故障可维护性。实现故障部件的在线维护和更换也是冗余技术的重要组成部分。它是实现控制系统故障部件快速修复技术的关键。部件的热插拔功能可以在不中断系统正常控制功能的情况下增加或更换组件，使系统平稳地运行。

⑤故障隔离技术。冗余设计时，必须考虑工作、备用部件之间的故障应该做到尽可能互不影响或影响的概率相当小，即可认为故障是隔离的。这样可以保证处于备用状态的部件发生故障时，不会影响冗余工作部件或其他关联部件的正常运行，保证冗余的有效性。

(3)冗余技术在控制系统中的应用实现分析

通过控制系统冗余原理与方法的具体分析可以看到，系统的可用性在很大程度上取决于那些能对系统正常运行造成重大影响的部件，如主控制卡、网络、电源、通信转发卡等。在系统设计中对关键部件进行冗余设计，可以大大提高系统的可用性。下面具体分析 DCS 系统实现冗余的方式。虽然各种 DCS 系统因品牌不同而采取的实现冗余的具体方式有所不同，但总体来说可分为以下几个基本策略：

①主控制卡的冗余。主控制卡是整个系统的核心控制单元，完成系统的控制任务。而冗余技术各个设计要点在此得到充分应用。互为冗余的两块主控制卡软件、硬件完全一致，它们执行同样的系统软件和应用程序，在工作/备用冗余逻辑电路的控制下，其中一个运行在工作状态，称为工作卡，而另外一个运行在备用状态，称为备用卡。工作卡和备用卡之间具有公共的冗余逻辑控制电路和专用的高速对等冗余通信通道。同时也可以通过 I/O 总线和过程控制网络进行信息交互或故障诊测。互为冗余的主控制卡都能访问 I/O 和过程控制网络备用模式下的主控制卡执行诊断程序，监视工作卡的状态，通过周期查询工作卡件中的数据存储器，接受工作卡发送的实时控制运行信息。备用处理器可随时保存最新的控制数据以保证工作/备用的无扰动切换，但工作模式下的主控制卡起着控制、输出、实时过程信息发布等决定性的作用，具有发言权。

②电源系统冗余。电源是整个控制系统得以正常工作的动力源泉，一旦电源单元发生故障，往往会使整个控制系统的工作中断，造成严重后果。要使控制系统能够安全、可靠、长期、稳定地运行，首先稳定的供电必须得到保证。设计为可热插拔的冗余电源，这样系统维护时可以在不影响系统正常运行的情况下更换故障的电源。

③网络系统冗余。采用冗余网卡和冗余网络接口。正常工作时，冗余的两条数据高速通路同时并行运行，自动分摊网络流量，并考虑了负载均衡的冗余设计，使系统网络通信带

宽提高。当其中一路故障、网卡损坏或出现线路故障时,另一路自动地承担全部通信负载,保证通信的正常进行。

④服务器冗余。将中心服务器安装成互为备份的两台服务器,并且在同一时间内只有一台服务器运行。当其中运行着的一台服务器出现故障无法启动时,另一台备份服务器会迅速地自动启动并运行(一般为 2 min 左右),从而保证整个网络系统的正常运行。

⑤冷却系统冗余。利用控制柜内可自动切换的冗余风扇,对风扇和机柜内温度进行实时监测,发现工作风扇故障或柜内温度过高时都会自动报警,并自动启动备用风扇。

⑥信息冗余。除了硬件部件的冗余,信息冗余技术也是提高系统可靠性的一个重要手段。信息冗余技术是指在通信过程中或存放组态信息、重要信息时,利用增加的多余信息位提供检错甚至纠错的能力。

10.1.3 单体间距大,适用客服结构

水厂的自控系统还有一大特点就是厂内各个单体之间的距离非常远,针对这种特点,一般适用客服结构的软件体系结构。

软件体系结构是软件设计过程中的一个层次,这一层次超越计算过程中的算法设计和数据结构设计。体系结构问题包括总体组织和全局控制、通信协议、同步、数据存取,给设计元素分配特定功能,设计元素的组织、规模和性能,在各设计方案间进行选择等。软件体系结构用于解决算法与数据结构之上关于整体系统结构设计和描述方面的一些问题,如全局组织和全局控制结构,关于通信、同步与数据存取的协议,设计构件功能定义,物理分布与合成,设计方案的选择、评估与实现等。

与最初的大型中央主机相适应,最初的软件结构体系是 Mainframe 结构,该结构下客户、数据和程序被集中在主机上,通常只有少量的 GUI 界面,对远程数据库的访问比较困难。随着 PC 的广泛应用,该结构逐渐在应用中被淘汰。在 20 世纪 80 年代中期出现了客户机/服务器(Client/Server)分布式计算结构,应用程序的处理在客户(PC 机)和服务器(Mainframe 或 Server)之间分担;请求通常被关系型数据库处理,PC 机在接收到被处理的数据后实现显示和业务逻辑;系统支持模块化开发,通常有 GUI 界面。客户机/服务器结构因为其灵活性得到了极其广泛的应用。

在当今现代化的净水厂中应用的 DCS 系统中,基本上都是采用客户机/服务器的软件体系结构。客户机和服务器都是独立的计算机。当一台连入网络的计算机向其他计算机提供各种网络服务时,它就被叫作服务器。而那些用于访问服务器资料的计算机则被叫作客户机。通常,采用客户机/服务器结构的系统,有一台或多台服务器以及大量的客户机。服务器配备大容量存储器并安装数据库系统,用于数据的存放和数据检索;客户端安装专用的软件,负责数据的输入、运算和输出。

某一台计算机,判断它到底是客户机还是服务器并不是绝对的,当它访问其他计算机读取资料时,就是客户机。而当它向其他机器提供服务时,它就是服务器,所以,同一台计算机,它既可以是客户机,也可以是服务器。

10.2 寒区净水厂中控系统及软件操控

水厂的中控系统分为三个部分:调度中心、中控室与分控站。三个部分都设有操作员站,装有操控软件,可以实现生产过程的监视功能。调度中心不直接控制生产过程,而是根

据监视内容对中控室下达控制命令。工程师站和数据服务器都设在中控室，中控室承担着最重要的监控任务，包括在必要时修改生产参数，根据调度中心命令调整生产、整理数据、打印报表等。各个分控站可利用各自的操作员站监控本站范围内的生产过程。

10.2.1　寒区净水厂中控系统的特点

1. 自控分区

根据工艺特点，构筑物的布置和现场控制的分布情况，净水厂的DCS自控系统通常设置一个中心控制站与几个DCS现场控制站，通过工业以太网络实现各DCS现场控制站与上位监控站的通信，中心控制站负责监控各个分控制站的情况，统筹整个厂区的生产运行情况，而各个分控制站对所管区域的设备与生产过程进行具体控制，下面是某个净水厂设置四个DCS现场控制站的具体分配情况。

(1)净水间分控站

净水间分控站采用冗余控制器，监视和控制混合、絮凝及沉淀池、翻板滤池、反冲洗水塔、鼓风机房的设备。

(2)投药间分控站

投药间分控站采用冗余控制器，监视和控制加药间、稳压配水井的设备。

(3)污泥处理间分控站(包括加氯间远程I/O)

污泥脱水间分控站采用冗余控制器，监视和控制污泥处理间、废水回收水池、污泥贮池、加氯间的设备。

(4)送水泵房分控站(变电所远程I/O)

送水泵房分控站采用冗余控制器，监视和控制送水泵房、清水池、变电所的设备。

2. 单站独立运行

在水厂每个分控站都有自己独立的控制器，这些控制器之间的工作互不影响，所以在水厂的四个分控站是单站独立运行的。这种单站独立运行的模式充分体现了分散控制结构的特点。

采用单站独立运行模式有如下优点：

①使整个水厂自控系统的结构和控制功能分散，从而使系统功能的复杂性降低，信息传输串行处理的时间缩短。

②提高局部控制效果，因为每个分控站接收和处理的信息量小，能迅速作出决策和反应。

③降低设备投资，可采用微型计算机网，就地安置控制器，减少信息传输通道，设备维修简单，便于技术更新。

④提高系统可靠性，个别分散控制器发生故障不致引起全局瘫痪，并可将其功能自动转移给别的控制器来负担，从而可以简化冗余系统。

10.2.2　寒区净水厂软件操控

1. 操控软件概述

大型水厂的操控软件主要实现设备与生产过程监测与管理的功能，为了更好地对设备和生产过程进行监测和控制，工业自动控制系统的控制软件都会设计友好的用户图形，我们称之为CRT画面，如图10.2所示。

一般而言，CRT画面可分为三个部分：

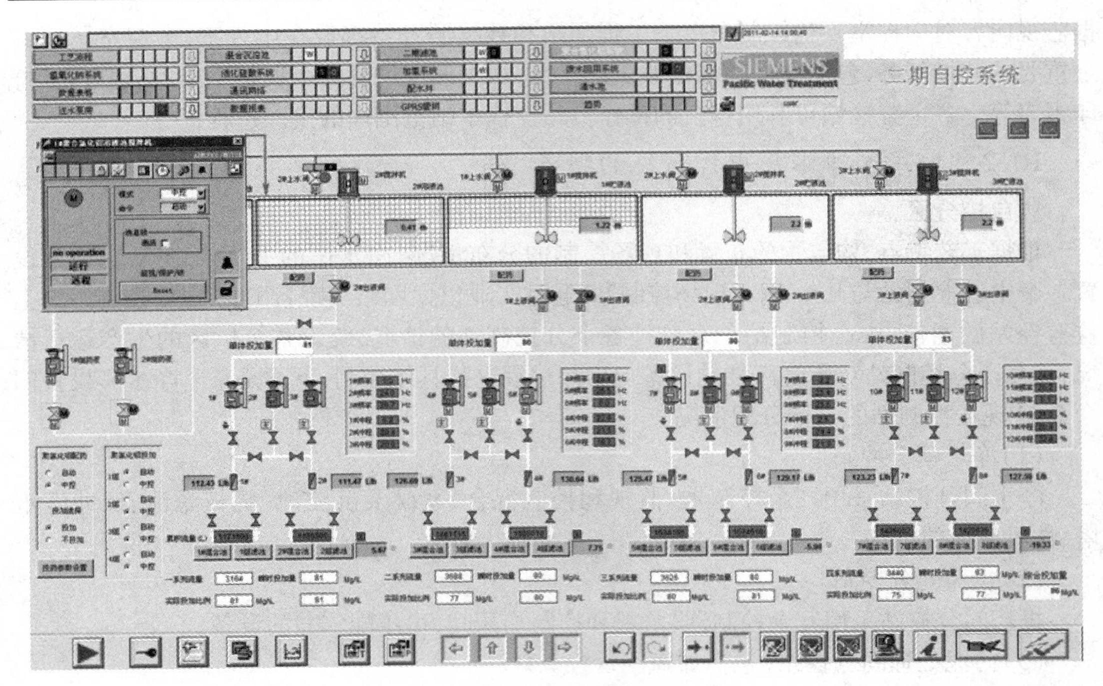

图 10.2　净水厂操控软件 CRT 画面

(1)总貌区部分

在每幅画面的上部,它总是存在,如图 10.3 所示。负责显示整个工艺的工段的划分、报警汇总、时间、日期、画面种类的切换等。因此无论何时,总可看到整个工厂的报警总态。

图 10.3　总貌区画面

(2)工作区部分

工作区占了 CRT 画面的大部分。工作区用于工艺生产的显示、操作、控制、分析工艺参数之用,如图 10.4 所示。

(3)操作键区部分

位于操作的底部,一般为一行,用于选择操作种类,如图 10.5 所示。

2. CRT 工作区

CRT 工作区的显示分如下种类:

(1)工艺流程图

流程图一般为彩色、立体的。为了高屋建瓴地通观全局,又能细观每个局部、每台设备,一般将工艺流程画面分三级或四级。第一级一般比较抽象,二、三级则比较具体。这些画面的切换简单、快捷,一般是只需一个动作,在 1 s 之内完成。图 10.2 显示的就是一幅工艺流程画面。

(2)报警画面(图 10.6)

在工艺生产中发生的设备故障、仪表测量的超限、工艺操作的错误、顺控中的卡壳以及控制系统本身的自诊断故障等,这些报警一方面可在打印机中打印出来,另一方面,将这些

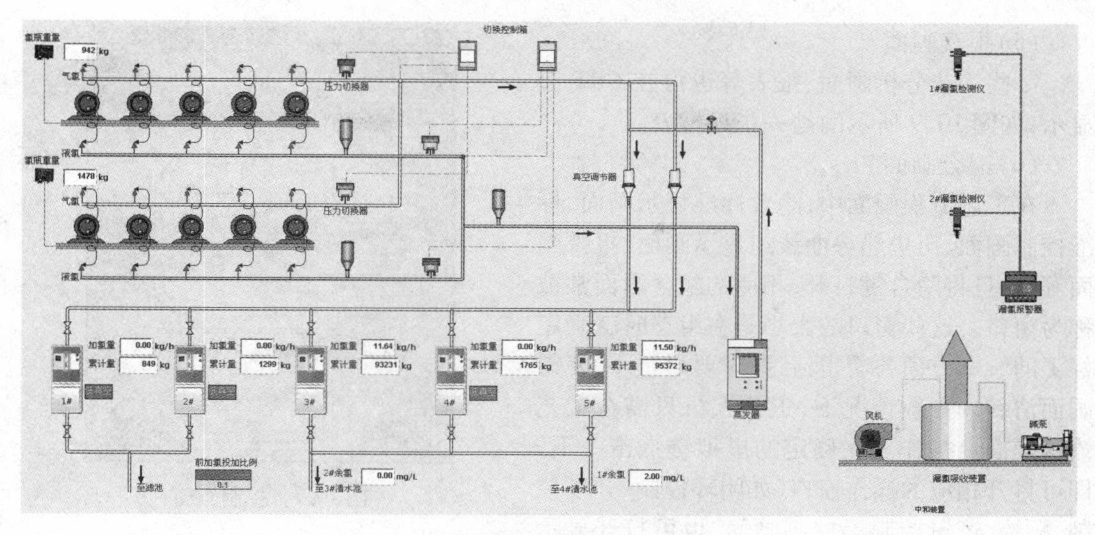

图 10.4　工作区画面

图 10.5　操作键区画面

报警信息显示在 CRT 上，以画面的形式显示出来。每一条报警信息包括报警内容、发生时间、现在的实时状态、报警类别等。

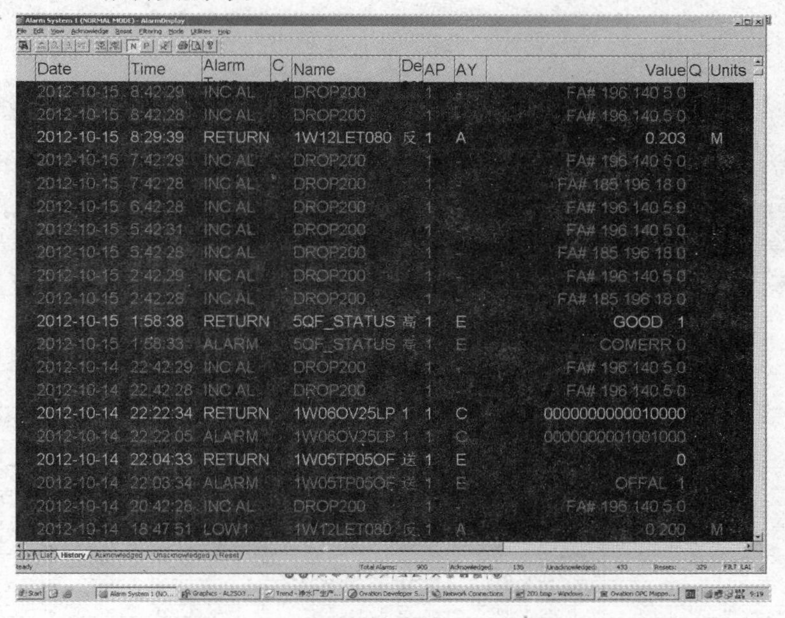

图 10.6　报警画面

(3)标准控制画面

标准控制画面包括闭环控制、开环控制、顺控、组控、棒条显示、数码显示、组显示等画面，如图 10.7 所示是某计量泵的控制画面。

(4)历史趋势曲线画面

历史趋势曲线画面包括单条、组条，单组、双组、四组显示等，如图 10.8 所示。

(5)报表画面

一些工艺分析画面、报表等也可在 CRT 上显示,如图 10.9 所示的是一张日报表。

(6)混合画面

在工艺流程画面中,隐含标准显示画面、标准控制画面、历史趋势曲线组显示画面、报警画面等,一旦将隐含键打开,相应的隐含画面常被称为窗口。这些窗口的大小是在组态时就确定好了的。一方面要看得清,同时要尽量小,使得画面清新。一般情况下,工艺人员只需在工艺流程画面上操作。在确定的虚拟键点击一下,即可打开相应的操作窗口,如闭环控制、开环控制、顺控、逻辑控制等控制画面,也可打开显示

图 10.7　控制画面

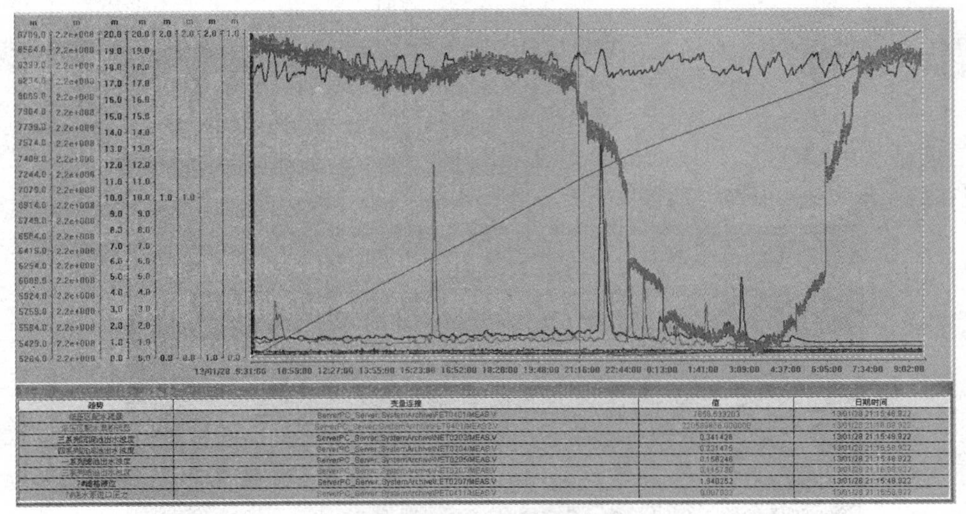

图 10.8　趋势曲线画面

	日报表																
日期:	2012-12-19																
日期/时间	厂区进水总管累积流量	1#聚合氯化铝加药流量计累积流量	2#聚合氯化铝加药流量计累积流量	3#聚合氯化铝加药流量计累积流量	4#聚合氯化铝加药流量计累积流量	5#聚合氯化铝加药流量计累积流量	6#聚合氯化铝加药流量计累积流量	7#聚合氯化铝加药流量计累积流量	8#聚合氯化铝加药流量计累积流量	送水泵房低压区配水管DN1400流量	送水泵房低压区配水管DN1400流量	4#清水池液位	1#聚合氯化铝溶液池液位	2#聚合氯化铝溶液池液位	3#聚合氯化铝溶液池液位	1#聚合氯化铝溶解池液位	2#聚合氯化铝溶解池液位
	m3	L	L	L	L	L	L	L	L	m3/h	m3/h	m	m	m	m	m	m
2012-12-19 00:00	#########	###	###	###	###	###	###	###	###	###	###	###	###	###	###	###	###
2012-12-19 01:00	#########	###	###	###	###	###	###	###	###	###	###	###	###	###	###	###	###
2012-12-19 02:00	#########	###	###	###	###	###	###	###	###	###	###	###	###	###	###	###	###
2012-12-19 03:00	#########	###	###	###	###	###	###	###	###	###	###	###	###	###	###	###	###
2012-12-19 04:00	#########	###	###	###	###	###	###	###	###	###	###	###	###	###	###	###	###
2012-12-19 05:00	#########	###	###	###	###	###	###	###	###	###	###	###	###	###	###	###	###
2012-12-19 06:00	#########	###	###	###	###	###	###	###	###	###	###	###	###	###	###	###	###
2012-12-19 07:00	#########	###	###	###	###	###	###	###	###	###	###	###	###	###	###	###	###
2012-12-19 08:00	#########	###	###	###	###	###	###	###	###	###	###	###	###	###	###	###	###
2012-12-19 09:00	#########	###	###	###	###	###	###	###	###	###	###	###	###	###	###	###	###
2012-12-19 10:00	#########	###	###	###	###	###	###	###	###	###	###	###	###	###	###	###	###
2012-12-19 11:00	#########	###	###	###	###	###	###	###	###	###	###	###	###	###	###	###	###
2012-12-19 12:00	#########	###	###	###	###	###	###	###	###	###	###	###	###	###	###	###	###
2012-12-19 13:00	#########	###	###	###	###	###	###	###	###	###	###	###	###	###	###	###	###
2012-12-19 14:00	#########	###	###	###	###	###	###	###	###	###	###	###	###	###	###	###	###
2012-12-19 15:00	#########	###	###	###	###	###	###	###	###	###	###	###	###	###	###	###	###
2012-12-19 16:00	#########	###	###	###	###	###	###	###	###	###	###	###	###	###	###	###	###
2012-12-19 17:00	#########	###	###	###	###	###	###	###	###	###	###	###	###	###	###	###	###
2012-12-19 18:00	#########	###	###	###	###	###	###	###	###	###	###	###	###	###	###	###	###
2012-12-19 19:00	#########	###	###	###	###	###	###	###	###	###	###	###	###	###	###	###	###
2012-12-19 20:00	#########	###	###	###	###	###	###	###	###	###	###	###	###	###	###	###	###
2012-12-19 21:00	#########	###	###	###	###	###	###	###	###	###	###	###	###	###	###	###	###
2012-12-19 22:00	#########	###	###	###	###	###	###	###	###	###	###	###	###	###	###	###	###
2012-12-19 23:00	#########	###	###	###	###	###	###	###	###	###	###	###	###	###	###	###	###
2012-12-20 00:00	#########	###	###	###	###	###	###	###	###	###	###	###	###	###	###	###	###
0~8小计	###	###	###	###	###	###	###	###	###	###	###	###	###	###	###	###	###
8~16小计	###	###	###	###	###	###	###	###	###	###	###	###	###	###	###	###	###
16~24小计	###	###	###	###	###	###	###	###	###	###	###	###	###	###	###	###	###

图 10.9　报表画面

窗口，显示模拟量的数字（以棒条、棒条组、饼图、数字显示），开关量的状态，各种量的历史趋势曲线，顺控执行中具体步骤和状态，各种批处理过程的分析报表等进行工艺过程的操作、监视、分析、程序修改、控制、统计、参数的改正等，当这些操作完成后，可以把这些窗口关掉。

通过CRT画面，用户可以实现监测、操作、报警等功能，除此之外，一般自控系统的控制软件还提供中文的帮助系统，让用户更方便地使用该软件。

3. 操控软件更新

为了确保DCS自控系统运行更安全更高效，系统软件随着厂家不断完善功能也要及时进行升级更新。在操作软件更新的过程中，要注意以下几点：

（1）兼容性

兼容性即升级更新后的软件版本要与现有的硬件系统相配套兼容，以免发生不必要的事故影响生产，特别是进行一些系统配置时，要与原来的设置保持一致，在设置完毕后要进行检查。

（2）稳定性

水厂不同于其他单位，为了保证供水，尽量要进行不停产升级，因此，软件升级改造应尽量安排在深夜供水低峰时实施。先从重要性低的计算机开始更新，当一台计算机更新完成并成功投入使用后再对下一台进行更新，依次逐台对计算机进行升级更新。

10.2.3　寒区净水厂中控系统的安全管理

1. 中控系统的机房管理

中控系统的机房包括中控站、各分控站及网络交换机房。为保护机房内部设备系统的安全，保障安全生产，应制定详细的管理制度。

首先，机房所有设备应由专门管理小组负责管理和维护工作，以确保网络设备、UPS电源的工作正常。管理小组应建立健全网络设备档案及工作日志制度，详细记载网络设备的系统配置情况及日常维护工作日志情况；统筹负责防火墙的参数设置以及客户机的防黑、防毒、数据恢复等安全防护工作。未经批准，任何人不得私自拆卸计算机硬件及更改计算机系统配置。

其次，为确保机房内设备的安全，机房工作人员不得随意邀请非公司内部人员进入机房，不得向任何人透露系统的有关配置和口令情况。由于路由器和交换机等网络设备实行24 h不间断工作，工作人员应随时注意网络设备及系统的运行状况，发现问题及时处理和更新，认真做好数据备份和必要的参数更新并且随时注意停电事件和UPS处理等。

最后，机房内各类设备要摆放规整，利于维护、通风、防潮，保持室内清洁卫生，严禁吸烟。工作人员应注意保持机房内的温度和湿度在适宜的范围内，温度控制在18～28℃，湿度在50%～80%之间。

2. 设备巡检

水厂自控系统运行稳定与否直接决定着生产能否顺利进行，因此要对自控系统的设备进行日常维护以确保系统的稳定运行。

①检查供电电源。供电电源的质量直接影响自控系统的使用可靠性，也是故障率较高的关键环节。检查电压是否满足额定范围的85%到110%及考察电压波动是否频繁，频繁的电压波动会加快电压模块电子元件的老化。

②保证自控系统运行环境温度在15～30 ℃。温度过高无疑将使得自控系统内部元件

性能恶化，从而导致故障率增高。温度偏低，模板容易导致凝露现象，同时，模拟回路的安全系数也会变小，进而导致自控系统动作异常。解决的办法是在控制柜内安装适合的轴流风扇或者在控制室内加装空调设备，并注意经常检查。

③环境相对湿度控制在50%～80%之间，在湿度较大的环境中，水分容易引起模块的金属表面锈蚀或加速裸露金属层的氧化，使内部元件性能恶化，模件的绝缘性也会降低，从而导致电压或浪涌电压而短路烧毁；但是在极干燥的环境下，MOS集成电路会因静电而击穿。因此，必须保证系统运行环境的相对湿度。

④要定期吹扫内部灰尘，以保证风道的通畅和元件的绝缘。自控系统的元件由于存在静电，长时间运行后会黏附灰尘，一方面影响电子元件降温散热，更为可怕的是容易引起元件间的短路而损坏模板。因此建议系统控制柜使用密封式结构，并且控制柜的进风口和出风口加装过滤器，可以阻挡绝大部分灰尘的进入，从而有效改善系统的运行环境。

⑤检查系统各单元固定是否牢靠，各种I/O模块端子和紧固螺丝是否松动，控制系统的通信电缆的子母连接器是否完全插入并旋紧，连接线缆是否有损伤等。

⑥检查自动化控制系统的程序存储器的电池是否需要更换。存储器后备电池是保证系统在短期失电时保存程序的供电装置，某些系统短时间断电后，如果后备电池供电不足将导致程序丢失。

3. 网络安全管理

为了确保水厂自控系统的网络信息安全，水厂应制定详细的网络信息安全制度，该制度应包括如下一些主要内容：

①所有服务器、自动化站、计算机必须安装安全防护软件，并定期进行查毒、杀毒，及时打好系统补丁。

②任何人不得擅自更改生产控制系统操作权限，工作中如发现信息网络设备有异常情况，应及时向相关科室报告；未经授权的人员严禁操作、访问净水厂网络服务器、数据库及生产计算机设备。

③服务器操作系统、数据库系统、生产用操作系统、涉密办公计算机的用户名和密码长度不得少于八位字符，必须具有一定复杂性（含不重复的字母、数字及特殊符号）、不通用性、不易记性，必须定期更新用户名及密码；使用用户名和密码时应确保旁人不能窥视；不要在软件使用时选自动记忆账户和密码功能；不要在任何地方以任何方式谈论或书写任何密码；生产部门交接班时应及时重新登录系统。

④服务器系统和重要的数据库系统要采取备份措施，备份系统应具有在较短时间恢复系统运行的能力，重要的数据要进行异地备份，重要的服务器日志也要定期备份。要指派专门人员进行定期检查。

⑤各科室上网用户未经允许，不得对自己或他人的计算机网络功能进行删除、修改或者增加；不得对自己或他人的计算机信息存储、处理或者传输的数据和应用程序进行删除、修改或者增加；不得故意制作、下载、传播计算机病毒、木马等破坏性程序及其他危害计算机信息系统安全运行的行为。

⑥各科室上网用户必须用自己用户名账号登录生产控制系统，不得滥用他人的用户名账号、密码。如发现密码可能外泄，应及时重新设置；由于账号、密码外泄，给供水安全带来损失和危害的，追究其责任。

⑦各科室上网计算机用户必须向相关负责人申请配置固定的IP地址，不允许私自使用

IP 地址,并且及时进行网络安全注册,若出现 IP 冲突故障应通知信息管理人员进行处理,不得自行修改 IP 地址,未经允许不得自行增加计算机设备入网。

以上是为保证网络安全而应该采取的一些措施,各单位可根据自身情况进行适当的增减以适应具体需求。

4. 事故处理及状态恢复

在日常工作中,相关人员应注意及时发现可能出现的事故并进行恰当的处理以减少损失,在事故的判断及处理中,应注意以下一些方面:

(1)查看监控画面的数据

出现以下情况时,说明自控系统发生问题,应立即通知维修人员维修,同时操作工到现场进行处理:

①经常变化的数据长时间不变,且几个数据或所有数据都不变。

②控制画面中,手动自动无法切换,或手动输入数据后,一经确认,又恢复为原来的数据,修改不过来。

③趋势图画面中,几条趋势都为直线不变。

④监控画面中,多个数据同时波动较大。判断波动数据是否为工艺上相关参数,若是相关参数则通知仪表及计算机人员检查,看是否某调节系统波动引起相关参数变化,同时将相关调节系统打到手动状态,必要时到现场进行调节。若波动数据工艺上彼此并无直接影响,则可能为微机某卡件发生故障,立即将相关自调系统打到手动调节,必要时到现场进行调节,同时,通知微机及仪表人员检查。

(2)查看操作员站工作情况

当发现某个操作员站死机, 监控画面数据不刷新,调节画面不起作用,查看右上方系统报警指示灯是否正常,并检查其他操作员站是否工作正常,若正常,则仅该操作员站有问题,通知微机维修人员修理。若其他操作员站数据也不变,则为系统通信网络出现故障,立即通知维修人员检查网络设备的运行情况,进行修复。

(3)观察操作站的断电情况

若部分操作站突然无显示,则说明 UPS 或市电断电,立即通知维修工进行维修。若有电的操作站可正常监控,此时不会影响控制系统的正常调节。

(4)注意控制站全部断电的情况

由于所有控制站设备均为双路供电,一路 UPS,一路市电,所以这种情况的发生概率很小。当控制站全部断电后,监控画面上两个系统报警红灯亮,通信中断,数据全部不刷新,所有自控系统完全失控,应立即紧急处理或停车,同时到现场进行操作。

(5)注意所有操作站全部断电的情况

此时,查看控制器电源指示灯是否正常,卡件诊断指示灯有无故障红灯,绿灯表示卡件正常工作,若以上都正常,则可以确定控制器工作正常,自控系统工作正常,只是操作员站暂时看不到监控画面,且不能对现场进行遥控操作,立即通知计算机维修人员进行维修,并到现场进行监控。

中控系统发生故障时,操作工应掌握一定的判别方法,及早发现问题,进行适当处理,可以避免或者减少对工艺控制的影响。

10.3 寒区水厂自控系统案例

以东北某净水厂为例，该厂使用的是一种集DCS、总线、I/O为一体的新型全集成控制系统。整个控制系统建立在三层网络结构上：信息层（工业以太网）、控制层和设备层。具有统一的网络结构、硬件配置、数据库系统和组态环境。系统扩展灵活方便。

第一层信息层，即中控室与各现场DCS控制站间采用工业以太网，对等通信方式（光缆，环网冗余，速率10/100 Mbit/s自适应）。

第二层为控制层，即现场DCS控制站与现场控制分站之间、远程I/O子站的通信，采用开放的、国际上认可的现场总线，规定为Profibus_DP现场总线。

第三层为设备层，设备层现场总线可分为两种，要求如下：

①DCS控制站与现场仪表之间的通信采用Profibus－PA（IEC61158－2）通信速率31.25 kbit/s，仪表总线连接能力31站，通信距离至少1 000 m，通信媒介为屏蔽双绞线电缆。

②DCS控制站与现场控制箱、高低压开关柜之间的通信，采用开放的，国际上认可的现场总线规定为MODBUS现场总线。通信速率38 bit/s～9.6 kbit/s，通信媒介为屏蔽双绞线电缆。

该控制系统具有分散控制、集中管理、安装方便、成本低和维护管理智能化、高性价比等特点。它可将控制、数据采集、设备管理和SCADA系统等功能集为一体。代表了当今寒区净水厂自控系统的发展趋势。

该厂的四个分控站的功能如下：

1. 净水间分控制站（图10.10）

图10.10 净水间分控站画面

（1）混合池

根据季节和水质情况通过变频器设备手动设定搅拌机转速，由计算机手动开、停及设定变频调速装置控制搅拌机的转速。

（2）水平轴机械搅拌絮凝池

根据季节和水质情况通过变频器手动设定搅拌机转速，由计算机手动开、停及设定变频调速装置控制搅拌机的转速。记录混合絮凝池中搅拌机转速，作为日常运行参数，在输入转速时提供参考数据。

(3)斜管沉淀池

监测刮泥机与排泥阀的工作状态，设置排泥时间间隔及排泥时间均可调。

(4)翻板滤池

净水间每格滤池共有 5 个阀门参与控制，分别为滤池进水电动蝶阀、滤池出水电动调节阀、反冲洗进水气动阀门的电磁阀、反冲洗排水电磁阀及反冲洗进气电磁阀。滤池反冲洗按水头损失或时间进行控制，当上述两个参数有一个达到设定值时，滤池开始反冲洗，同一时间只能冲洗一格滤池。

①自动过滤：滤池过滤过程采用恒水位自动控制，保持滤池液位恒定，即根据本格液位信号，自动控制滤池出水调节阀的开度大小来调节滤池出水量，从而达到恒水位过滤的目的。

②自动反冲洗：滤池根据水头损失或时间来控制滤池反冲洗开始，上述两个条件有一个达到设定值时，即进入反冲洗。

(5)净水间控制站功能

①显示滤池每台阀门的开/关状态。

②显示反冲洗水泵运行/停止状态。

③显示鼓风机运行/停止状态。

④显示每个设备的故障报警信息。

⑤显示每个可测值（滤池：液位、水头、浊度、运行时间、出水阀开度等）。

⑥由现场分控站修改滤池状态并进行显示，滤池状态如下：a. 过滤；b. 反冲；c. 停止。

2. 投药间分控站（图 10.11）

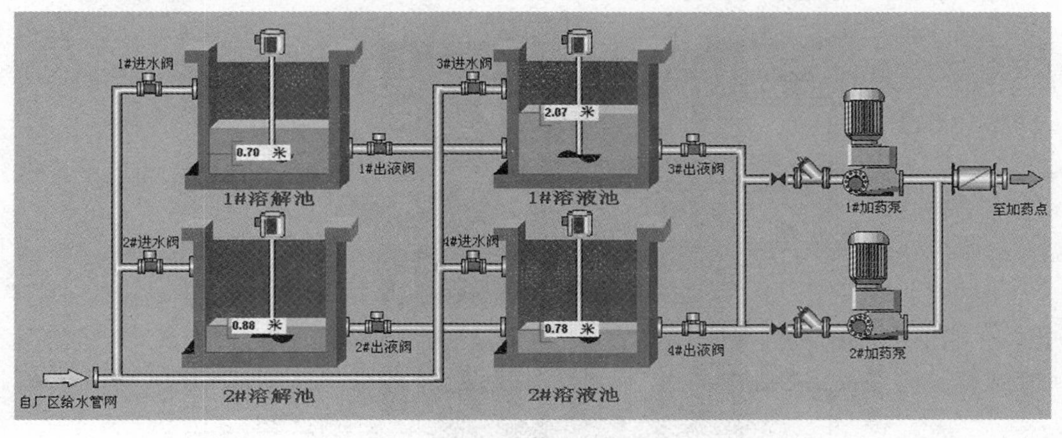

图 10.11　投药间分控站画面

对于加药间的控制包括：

(1)药液的溶药过程

①共设两座溶药池，每座溶药池包括的设备有给水阀、搅拌机、出药阀，两座溶药池互为备用，备用自投。

②当 1#溶药池内液位达到最低设定液位时，关闭出药阀，打开 2#溶药池出药阀，并对1#

溶药池进行溶药。

③溶药池控制过程：打开给水阀向池内注水，当液位达到设定值时，关闭给水阀，打开搅拌机，人工投药；投药完成后，打开给水阀，当液位达到设定值时，关闭给水阀；搅拌机连续工作 3 h 后，自动关闭。

④当池内液位达到最高或最低设定值时，在控制室计算机上要求有声光报警。

(2)配液过程

溶液池共设三座，每座溶液池包括的设备有出液阀、送液阀、给水阀及搅拌机，同时三座溶液池共用两组传输泵及传输泵对应的出口阀(互为备用)，三座溶液池循环工作。

当1#溶液池液位达到最低设定液位时，打开2#溶液池的出液阀，关闭1#溶液池的出液阀，同时1#溶液池报警，并开始进行自动配液过程；打开送液阀及开启转输泵，延时5～10 s(可调)，开启相应的出口阀；当液位计达到设定值时，关闭送液阀、转输泵及对应的出口阀，同时打开给水阀及搅拌机；当液位达到设定高值时，关闭给水阀，延时 3 h(可调)，关闭搅拌机。

当2#溶液池液位达到最低设定液位时，打开3#溶液池的出液阀，关闭2#溶液池的出液阀，同时2#溶液池报警，并开始运行自动配液过程，配液自动过程同上。

当3#溶液池液位达到最低设定液位时，打开1#溶液池的出液阀，关闭3#溶液池的出液阀，同时2#溶液池报警，并开始运行自动配液过程，配液自动过程同上。

(3)投加过程

投加泵共计 12 台，8 用 4 备。加药系统采用单因子自控系统(由工艺设备配套采购)控制投加量。该系统主要由传感器、控制器和变频器组成，传感器设于絮凝池的前端，对投药混合后的水样进行连续检测，并送入控制器，运算后输出 4～20 mA 的信号给变频器，控制投加泵的转速从而改变投加泵的工况。

3. 污泥处理间分控站(包括加氯间远程 I/O)(图 10.12)

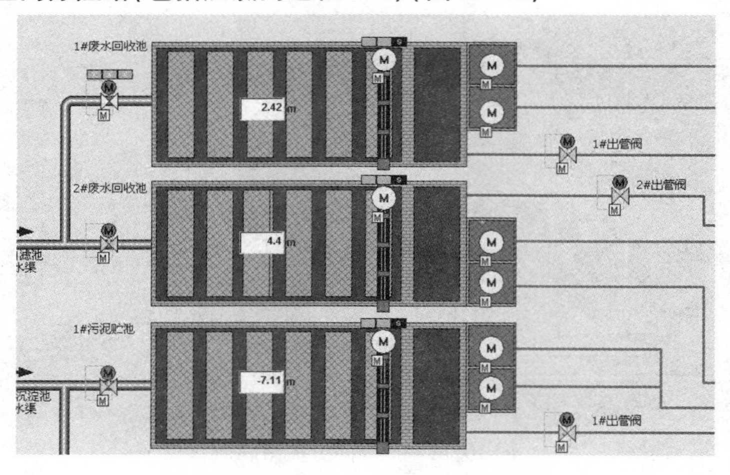

图 10.12　污泥处理间分控站画面

(1)污泥处理间

污泥脱水处理间的自动控制：根据来水浊度(通过现场目测)自动控制污泥提升泵、污泥脱水系统(随工艺设备配套)电气设备的开停及阀门的开关等。

(2)污泥贮池及废水回收水池

污泥贮池及废水回收的自动控制:根据回收水池的液位信号,自动控制回收水泵的开停及阀门的开关等。

(3)回收水调节池及吸水井控制

①回收水调节池的控制。当回水调节池内液位上升至设定液位时,开启1台送水潜水排污泵,如果液位继续上升至设定液位时,开启第二台送水潜水排污泵,当回水调节池内液位降至最低设定液位时,关闭开启的送水潜水排污泵。

②吸水井的控制。当废水回收水池吸水井内液位上升至设定液位时,开启1台送水潜水排污泵,当废水回收水池吸水井内液位降至最低设定液位时,关闭开启的送水潜水排污泵。

在整个工作周期中,刮泥机24 h连续运行。

(4)加氯间

通过计算机系统将采集的信号输出给加氯机,再通过控制器控制加氯机投加量。

4. 送水泵房分控站(变电所远程I/O)(图10.13)

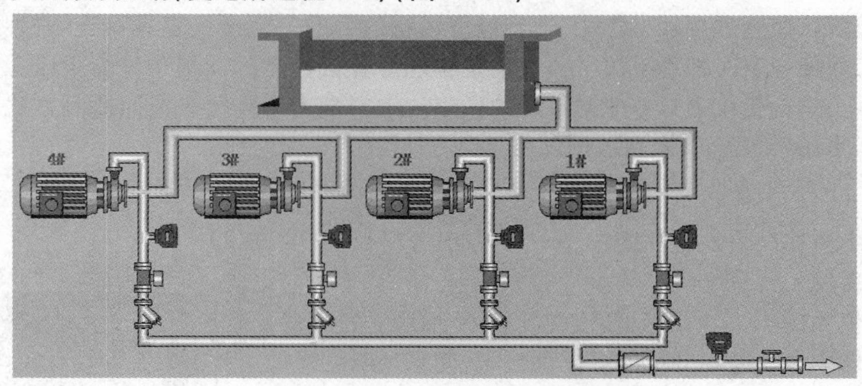

图10.13 送水泵房分控站画面

(1)送水泵房

①水泵的开启和关闭控制。吸水井的液位在泵房的计算机控制站及中心控制室均有连续指示和三个高等级报警点,当吸水井液位达到三个高等级报警点液位时均有报警,报警应有区分(例如,声音不同,灯光不同)。

②每台机组水泵及出口自动保压液控蝶阀自动控制程序如下:当开启低压区水泵时,出口压力达到设定压力值时,打开其出口相对应的自动保压液控蝶阀。

当开启高压区水泵时,出口压力达到设定压力值时,自动打开其出口相对应的自动保压液控蝶阀。

当上述水泵关闭时,先关闭自动保压液控蝶阀,待该阀门完全关闭后,再关闭相对应水泵。

(2)清水池

清水池内液位超过高限时,最高水位报警,声光报警。

当液位低于低限时,最低水位报警,声光报警。

(3)变电所

采集水厂供电系统和配电系统的有关参数。

第11章　寒区净水厂仪表

11.1　寒区净水厂常用仪表

在现代化的净水厂中,每一个生产过程总是与相应的仪表及自控技术有关。仪表能连续检测各工艺参数,根据这些参数的数据进行手动或自动控制,从而协调供需之间、系统各组成部分之间、各水处理工艺之间的关系,以便使各种设备与设施得到更充分、合理的使用。同时,由于检测仪表测定的数值与设定值可连续进行比较,发生偏差时,立即进行调整,从而保证水处理质量。根据仪表检测的参数,能进一步自动调节和控制药剂投加量,保证水泵机组的合理运行,使管理更加科学化,达到经济运行的目的。由于仪表具有连续检测、越限报警的功能,故便于及时处理事故。仪表还是实现计算机控制的前提条件。所以在先进的水处理系统中,自动化仪表具有非常重要的作用。水厂常用监测仪表按照监测方式可以分为水质仪表、水压(液位)仪表和水量仪表三类。

11.1.1　水质仪表

常用水质在线仪表有浊度仪、pH 计、余氯分析仪、碱度仪等。

1. 浊度仪

浊度仪如图 11.1 所示。浊度是水体浑浊程度的度量,也就是水体中存在微细分散的悬浮性粒子,使水透明度降低的程度。浊度仪是测量水体浑浊程度的仪器,主要用于对水质的监测和管理。净水厂负责供应居民生活用水和工业用水,供水的质量直接涉及人民的健康、安全,以及食品、酿造、医药、纺织、印染、电力等各行各业的正常生产和产品质量。浊度是一项很重要的水质指标,因此对浊度仪的选择显得尤为重要。浊度仪可分为目视浊度仪和光电浊度仪两大类。光电浊度仪就其用途可分为工艺监控(连续测定)浊度仪和实验室(包括便携式)浊度仪,就其设计原理又可分为透射光浊度仪和散射光浊度仪。

图 11.1　浊度仪

由于散射光浊度仪对水的低浊度有较高的灵敏度,准确度高,相对误差小,重复性好,水的色度不显示浊度,且散射光与入射光强度比可呈线性关系,故 1992 年 9 月世界卫生组织公布的《饮用水水质准则》中规定将散射光浊度仪作为测定仪器。同时,新版《生活饮用水卫生标准》对浑浊度的要求从原国标的“不超过 3 度,特殊情况不超过 5 度”,提高到“不超过 1 NTU,特殊情况不超过 3 NTU”。

2. pH 计

pH 计是一种常用的仪器设备,主要用来精密测量液体介质的酸碱度值,配上相应的离子选择电极也可以测量离子电极电位 MV 值,广泛应用于工业、农业、科研、环保等领域。

pH 计如图 11.2 所示。pH 计按精度等级可分 0.2 级、0.1 级、0.01 级或更高精度。按仪器体积分有笔式(迷你型)、便携式、台式还有在线连续监控测量的在线式。按用途分为:

实验室用 pH 计、工业在线 pH 计等。按先进程度可分为经济型 pH 计、智能型 pH 计、精密型 pH 计或可分为指针式 pH 计、数显式 pH 计。笔式 pH 计,一般制成单一量程,测量范围小,为专用简便仪器。便携式和台式 pH 计测量范围较广,常用仪器,不同点是便携式采用直流供电,可携带到现场。实验室 pH 计测量范围广、功能多、测量精度高。工业用 pH 计的特点是要求稳定性好、工作可靠,有一定的测量精度,环境适应能力强,抗干扰能力强,具有模拟里量输出、数字通信、上下限报警和控制功能等。

图 11.2　pH 计

3. 余氯分析仪

余氯分析仪如图 11.3 所示。余氯是指水中投氯,经一定时间接触后,在水中余留的游离性氯和结合性氯的总称。自来水出水余氯指的是游离性余氯。在线余氯分析仪,由传感器和二次表两部分组成,可同时测量余氯、pH 值、温度。可广泛应用于电力、自来水厂、医院等行业中各种水质的余氯值连续监测。

4. 碱度仪

碱度是表征水吸收质子的能力的参数,通常用水中所含能与强酸定量作用的物质总量来标定。碱度仪是用来测量水中总碱度的仪表,如图 11.4 所示。

图 11.3　余氯分析仪

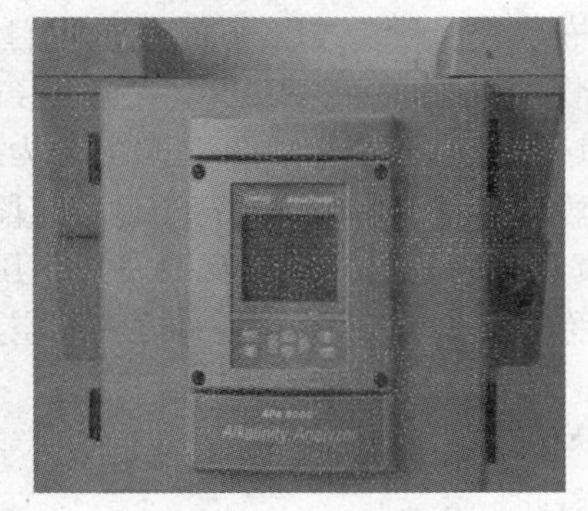

图 11.4　碱度仪

11.1.2　水压(液位)仪表

常用水压仪表有液位计、压力表。由于工艺常用水头代表管道压力,在计算滤池进出水压差等过程中,液位通常用来与压力进行直接换算,所以液位计和压力表在水厂仪表中可以统称为水压仪表。

液位计如图 11.5 所示。液位计分为射频电容式液位计、静压投入式液位计及超声波液位计等。

射频电容式液位变送器依据电容感应原理,当被测介质浸没测量电极的高度变化时,引起其电容变化。据此将液位介质高度的变化转换成标准电流信号。

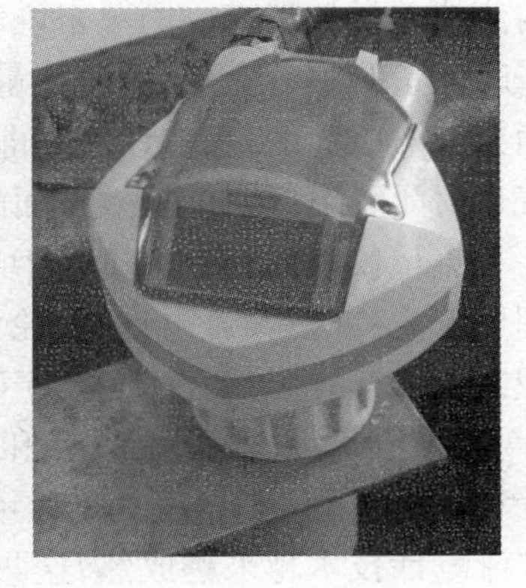

图 11.5　液化计

静压投入式液位变送器(液位计)是基于所测液体静压与该液体的高度成比例的原理,采用国外先进的隔离型扩散硅敏感元件或陶瓷电容压力敏感传感器，将静压转换为电信号，再经过温度补偿和线性修正，转化成标准电信号（一般为4～20 mA/1～5VDC）。

超声波液位计的工作原理是通过一个可以发射能量波（一般为脉冲信号）的装置发射能量波，能量波遇到障碍物反射，由一个接收装置接收反射信号。根据测量能量波运动过程的时间差来确定液（物）位变化情况。由电子装置对微波信号进行处理，最终转化成与液位相关的电信号。

压力表如图11.6所示。压力表是指以弹性元件为敏感元件，测量并指示高于环境压力的仪表。压力表的应用极为普遍，它几乎遍及所有的工业流程和科研领域。压力表种类很多，它不仅有一般（普通）指针指示型，还有数字型；不仅有常规型，还有特种型；不仅有接点型，还有远传型；不仅有耐振型，还有抗震型；不仅有隔膜型，还有耐腐型等。

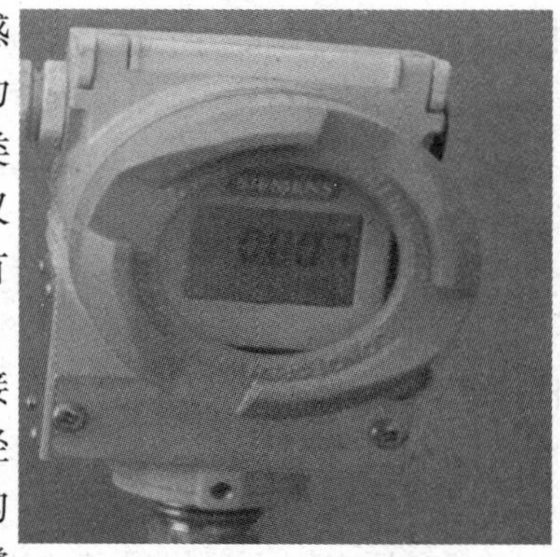

图11.6　压力表

从安装结构看，有直接安装式、嵌装式和凸装式。直接安装式，又分为径向直接安装式和轴向直接安装式。其中径向直接安装式是基本的安装形式，一般在未指明安装结构时，均指径向直接安装式；轴向直接安装式考虑其自身支撑的稳定性，一般只在公称直径小于150 mm的压力表上才选用。所谓嵌装式和凸装式压力表，就是我们常说的带边（安装环）压力表。其中嵌装式又分为径向嵌装式和轴向嵌装式，凸装式也有径向凸装式和轴向凸装式之分。

从量域和量程区段看，在正压量域分为微压量程区段、低压量程区段、中压量程区段、高压量程区段、超高压量程区段，每个量程区段内又细分出若干种测量范围（仪表量程）；在负压量域（真空）又有三种负压（真空表）；正压与负压联程的压力表是一种跨量域的压力表。其规范名称为压力真空表，也有称之为真空压力表。它不但可以测量正压压力，也可测量负压压力。

11.1.3　水量仪表

1. 水量仪表分类

水量仪表指的是各类流量仪表。流量仪表是指示被测流量和（或）在选定的时间间隔内流体总量的仪表。简单来说就是用于测量管道或明渠中流体流量的一种仪表，它可分为瞬时流量和累计流量，瞬时流量即单位时间内过封闭管道或明渠有效截面的量，累计流量即为在某一段时间间隔内流体流过封闭管道或明渠有效截面的累计量。

流量仪表的种类经过多年的发展已经十分丰富，按照原理可分为：容积式流量计、涡轮流量计、差压式流量计、变面积式流量计、电磁流量计、超声波流量计、流体振荡式流量计、质量流量计、涡阶流量计和其他流量计（如冲量式流量计和动量式流量计）。而在近年来，由于电磁流量计与超声波流量计技术越来越成熟，这两种流量计在净水行业中的地位是不可动摇的，成为流量计使用的主流。下面介绍一下这两种流量计各自的特点。

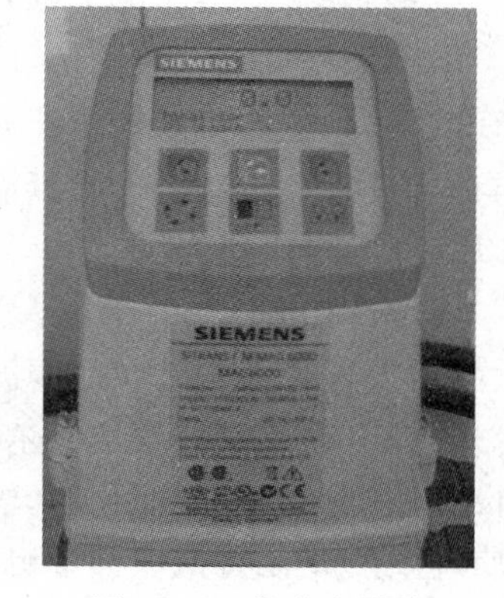

图11.7　电磁流量计

(1)电磁流量计(图11.7)

电磁流量计是基于电磁感应定律来进行流量计量的流量计,也是水厂进、出口水流量计量最常用的流量计,该种仪表具有下列特点:①测量精确度高;②无可动部件,可靠性高;③属于非接触测量;④直管段要求相对较低;⑤品种齐全。其不足之处是大口径产品价格高,而且口径越大价格增长得越快。

(2)超声波流量计

超声波流量计是通过检测流体流动对超声束(或超声脉冲)的作用以测量流量的仪表。超声波流量计具有以下特点:①无可动易损零部件,长期稳定性好;②不干扰流场,无压力损失,可用于非接触测量流量;③既可测量导电液体,如水等,也可测量不导电液体;④超声流量计价格与口径无关,用来测量大口径管路流量,投资较省;⑤安装方便,检定费用低;⑥其不足之处是准确度与电磁流量计相比较低,对净水行业的计量来说,超声波流量计的实际测量误差能控制在3%以内就算高准确度了。

2.流量计选型

选择流量计的原则首先是要清楚地了解各种流量计的结构原理和流体特性等方面的知识,同时还要根据现场的具体情况及周边的环境条件进行选择,也要考虑到经济方面的因素。一般情况下,主要应从下面5个方面进行选择:①流量计的性能要求;②流体特性;③安装要求;④环境条件;⑤流量计的价格。

(1)流量计的性能要求

流量计的性能方面主要包括:测量流量(瞬时流量)还是总量(累积流量);准确度要求;重复性;线性度;流量范围和范围度;压力损失;输出信号特性和流量计的响应时间等。

①测量流量还是总量。流量测量包括两种,即瞬时流量和累积流量,要根据现场计量的需要进行选择。有些流量计比如容积式流量计、涡轮流量计等,其测量原理是以机械计数或脉冲频率输出直接得到总量,其准确度较高,适用于计量总量,如配有相应的发讯装置也可输出流量。电磁流量计、超声流量计等是以测量流体流速推导出流量,响应快,适用于过程控制,如果配以计算功能后也可以获得总量。

②准确度。流量计准确度等级的规定是在一定的流量范围内,比如使用在某一特定的条件下或比较窄的流量范围内,此时其测量准确度会比所规定的准确度等级高。

用于贸易核算时,如果要求测量准确度较高时,应考虑准确度测量的持久性,一般用于上述情况下的流量计,准确度等级要求为0.2级。准确度等级一般是根据流量计的最大允许误差确定的。各制造厂提供的流量计说明书中会给出。一定要注意其误差的百分率是指相对误差还是引用误差。相对误差为测量值的百分率,常用“%R”表示;引用误差则是指测量上限值或量程的百分率,常用“%FS”表示。许多制造厂说明书中并未注明。比如,浮子流量计一般都是采用引用误差,电磁流量计个别型号也有采用引用误差的。

流量计如果不是单纯计量总量,而是应用在流量控制系统中,则检测流量计的准确度要在整个系统控制准确度要求下确定。因为整个系统不仅有流量检测的误差,还包含信号传输、控制调节、操作执行等环节的误差和各种影响因素。比如,操作系统中存在有2%左右的回差,对所采用的测量仪表确定过高的准确度(0.5级以上)就是不经济和不合理的。

还有一个问题就是对于检定规程或制造厂说明书中对流量计所规定的准确度等级指的是其流量计的最大允许误差。但是由于流量计在现场使用时受环境条件、流体流动条件和动力条件等变化的影响,将会产生一些附加误差。因此,现场使用的流量计应是仪表本身的最大允许误差和附加误差的合成，一定要充分考虑到这个问题，有时候可能现场的使用环境范围内的误差会超过流量计的最大允许误差。

③重复性。重复性是由流量计原理本身与制造质量决定的，是流量计使用过程中的一个重要的技术指标，与流量计的准确度息息相关。一般在检定规程中的计量性能要求中对流量计不仅有准确度等级规定，还对重复性进行了规定，一般规定为：流量计的重复性不得超过相应准确度等级规定的最大允许误差的1/3～1/5。

④线性度。流量计的输出主要有线性和非线性平方根两种。一般来说，流量计的非线性误差是不单独列出的，而是包含在流量计的误差内。对于一般比较宽的流量范围，输出信号为脉冲的，用作总量计算的流量计，线性度则是一个重要的技术指标，如果在其流量范围内使用单一的仪表系数，当线性度差就会降低流量计的准确度。比如，涡轮流量计在10∶1的流量范围内采用一个仪表系数，线性度差时其准确度会较低，随着计算机技术的发展，可将其流量范围分段，用最小二乘法拟合出流量-仪表系数曲线对流量计进行修正，从而提高流量计的准确度和扩展流量范围。

⑤上限流量和流量范围。上限流量也称为流量计的满度流量或最大流量。当我们选择流量计的口径时应按被测管道使用的流量范围和被选流量计的上限流量和下限流量来进行配置，不能简单地按管道通径进行配用。一般来讲，设计管道流体最大流速是按经济流速来确定的。如果选择过低，管径增加，投资增加；过高则输送功率大，增加运行成本。

在流量计的选择中应注意不同类型的流量计，其上限流量或上限流速由于受各自流量计的测量原理和结构的限制差别较大。以液体流量计为例，上限流量的流速以玻璃浮子流量计为最低，一般在0.5～1.5 m/s之间，容积式流量计在2.5～3.5 m/s之间，涡街流量计较高在5.5～7.5 m/s之间，电磁流量计则在1～7 m/s之间，甚至达到0.5～10 m/s之间。

液体的上限流速还需要考虑不能因为流速过高而产生气穴现象，出现气穴现象的地点一般是在流速最大、静压最低的位置，为了防止气穴的形成，常常需要控制流量计的最小背压（最大流量）。

还应注意流量计的上限值订购后就不能改变，比如容积式流量计或浮子流量计等。差压式流量计像节流装置孔板等一经设计确定后，其下限流量不能改变，上限流量变动可以通过调整或更换差压变送器来改变流量。比如某些型号的电磁流量计或超声流量计，有些用户可以自行重新设定流量上限值。

⑥范围度。范围度为流量计的上限流量和下限流量的比值，其值越大流量范围越宽。线性仪表有较宽的范围度，一般为1∶10。非线性流量计的范围度较小仅为1∶3。一般用于过程控制或贸易交接核算的流量计，如果要求流量范围比较宽，就不要选择范围度小的流量计。

目前一些制造厂为宣传其流量计的流量范围宽，在使用说明书中把上限流量的流速提得很高，实际上如此高的流速是用不上的。其实范围度宽的关键是有较低的下限流速，以适应测量需要，所以下限流速低的宽范围度的流量计才是比较实用的。

⑦压力损失。压力损失一般是指流量传感器由于在流通通道中设置的静止或活动检测元件或改变流动方向，从而产生随流量而变的不能恢复的压力损失，应按管道系统泵送能力和流量计进口压力等确定最大流量的允许压力损失来选定流量计。因选择不当会限制流体流动产生过大压力损失而影响流通效率。比如管径大于500 mm的输水用的流量计，应考虑压损所造成的能量损耗过大而增加的泵送费用。

⑧输出信号特性。流量计的输出和显示量可以分为:a. 流量(体积流量或质量流量);b. 总量;c. 平均流速;d. 点流速。有些流量计输出为模拟量(电流或电压),另一些输出脉冲量。模拟量输出一般认为适合于过程控制,比较适合于与调节阀等控制回路单元接配;脉冲量输出比较适合于总量和高准确度的流量测量。长距离信号传输脉冲量输出则比模拟量输出有较高的传送准确度。输出信号的方式和幅值还应有与其他设备相适应的能力,比如控制接口、数据处理器、报警装置、断路保护回路和数据传送系统。

⑨响应时间。应用于脉动流动场合应注意流量计对流动阶跃变化的响应。有些使用场合要求流量计输出跟随流体流动变化,而另一些为获得综合平均值要求有较慢响应的输出。配用显示仪表可能相当大地延长响应时间。

(2)流体特性

在流量测量中由于各种流量计总会受到流体物性中某一种或几种参量的影响,所以流体的物性很大程度上会影响流量计的选型。

流体物性方面常见的有密度、黏度、蒸汽压力和其他参量。这些参量一般可以从手册中查到,评估使用条件下流体各参量和选择流量计的适应性。但也会有些物性是无法查到的,比如腐蚀性、结垢等。

①流体的温度和压力。仔细地分析流量计内流体的工作压力和温度,尤其是测量气体时温度压力变化造成过大的密度变化,可能要改变所选择的测量方法。比如,温度和压力影响流量测量准确度等性能时,要作温度或压力修正。另外,流量计外壳的结构强度设计和材质也取决于流体的温度和压力。因此,必须确切地知道温度和压力的最大值和最小值。当温度和压力变动很大时更应仔细选择。

还应注意在测量气体时要确认其体积流量值是在工况状态下的温度和压力还是在标准状态下的温度和压力。

②流体的密度。对于液体,在大部分应用场合下其密度相对恒定,除非温度变化很大而引起较大变化,一般可不进行密度修正。

③黏度。各种液体之间黏度差别很大,且因温度变化有显著变化。

黏度对各类流量计的影响程度不一样,比如,对于电磁流量计、超声流量计和科里奥利式质量流量计的流量值是在很宽黏度范围内,可以认为不受液体黏度的影响;容积式流量计的误差特性和黏度有关,可能会略受影响;而浮子流量计、涡轮流量计和涡阶流量计,当黏度超过某值时则影响较大以致不能使用。

④化学腐蚀和结垢。流体的化学腐蚀问题有时会成为我们选择测量方法和使用流量计的决定因素。比如,某些流体会使流量计接触零件腐蚀、表面结垢或积淀析出晶体,金属零件表面产生电解化学作用,这些现象的产生会降低流量计的性能和使用寿命。因此,为了解决化学腐蚀和结垢问题,制造厂采取了许多方法,如选用抗腐蚀材料或在流量计的结构上采取防腐蚀措施。

由于流量计腔体和流量传感器上结垢或析出结晶会减少流量计内活动部件的间隙,降低流量计内敏感元件的灵敏度或测量性能。比如在超声流量计应用上结垢层会阻碍超声波发射。所以有些流量计常采用在流量传感器外界加温防止析出结晶或加装装置除垢器。

化学腐蚀和结垢的结果是改变试验管道内壁粗糙度,而粗糙度会影响流体的流速分布,因此,建议使用者应注意这个问题,比如多年使用的管道应进行清洗和除垢工作。腐蚀和结垢影响流量测量值的变化会因流量计的类型而不同。下面以超声流量计和电磁流量计为例来说明由于管道结垢影响的结果,比如,内径为 50 mm 的管道,内壁结垢或沉积 0.1 ~ 0.2 mm,会使测量管道面积缩小 0.4% ~0.6%,所产生的误差对于 0.5 ~1.0 级的流量计将是不容忽视的偏差。

(3)流量计的安装

①安装时需注意的问题。安装问题对不同原理的流量计要求是不一样的。对有些流量计,比如差压式流量计、速度流量计,按规程规定在流量计的上、下游需配备一定长度的或较长的直管段,以保证流量计进口端前流体流动达到充分发展。而另一些流量计,比如对容积式流量计、浮子流量计等则对直管段长度就没有要求或要求较低。

②安装条件。流量计在使用中应注意安装条件的适应性和要求,主要从以下几方面考虑:流量计的安装方向,流体的流动方向,上、下游管道的配置, 阀门位置,防护性配件,脉动流影响,振动,电气干扰和流量计的维护等。

(4)环境条件要求

在选流量计的过程中不应忽略周围条件因素及有关变化,比如环境温度、湿度、安全性和电气干扰等。

①环境温度。环境温度变化会影响流量计的电子部分和流量传感器部分。当环境温度影响到显示仪表电子元件时,将改变元件参数。应该将流量传感器和二次显示仪表安装在不同的场所,像二次显示仪表应安装在控制室内,以保证电子元件免受温度的影响。

②环境湿度。环境中大气湿度也是影响流量计使用的问题之一。比如湿度高会加速大气腐蚀和电解腐蚀并降低电气绝缘,低湿度会产生静电。环境温度或介质温度急剧变化会引起湿度方面的问题,如表面结露现象。

③安全性。应按照有关规范和标准选择流量计,以适应用于爆炸性危险环境,按照防爆标准对现场进行要求。

④电气干扰。电力电缆、电机和电气开关都会产生电磁干扰,如不采取有关措施,就会成为流量测量产生误差的原因。

(5)经济方面的考虑

①从经济方面考虑购置流量计的费用。购置流量计时应比较不同类型流量计对整个测量系统经济的影响。比如范围度小的流量计比范围度宽的流量计在相同测量范围下,需要多台流量计并联和多条管线才覆盖,因此除流量计以外尚需增加许多辅助设备,如阀门、管线附件等。虽然表面上看流量计费用少了,但是其他的费用则增加,计算起来并不合算。

②安装费用。在购置流量计时,不仅要考虑流量计的购置费,还需考虑其他费用,如附件购置费、安装调试费、维护和定期检测费、运行费和备用件费。

比如许多流量计使用时应配备比较长的上游直管段以保证其测量性能。因此正确的安装需要额外管道的布置或备有旁路管道作定期维护。所以安装费应多方面考虑,比如还应包括运行所需的截止阀、过滤器等辅助费用等。

③运行费用。流量计运行费用主要是工作时能量消耗,包括电动仪表内部电力消耗或气动仪表的气源耗能以及在测量过程中推动流体通过仪表所消耗的能量,亦即克服仪表因测量产生压力损失的泵送能耗费等。比如差压式流量计产生的差压,很大一部分不可恢复,容积式流量计和涡轮流量计也具有相当阻力。只有全通道、无阻碍的电磁流量计和超声流量计基本此费用为零,插入式流量计由于用于大管径阻塞比小,其压力损失亦可忽略。

④检测费用。检测费用应根据流量计的检定周期决定。

⑤维护费用和备用件费用等。维护费用为流量计投入使用后保持测量系统正常工作所需费用,主要包括维护和备用件费用。备用件费用会随着流量计的性能提高的程度而增加。选用流量计时应考虑同时增加备用件的购置费用,尤其是从国外进口的流量计,有时常常会因易损备件的困难而替换整台流量计。

11.2　寒区净水厂仪表设置及使用

11.2.1　寒区水厂仪表整体性能要求

根据寒区净水厂特殊的气候条件及运行特征,对其厂内仪表有如下要求:

①所有仪表负载阻抗小于等于 750 Ω。

②所有现场仪表适合于寒冷地区气候条件和海拔高度。

③现场仪表具有防水、防尘型的结构,室外仪表满足全天候运行记录要求,具有防晒、防雨、防寒、防变形、防雷击影响的措施,所有仪表都应有可靠的接地。

④仪表水下传感器探头具有清洗装置,保证仪表正常使用。

⑤安装在管道中的仪表提供连接阀门以便于拆修,提供连接配件,包括手动阀门及全部相关附件,提供与仪表连接所需的管线及全部附件满足仪表使用要求。

⑥仪表电源 220VAC,50 Hz 或 24VDC 电源。

⑦所有仪表外观清洁,标记编号以及盘面显示等字体清晰、明确。

⑧现场控制设备的所有部件的安装便于调整和读数,并提供变送接口。

⑨所有传感器与变送器间的连接电缆及传感器和变送器的安装支架(不锈钢)均配套提供(根据现场实际安装情况)。

⑩仪表保温箱。

a. 保护等级不低于 IP65,带可视窗的仪表保温箱加热功率不超过 100 W,并能保证冬季室外仪表变送器的正常工作。

b. 仪表保温箱内置温度继电器,当温度低于-5 ℃时,接点接通,加热电阻开始加热:当温度高于+20 ℃时,接点自动断开,加热电停止加热。

c. 仪表保温箱内置加热电阻: 220VAC 100 W。

d. 温度控制器:设备配套,温度范围可调。

e. 熔断器:220VAC 6 A,断路器:220VAC 10 A。

11.2.2　寒区净水厂仪表特点

1. 寒区水质仪表特点

寒区的水质仪表一般应采用流通式采样方式,虽然浸入式探头可提供相对连续且采样简单的监测仪表,但由于寒区水厂原水低温的特点,工艺过程中易产生气泡探头易附着杂物,电极长期浸泡会出现较大范围的波动。故宜采用较为稳妥的流通式采样,可使用采样泵或根据工艺特点,在管道附近安装,在测量之前通过装置对水样进行脱泡处理。

在进行采样时,应连续采样,平行取样,根据经验整理采集的数据,减小温度对水质的影响。由于寒区低温低浊水的特性,应按照不同的工艺段选择精度较高、量程较低的水质仪表,如浊度仪可以选择 0 ~ 100 NTU 量程产品。

2. 寒区水压仪表特点

水厂原水、出厂水等重要管道压力,一般位于室外井室内,易受到雨雪侵害导致无法正常运行,因此重要部位压力仪表应设置双表,准确监控管道压力,为自控系统提供精确的监测数据。除此之外,寒区水压仪表还应具备如下主要性能:

①测量范围:量程可调。

②测量精度:0.25%。

③环境温度:-20~65℃(室外需采取保温措施)。

④稳定性:12个月0.1%,并可去除水面剧烈波动的干扰或提供相关措施可消除干扰。

⑤重复性:小于满量程0.1%。

⑥零点迁移:盲区以外任意设定。

⑦变送器防护等级:IP65;传感器防护等级:IP68。

3.寒区水量仪表特点

流量计是监测工艺过程中水量的主要仪表,在各个工艺流程都得到广泛的使用,转子流量计、电磁流量计、超声波流量计在寒区水厂都可以应用。寒区水厂流量监测的最大特点是:累计数远程通过PLC自动累计,表头累计数据作为参考数值。由于水厂流量数据累计数较大,通常表头内累计数位数都无法满足要求,而且寒区水厂经常遇到流量计断线、受冻、受潮等故障导致断电后累计数据丢失。因此,在寒区水厂所有流量计在控制系统设置时必须带有自动累计功能。

11.2.3 寒区净水厂仪表使用管理制度

水厂内的仪表是水厂的眼睛,只有确保仪表的正常工作,读数准确,才能保障安全生产,所以,水厂应建立完善的仪表管理制度,保障仪表的正常运行,充分发挥仪表的测量与控制作用。下面简单介绍一下有关流量仪表的日常使用维护管理制度。

①对所有仪表都必须有其相应的档案资料,以供日常维护时随时查阅。其档案资料应完备、准确,一要有完整的安装与使用说明书、合格证及鉴定证书,二要有准确的巡视与检修记录、标定记录、零部件更换记录。

②定期由专人上现场进行巡视检查,看有无异常情况。其检查项目包括:零部件完好,铭牌清晰,紧固件不松动,插接件接触良好,端子接线牢靠,密封件无泄漏;电缆整齐无破损,安装牢靠,标号齐全、清晰、准确;仪表运行正常,电源电压在规定范围内,显示数据正常;仪表保温、伴热状况正常。

③仪表必须进行及时清洁,保证仪表及其连接件清洁无锈蚀。

④仪表因根据其具体情况定时进行标定,以确保仪表的读数准确。

⑤每日的仪表巡视任务由生产运行科人员负责,维修任务由检修科负责,两个科室对流量仪表进行巡视与检修的人员应是专门的、固定的。每次巡视与维修后都应由本人在巡视记录或检修记录上签字。

11.2.4 在线仪表监测与化验室水质检测分析相互关系

水质检验是水质管理不可缺少的手段,是确保优质供水的重要保障。目前,大多数供水企业实行三级检验制度:班组检验(含在线水质仪表)、厂级检验、水质监测站(或是水质科、中心化验室)检验。第一级检验由运转人员运行,按水处理的工艺流程,每半小时取水检验一次,观察浊度、余氯等指标的变化;第二级检验是厂内的水质化验室,每8 h取水化验一次,还要定期对水源和管网水进行检验分析,以确保自来水出厂前达到国家规定的生活饮用水卫生标准;第三级检验是自来水集团公司水质检测中心。

1. **水质在线监测的特点**

从国外环保监测的发展趋势和国际先进经验看，水质的在线自动监测已经成为有关部门及时获得连续性的监测数据的有效手段。只需经过几分钟的数据采集，水源地的水质信息就可发送到环境分析中心的服务器中。一旦观察到某种污染物的浓度发生异变，环境监管部门就可以立刻采取相应的措施，取样具体分析。水质在线监测的优点总结起来有如下几点：

①反应快速，在线仪表通过网络与计算机相连，不需人工操作就可自动将实时监测数据显示出来，快速而准确。

②适用于远程监测。对于水源地等其他离化验室较远，不方便采集水样监测的场合，利用在线仪表就可以方便地监测水质了。

③数据的存储和管理方便。由于使用了自控系统数据管理软件，对于水质数据，计算机将自动存储，工作人员可根据需要进行调取、分析、打印报表等操作。

④降低了化验室工作人员的劳动强度，有了在线仪表监测，可以让它们来承担很多化验室工作人员的工作，这样就减少了工作量，争取了更多时间来完成其他必要的工作。

但是，水质在线仪表也有其缺陷：一是不够灵活，当要对一个没有安装在线仪表的地点进行水质检测时，临时去安装一块仪表显然是不现实的；二是水质分析项目较少，通常一块仪表只能做有限的一两种分析；三是如果只有在线监测仪表对水质进行监测，一旦仪表出现故障，水质监测数据不准确，工作人员很难发现，这样就有可能导致将不合格水质误当成合格品输送出去，发生事故。

2. **化验室水质检测的特点**

化验室水质检验是传统的水质检测方式，在如今的水厂检测中，这仍是不可缺少的一个重要环节，发挥着举足轻重的作用。化验室水质检测的优势有：

①监测灵活。化验室可以根据需要对某处的水进行采样，然后带回化验室检测，采样地点不用固定，比较灵活。

②分析手段完备，可做的水质分析项目较多。对于国家标准规定的检测项目，特别是一些在线仪表无法检测的项目，在化验室可以进行检测分析，这是在线监测仪表无法取代的。

然而，传统的化验室水质监测也有其不足，化验室水质监测主要以人工现场采样、实验室仪器分析为主，存在监测频次低、采样误差大、监测数据分散、不能及时反映水质变化状况等缺陷。

3. **在线监测与化验室检测的关系**

从上面的内容可知，水质在线监测与化验室检测各有其优缺点，为了弥补各自的不足，有必要在水质监测时双管齐下，将两种水质监测方式有机地结合起来。

首先，在一些化验室无法进行及时采样监测的地点，应安装在线水质监测仪表，这样，当水质发生突然变化时，自控系统就可以及时报警，相关工作人员能及时发现并进行处理。

其次，在一些重点部位，在定时进行化验室采样检测的同时，也应安装在线水质监测仪表。这样，当夜间或其他化验室不进行水质监测的时间，自控系统也可以根据仪表传输的数据自动监测水质。

再次，当某些在线仪表出现故障无法正常工作时，或者是对于在线仪表不能检测的项目，有了化验室水质检测，就可以弥补在线仪表不能检测的空缺。

最后，化验室的检测结果可以用来对在线仪表传输来的数据进行比对，当两者的结果相差较大时，就应该查找原因，看是否在线仪表出现故障，或是化验室检测过程出现问题。

综上，在线仪表监测和化验室水质检测是可以互相弥补不足的，是在水厂水质检测中缺一不可的，只有两者相互结合，才能确保水质检测结果的准确，确保供水水质安全。

11.3　寒区净水厂在线仪表使用案例

以东北某水厂的在线监测仪表为例说明高寒地区水厂的仪表使用情况。厂区地理位置：东经 126°40′，北纬 45°12′，全年最高气温 39.1 ℃，最低气温-39.9 ℃，冬季月平均气温-19.8 ℃，冰冻期为 4 个月，冻土深度为 2.05 m。该水厂使用的水质仪表有 pH 值测量仪、浊度仪、碱度仪、余氯分析仪等。

11.3.1　水质仪表

1. pH 计

pH 值测量传感器、变送器采用 Endress+Hauser CPM253 及 CYA611 系列产品。pH 计的设备形式是流通式。安装位置为投药间水质检测间、絮凝池出口处。性能参数为：

①功能：测量、指示和传送过程检测介质的 pH 值信号。

②形式：玻璃复合电极（测量电极、参比电极和 Pt100 温度电极复合一体）。

③组合：测量、变送元件及全部安装附件。

④具有自诊断功能，零点、输出测量范围可调，参数调整密码保护。

⑤测量范围：0～14pH。

⑥测量精度：0.1% FS 或 0.1pH。

⑦信号输出精度：≤0.3%。

⑧重复性：±0.1% FS。

⑨指示器：LCD 数字显示（同时显示 pH 值、温度），可现场操作，可同时输出温度信号 4～20 mA。

⑩自动温度补偿功能，0～70 ℃。

⑪工作温度：0～70 ℃。

⑫提供自动清洗装置。

⑬总线制仪表。

⑭断电自动储存系统数据。

⑮变送器安装方式：墙挂式。

⑯变送器防护等级：IP65。

⑰传感器：玻璃电极。

⑱传感器防护等级：IP68。

⑲检测方式：流通式。

2. 在线浊度测量仪

在线浊度测量传感器、变送器采用 Endress+Hauser CUE22/21 系列产品，设备形式为流通式，安装位置为投药间水质检测间、滤池进水总渠、滤池出水总渠。性能参数为：

①功能：测量、指示和传送过程检测介质中的浊度。

②形式：90°散射光，自动补偿样品颜色变化。

③组成：测量、变送元件及全部安装附件和清洗装置。

④准确度：±2%或±0.02 NTU,取大者。

⑤重复性：±1%或±0.002 NTU,取大者。

⑥指示器：LCD 数字图形具有数据存储记录功能,带温度补偿,并可同时输出温度信号。

⑦气泡：要求具备气泡消除系统。

⑧具有自清洗、自诊断功能,不锈钢材质。

⑨输出信号：4～20 mA。

⑩电源：220VAC,50 Hz。

⑪断电自动储存系统数据。

⑫变送器安装方式：墙挂式。

⑬变送器防护等级：IP66。

⑭传感器防护等级：IP68。

3. 碱度计

碱度计测量传感器、变送器采用美国 HACH 公司的 APA6000 系列产品。设备形式为流通式,安装位置为投药间水质检测间。性能参数为：

①功能：测量、指示和传送过程检测介质中的碱度。

②形式：滴定法。

③组成：测量、变送元件及全部安装附件。

④测量精度：5%。

⑤相应时间：90%少于 10 min。

⑥重复性：0.3%。

⑦指示器：LCD 数字并有现场操作。

⑧样品温度范围：5～50 ℃。

⑨提供自清装置。

⑩输出信号：4～20 mA。

⑪电源：220VAC,50 Hz。

⑫变送器安装方式：墙挂式。

⑬传感器防护等级：IP66。

⑭检测方式：流通式(取样式)。

4. 余氯分析仪

余氯分析仪采用 Rosemount 公司的 499A CL-01-54 及 5081-A-FF-21-60 型号产品。余氯分析仪的设备形式是流通式。安装位置为送水泵房水质检测间。性能参数为：

①功能：测量、指示和传送过程检测介质的溶解氧、余氯、总氯、一氯胺和臭氧信号。

②组合：测量、变送元件及全部安装附件。

③测量范围：$0\sim20\times10^{-6}$。

④测量精度：0.001。

⑤指示器：LCD 数字显示,可现场操作。

⑥自动温度补偿功能,0～50 ℃。

⑦工作温度：0～50 ℃。

⑧总线制仪表。

⑨断电自动储存系统数据。

⑩变送器安装方式:墙挂式。

⑪变送器防护等级:IP65。

⑫传感器防护等级:IP68。

⑬检测方式:流通式。

11.3.2 水压(液位)仪表

1.压力表

压力变送器采用SIEMENS SITRANS DSIII系列差压/压力变送器,安装位置为滤池出水管、送水泵出口管、送水泵出口重力流管、室外安装、送水房出口管、送水房高压区出水管、室外安装、送水房泵进水管、送水房低压区出水管、室外安装、送水房泵进水管、送水房低压区出水管、污泥处理间进泥管、污泥处理间冲洗水管、鼓风机房压力罐。性能参数为:

①功能:测量、指示和传送压力信号。

②测量精度:小于0.1 %。

③环境温度:-40 ~60 ℃。

④稳定性:12个月0.1%。

⑤量程比:100 :1。

⑥零点迁移:满量程90%。

⑦防护等级:IP65;室外安装为IP68。

⑧安装位置:带现场显示及按键操作。

⑨线性度:小于等于0.1%。

⑩结构:变送器、测量元件一体安装。

⑪总线制仪表。

2.液位计

由于厂内大多数工艺过程均为重力自流,液位计在整个工艺过程中的监测数据显得格外重要。液位计分为分体式液位计与一体式液位计。

分体式液位计采用超声波液位计,采用SIEMENS MultiRanger 100超声波液位变送器,Echomax XRS-5超声波液位传感器二线制分体式超声波液位计,设备形式是分体式,安装位置为:清水池、废水回收水池吸水井、污泥贮池吸水井、回水调节池、污泥调节池、废水回收水池、污泥贮池。性能参数为:

①功能:测量、指示和传送液位信号。

②形式:超声波原理。

③组成:水位传感器、变送器及全部安装附件和电缆。

④测量精度:0.25%。

⑤环境温度:-20 ~60 ℃。

⑥稳定性:12个月0.1%,并可去除水面剧烈波动的干扰或提供相关措施可消除干扰。

⑦重复性:小于满量程0.1%。

⑧零点迁移:盲区以外任意设定。

⑨显示:LCD发光显示,并具有现场操作功能,断电自动储存系统数据。

⑩隔离输出信号:4 ~20 mA(带数字通信)。

⑪电源:220VAC, 50 Hz, 断电自动储存系统数据。

⑫报警:继电器输出,可设定及开关量输出自身故障报警 220VAC,5 A。

⑬变送器防护等级:IP65。

⑭变送器安装方式:墙挂式。

⑮传感器防护等级:IP68。

⑯传感器安装方式:螺纹直接安装。

一体式超声波液位计采用 SIEMENS SITRANSProbe LU 二线制一体式超声波液位变送器及系列超声波液位计,安装位置为:稳压配水井、滤池、混合池、$Al_2(SO_4)_3$ 药液池、活化硅酸药液池、NaOH 药液池、反冲洗水塔。性能参数为:

①功能:测量、指示和传送液位信号。

②形式:超声波原理。

③组成:液位传感器、变送器及全部安装附件和电缆。

④测量精度:0.25%。

⑤环境温度:-10～60 ℃。

⑥显示器:4 位 LCD 数字指示并具有现场操作功能。

⑦总线制仪表。

⑧防护等级:IP67。

⑨断电自动储存系统数据。

⑩安装方式:螺纹直接安装。

11.3.3　水量仪表

1. 电磁流量计

电磁流量计采用 SIEMENS MAGFLO MAG 6000 变送器,MAGFLO MAG 3100 流量传感器系列电磁流量计,设备有一体式与分体式,安装位置为:清水池进水总管、送水泵房低压区、$Al_2(SO_4)_3$ 溶液池、活化硅酸溶液池、NaOH 溶液投加管、污泥处理间进泥管、污泥处理间进药管。性能参数为:

①功能:测量、指示和传送管道内导电液体的流量。

②形式:利用法拉第电磁感应测量原理。

③组成:传感器、变送器,全部安装附件和电缆。

④测量精度:0.25%。

⑤重复性:0.1%。

⑥环境温度:-20～60 ℃。

⑦介质温度:0～+80 ℃。

⑧指示器:LCD 数字指示(可显示瞬时流量和累积流量),可现场设定。

⑨变送单元:微处理器、积分自动校零、自诊断、故障报警和小信号切除。

⑩衬里材料:聚四氟乙烯(加药系统)或硬橡胶。

⑪电极测量系统:电极测量系统、双测量电极、标配接地电极、具备空管检测功能。

⑫电极材料:1.443 不锈钢。

⑬总线制仪表。

⑭供电: 220VAC、50 Hz。

2. 超声波流量计

超声波流量计采用 Endress+Hauser 93WA2-AB3B10ACAAAH 系列超声波流量计。设

备形式为管道夹装式。安装位置为:反冲洗出水管、混合前总进水管。性能参数为:

①功能:测量、指示和传送管道内液体的流量和声速。

②形式:时差法。

③组成:传感器、变送器,全部安装附件和电缆。

④传感器结构:双声道。

⑤变送器安装方式:墙装或柱装。

⑥传感器安装方式:管道夹装。

⑦测量精度:0.5%。

⑧环境温度:-20~50 ℃。

⑨介质温度:-10~+70 ℃。

⑩重复性:±0.3%。

⑪显示:两行背光 LCD 指示,可现场操作、设置。

⑫动态零点校正。

⑬变送单元:微处理器、自诊断、故障报警和小信号切除。

⑭输入:双通道 4~20 mA 信号。

⑮总线制仪表。

⑯电源:220~240VAC 50 Hz。

第12章　寒区净水质指标监测方案

12.1　寒区净水厂水质指标检测

因寒区水厂条件限制,检测实验室建设只需满足日常监测需要,因此本节涉及水厂化验室检测范围内的日常监测内容。

12.1.1　水厂采样点、检验项目和频率、合格率

《生活饮用水卫生标准》(GB5749—2006)9.1.2规定"城市集中式供水单位水质监测的采样点选择、检验项目和频率、合格率计算按照《城市供水水质标准》(CJ/T206)执行"。根据寒区净水厂的工艺特点,沉后水和滤后水的水质指标是最易于监测的参数,因此寒区净水厂应加强沉后水和滤后水的检测,采用高于国家标准的监测内容。

12.1.2　采样点的选择

采样点的设置要有代表性,应分别设在水源取水口、水厂出水口和居民经常用水点及管网末梢。管网的水质检验采样点数,一般应按供水人口每两万人设一个采样点计算。

12.1.3　水质检测项目

集中式供水单位检测水质指标应符合《生活饮用水卫生标准》(GB5749—2006)中水质常规指标及限值表和水质非常规指标及限值表要求,出厂水中消毒剂限值、出厂水和管网末梢水中消毒剂量应符合《生活饮用水卫生标准》(GB5749—2006)饮用水中消毒剂常规指标及要求。

水质检测包括水温、色度、浊度、臭和味、肉眼可见物、pH值、COD值、氨氮含量、亚硝酸盐含量、碱度、余氯、总硬度、电导率、细菌总数、总大肠菌群、耐热大肠菌群数、氯化物、硫酸盐、钙、镁、铁、锰、总固体等。

寒区净水厂需对以下常规检测指标进行监测:水温、色度、浊度、臭和味、肉眼可见物、pH值、COD值、氨氮含量、亚硝酸盐含量、碱度、余氯、总硬度、电导率、细菌总数、总大肠菌群。

1. 水温

水温广义上指水的温度检测。根据水的来源不同,我们可以将水分为地面水及地下水两类,当深度变化不大时,即从微观来说,地面水的温度随日照与气温的变化而改变。地下水的温度则和地温有密切关系。一般说,地下水的温度比较恒定,越是深层地下水,水温越是恒定。地下水温度如有剧烈变动,在卫生上即表示有被污染的可能。若地下水水温突然增高,可能是由于温度较高的地面水大量流入的缘故。水温可以影响水中细菌的生长繁殖和水的自然净化作用。此外,水温对水的净化消毒亦有重要的关系。当深度变化比较大时,即从宏观来说,地下水越深水温就越高。从地面往下每深100 m,温度大约增加3 ℃左右。地表以下5~10 m的地层温度就不随室外大气温度的变化而变化,常年维持在15~17 ℃。到了一定深度,再往下每深100 m温度大约增加2 ℃或者1 ℃。水的温度随日照与气温的

变化而改变。

2. 色度

色度是一项感官性指标。一般纯净的天然水是清澈透明的,即无色的。但带有金属化合物或有机化合物等有色污染物的污水呈各种颜色。将有色污水用蒸馏水稀释后与参比水样对比,一直稀释到二水样色差一样,此时污水的稀释倍数即为其色度。色度检测一般使用铂-钴比色法,其原理为用氯铂酸钾和氯化钴配制颜色标准溶液,与被测样品进行目视比较,以测定样品的颜色强度。规定 1 mg/L 铂所具有的颜色为 1 个色度单位,称为 1 度。检测时即使轻微的浑浊度也会干扰测定,浑浊水样测定时需先离心使之清澈。

3. 浑浊度

浑浊度简称浊度,是反映水源水及饮用水的物理性状的一项指标。水的浊度主要指水中悬浮物对光线透过时所发生的阻碍程度。水中的悬浮物一般是泥土、砂粒、微细的有机物和无机物、浮游生物、微生物和胶体物质等。水的浊度不仅与水中悬浮物质的含量有关,而且与它们的大小、形状及折射系数等有关。浊度检测使用的是福尔马肼标准散射法。在相同条件下用福尔马肼标准混悬液散射光的强度和水样散射光的强度进行比较。散射光的强度越大,浑浊度越高。

4. 臭和味

臭和味指嗅气和尝味,生活饮用水标准方法中用嗅气味和尝味法来测定臭和味。无臭无味的水虽然不能保证是安全的,但有利于饮用者对水质的信任。臭是检验原水与处理水的水质必测项目之一。水中臭主要来源于生活污水和工业废水中的污染物、天然物质的分解或与之有关的微生物活动。由于大多数臭太复杂,可检出浓度又太低,故难以分离和鉴定产臭物质。检验臭也是评价水处理效果和追踪污染源的一种手段。臭与味的检测分为六级,相应六级强度见表 12.1。

表 12.1 臭和味的强度等级

等级	强度	说　　明
0	无	无任何臭与味
1	微弱	一般饮用者甚难察觉、敏感者可察
2	弱	一般饮用者刚能察觉
3	明显	已能明显察觉
4	强	已有很明显的臭味
5	很强	有强烈的恶臭和异味

注:必要时可用活性炭处理过的纯水作为无臭对照水

5. 肉眼可见物

肉眼可见物是用视觉检测水源水与出厂水中杂质情况。将待测水样摇匀,在光线明亮处迎光直接观察,记录所观察到的肉眼可见物。

6. pH 值

pH 值是指水中氢离子的总数和总物质的量的比,表示水质酸性或碱性程度的数值,即所含氢离子浓度的常用对数的负值。pH 值是水溶液最重要的理化参数之一。凡涉及水溶液的自然现象、化学变化以及生产过程都与 pH 值有关,IUPAC 规定了一些标准溶液的 pH 值。根据这些标准溶液,使用玻璃电极法进行水样 pH 值测定。以玻璃电极为指示电极,饱和甘汞电极为参比电极,插入溶液中组成原电池。当氢离子浓度发生变化时,玻璃电极和甘汞电极之间的电动势也随着变化，在25 ℃时，每单位pH标度相当于59.1 mV电动势变化值，在仪器（如温度差异补偿装置）上直接以pH的读数表示。

7. 化学耗氧量

化学耗氧量又称化学需氧量，简称COD，是利用化学氧化剂将水中可氧化物质氧化分解，然后根据残留的氧化剂的量计算出氧的消耗量。它是表示水中还原性物质多少的一个指标。水中的还原性物质有各种有机物、亚硝酸盐、硫化物、亚铁盐等，但主要是有机物。因此，化学需氧量又往往作为衡量水中有机物质含量多少的指标。化学需氧量越大，说明水体受有机物的污染越严重。

随着测定水样中还原性物质以及测定方法的不同，化学需氧量的测定值也有不同。目前应用最普遍的是酸性高锰酸钾氧化法与重铬酸钾氧化法。高锰酸钾（$KMnO_4$）法氧化率较低，但比较简便，在测定水样中有机物含量的相对比较值时，可以采用；重铬酸钾（$K_2Cr_2O_7$）法，氧化率高，再现性好，适用于测定水样中有机物的总量。

有机物对工业水系统的危害很大。含有大量的有机物的水在通过除盐系统时会污染离子交换树脂，特别容易污染阴离子交换树脂，使树脂交换能力降低。有机物在经过预处理时（混凝、澄清和过滤），约可减少50%，但在除盐系统中无法除去，故常通过补给水带入锅炉，使炉水pH值降低。有时有机物还可能带入蒸汽系统和凝结水中，使pH值降低，造成系统腐蚀。在循环水系统中有机物含量高会促进微生物繁殖。因此，不管对除盐、炉水或循环水系统，COD都是越低越好，但并没有统一的限制指标。在循环冷却水系统中COD>5 mg/L时，水质已开始变差。

8. 氨氮

氨氮是指水中以游离氨（NH_3）和铵离子（NH_4^+）形式存在的氮。两者的组成比取决于水的pH值和水温。当pH值偏高时，游离氨的比例较高。反之，则铵盐的比例高，水温则相反。动物性有机物的含氮量一般较植物性有机物为高。同时，人畜粪便中含氮有机物很不稳定，容易分解成氨。因此，水中氨氮含量增高时指以氨或铵离子形式存在的化合氨。

氨氮主要来源于人和动物的排泄物，生活污水中平均含氮量每人每年可达2.5～4.5 kg。雨水径流以及农用化肥的流失也是氮的重要来源。此外，氨氮还来自化工、冶金、石油化工、油漆颜料、煤气、炼焦、鞣革、化肥等工业废水中。

水中的氨在氧的作用下可以生成亚硝酸盐，并进一步形成硝酸盐。同时水中的亚硝酸盐也可以在厌氧条件下受微生物作用转化为氨。化肥厂、发电厂、水泥厂等化工厂向环境中排放含氨的气体、粉尘和烟雾；随着人民生活水平的不断提高，私家车也越来越多，大量的自用轿车和各种型号的货车等交通工具也向环境空气排放一定量含氨的汽车尾气。这些气体中的氨溶于水中，形成氨氮，污染了水体。氨氮的危害主要体现在对人健康的影响及对环境的影响，水中的氨氮可以在一定条件下转化成亚硝酸盐，如果长期饮用，水中的亚硝酸盐将和蛋白质结合形成亚硝胺，这是一种强致癌物质，对人体健康极为不利。氨氮对水生物起危害作用的主要是游离氨，其毒性比铵盐大几十倍，并随碱性的增强而增大。氨氮毒性与池水的pH值及水温有密切关系，一般情况，pH值及水温越高，毒性越强，对鱼的危害类似于亚硝酸盐。氨氮对水生物的危害有急性和慢性之分。慢性氨氮中毒危害为：摄食降低，生长减慢，组织损伤，降低氧在组织间的输送。鱼类对水中氨氮比较敏感，当氨氮含量高时会导致鱼类死亡。急性氨氮中毒危害为：水生物表现亢奋、在水中丧失平衡、抽搐，严重者甚至死亡。

9. 亚硝酸盐

亚硝酸盐是一种强烈的血液毒素，它大量地进入人体后，能将血红蛋白中的二价铁氧化成三价铁，使血液失去携氧功能，导致人体缺氧窒息，引起呼吸困难，循环衰竭，中枢神经系统损害；亚硝酸盐还有另一种危险的潜在毒性，它在胃内可与胺类物质化合成亚硝胺，亚硝胺是一种强致癌物质。因此，国家对亚硝酸盐的使用进行了严格的控制，并在有关饮用水中将亚硝酸盐列为污染物进行了限量控制。

对亚硝酸盐的检测使用的方法是α-萘胺比色法，其原理为对氨基苯磺酸α-萘胺耦合生成紫红色染料，其颜色深度与亚硝酸盐氮成正比。因此可与标准色列进行比色，测得水中亚硝酸盐的含量。

10. 碱度

碱度是指水中吸收质子的能力，通常用水中所含能与强酸定量作用的物质总量来标定。水中碱度的形成主要是由于重碳酸盐、碳酸盐及氢氧化物的存在，硼酸盐、磷酸盐和硅酸盐也会产生一些碱度。废水及其他复杂体系的水体中，还含有有机碱类、金属水解性盐类等，均为碱度组成部分。在这些情况下，碱度就成为一种水的综合性指标，代表能被强酸滴定物质的总和。自然水体碱度通常是由于碳酸盐、碳酸氢盐及氢氧离子造成的，因此总碱度一般可以表示成这些成分浓度的函数。

碱度的测定值因使用的指示剂终点 pH 值不同而有很大的差异，只有当试样中的化学组成已知时，才能解释为具体的物质。对于天然水和未污染的地表水，可直接以酸滴定至 pH 值为 8.3 时消耗的量，为酚酞碱度。以酸滴定至 pH 值为 4.4 ~ 4.5 时消耗的量，为甲基橙碱度。通过计算，可求出相应的碳酸盐、重碳酸盐和氢氧根离子的含量；对于废水、污水，则由于组分复杂，这种计算无实际意义，往往需要根据水中物质的组分确定其与酸作用达到终点时的 pH 值。然后，用酸滴定以便获得分析者感兴趣的参数，并作出解释。

碱度指标常用于评价水体的缓冲能力及金属在其中的溶解性和毒性，是对水和废水处理过程控制的判断性指标。若碱度是由过量的碱金属盐类所形成，则碱度又是确定这种水是否适宜于灌溉的重要依据。

碱度检测方法主要有两种常用的方法，即酸碱指示剂滴定法和电位滴定法。电位滴定法根据电位滴定曲线在终点时的突跃，确定特定 pH 值下的碱度，它不受水样浊度、色度的影响，适用范围较广。用指示剂判断滴定终点的方法简便快速，适用于控制性试验及例行分析。二法均可根据需要和条件选用。

11. 余氯

氯投入水中后，除了与水中细菌、微生物、有机物、无机物等作用消耗一部分氯量外，还剩下了一部分氯量，这部分氯量就叫作余氯。余氯可分为化合性余氯（指水中氯与氨的化合物，有 NH_2Cl、$NHCl_2$及 $NHCl_3$三种，以 $NHCl_2$较稳定，杀菌效果好），又叫结合性余氯；游离性余氯指水中的 ClO^-、$HClO$、Cl_2等，杀菌速度快，杀菌力强，但消失快，又叫自由性余氯；总余氯即化合性余氯与游离性余氯之和。自来水出厂水余氯指的是游离性余氯。

为确保自来水符合安全卫生要求，避免发生水媒传染病，自来水在净水处理过程中要添加消毒剂，灭活水中的致病微生物。由于氯气性价比较高，因此在国内水处理行业中广泛采用。市政自来水中必须保持一定量的余氯，以确保饮用水的微生物指标安全。但是，当氯和有机酸反应，就会产生许多致癌的副产品，超过一定量的氯，本身也会对人体产生许多危害，且带有难闻的气味，俗称漂白粉味。

1974 年荷兰 Rook 和美国 Belier 首次发现氯化物和氯消毒过的水中存在三卤甲烷(THM_S)、氯仿等消毒副产物(DBP_S),而且具有致癌、致突变作用。20 世纪 80 年代中期,人们又发现另一类卤乙酸(HAA_S),致癌风险更大,例如氯仿、二氯乙酸（DCH）和三氯乙酸(TCA)的致癌风险分别是三氯甲烷的 50 倍和 100 倍。迄今,随着科技的进步,人们已在水源中检测出 2 221 种有机污染物,而在自来水中发现 65 种,其中致癌物 20 种,致突变物 56 种。为了精确地使用氯气,净水厂需要根据气候情况及流水量的多少对氯气的添加进行调节,确保自来水中的氯气含量完全符合国家标准。

12. 硬度

水的硬度指水沉淀肥皂的程度。使肥皂沉淀的原因主要是由于水中存在钙、镁离子,此外钡、铁、锰、锶、锌等金属离子也有同样的作用。硬水需要大量肥皂才会产生泡沫。现在习惯上把总硬度定义为钙、镁浓度的总和,我国以每升水中碳酸钙的毫克数表示。硬度是由一系列溶解性多价态的金属离子形成的。硬度低于 60 $mgCaCO_3/L$ 的水通常被认为是软水。硬度还可以根据阴离子划分成为碳酸盐硬度和非碳酸盐硬度。水中硬度的主要天然来源是沉积岩、地下渗流及土壤冲刷中的溶解性多价态金属离子。两种主要离子是钙离子和镁离子,镁盐有较强的苦味,最小的苦味味阈值浓度为 150 mg/L Mg^{2+},钙盐的味阈值范围 100 ~ 300 mg/L,具体值取决于与其结合的阴离子。总的说 Ca^{2+}、Mg^{2+}使水的味道发苦。水中硬度超过 200 mg/L 时在管网中会引起一定程度的沉淀。硬度低于 100 mg/L 的软水,会增加管道的腐蚀,导致水中含有重金属,如钙、铜、铅和锌。硬度检测多采用乙二胺四乙酸二钠滴定法测定钙、镁离子的总量,并经过换算,以每升水中碳酸钙的毫克数表示。该方法原理为水样中的钙、镁离子与络黑 T 指示剂形成紫红色螯合物,这些螯合物的不稳定常数大于乙二胺四乙酸钙和镁螯合物的不稳定常数。当 pH=10 时,乙二胺四乙酸二钠先与钙离子,再与镁离子形成螯合物,滴定至终点时,溶液呈现出络黑 T 指示剂的纯蓝色的。

13. **电导率**

电导率是以数字表示溶液传导电流的能力，通常我们用它来表示水的纯度。纯水的电导率很小,当水中含有无机酸、碱、盐或有机带电胶体时,电导率就增加。电导率常用于间接推测水中带电荷物质的总浓度。水溶液的电导率取决于带电荷物质的性质和浓度、溶液的温度和黏度等。一般天然水的电导率在 50 ~ 1 500 μS/cm 之间,含无机盐高的水可达 10 000 μS/cm以上。水中溶解的电解质特性、浓度和水温对电导率的测定有密切关系。因此,严格控制实验条件和电导仪的选择及安装可直接影响电导率的精密度和准确度。将一种纯度优于 99.99% 的高纯度氯化钾作为符合国际推荐的电导率基准物质,由它所配制的基准溶液应具有国际推荐电导率值。电导率的测量温度是标准温度(25 ℃)。相应地测出各个电导率常数,然后按下式求出其他温度的电导率常数 K:

$$K=K_0(1-at)$$

式中　K_0——0 ℃下电导池常数;

a——制作电导池所用玻璃线性膨胀系数;

t——溶液温度,℃。

上式为近似推导结果,与考虑复杂情况时最多不会超过正负 1×10^{-5} 的差别。再根据不同温度下各溶液在相应电导池上所实测到的电阻值,相应地计算出各溶液在不同温度下的电导率。因为电导池常数相对变化的温度系数为 -8.49×10^{-6} ℃$^{-1}$,而 KCl 溶液电导率的温度系数大约为 2×10^{-2} ℃$^{-1}$。因此,假如 1D、0.1D 和 0.01D 溶液在 18 ℃和 20 ℃下所测得的电导率与国际推荐值一致,则可以认为这样的相对测量方法是可靠的,这在以后的国际样品比较中得到了验证。其中 20 ℃的国际推荐值是 1972 年和 1976 年 IUPAC 推荐值。

14. 细菌总数

细菌总数是评定水体污染程度指标之一,指 1 mL 水在普通琼脂培养基中经 37 ℃、24 h培养后所生长的细菌菌群总数。水中通常存在的细菌大致可分为三类:

(1)天然水中存在的细菌

常见的是荧光假单孢杆菌、绿脓杆菌,一般认为这类细菌对健康人体是非致病的。

(2)土壤细菌

洪水时期或大雨后地表水中较多。它们在水中生存的时间不长,在水处理过程中容易被去除。腐蚀水管的铁细菌和硫细菌也属此类。

(3)肠道细菌

肠道细菌生存在温血动物的肠道中,故粪便中大量存在。水体中发现这类细菌,可以认为已受到粪便的污染。致病性肠道细菌有沙门氏杆菌、志贺氏菌和霍乱弧菌等,如图 12.1 所示。

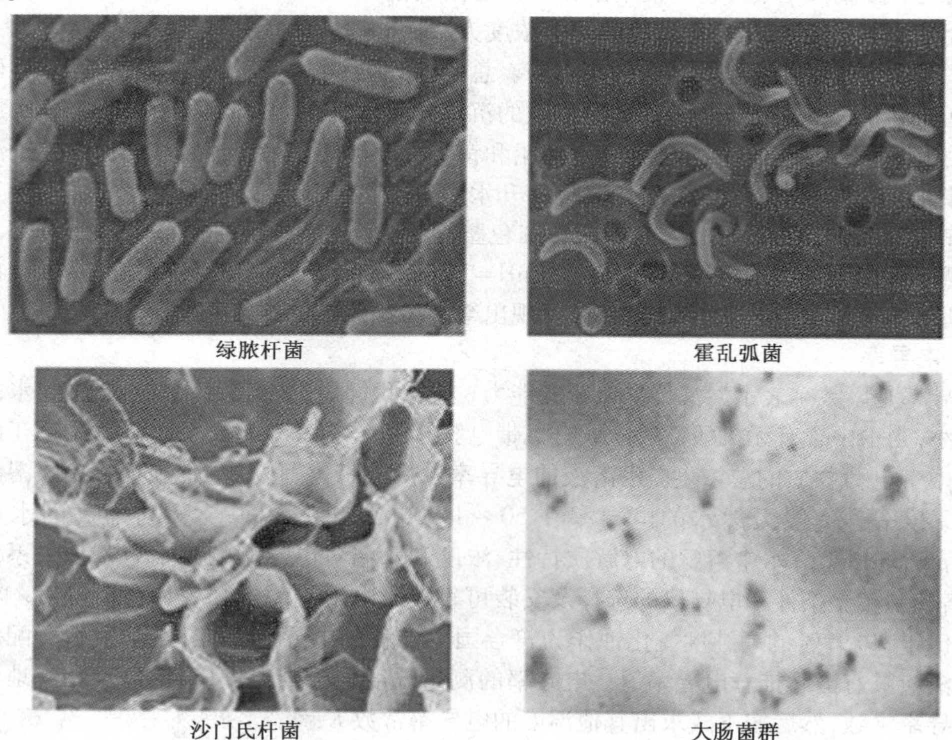

图 12.1 污染水质中存在的几种微生物

细菌总数计数的研究已有很多,目前国标规定的方法为平板计数法,其检验方法是:在玻璃平皿内,接种 1 mL 水样或稀释水样于加热液化的营养琼脂培养基中,冷却凝固后在 37 ℃培养 24 h,培养基上的菌落数或乘以水样的稀释倍数即为细菌总数。为了简化检测程序,缩短检测时间,国内外学者进行了大量的快速检测方法的研究,提出了阻抗检测法、微菌落技术等检测方法,均取得了一定的成果。

15. 总大肠菌群

总大肠菌群是指一群需氧及兼性厌氧的,在37 ℃生长时能使乳糖发酵,在24 h内产酸产气的革兰氏阴性无芽孢杆菌。总大肠菌群含量是指每升水样所含有的总大肠菌群的数目。水样中总大肠菌群的含量,表明水被粪便污染的程度,而且间接表明有肠道致病菌存在的可能性。用大肠菌群作为水质的指示菌的原因有:在人粪中大量存在,因此在为人粪所污染的水体中容易测到;检验方法比较简便;对氯的抵抗力相似于致病的肠道细菌。因此可以认为消灭了大肠菌群,致病肠道细菌也已消灭,水可供饮用。

大肠菌群的检验方法有三种:

(1)多管发酵法

以不同量水样接种于规定数目的含有不同量标准培养基的发酵管中,在37 ℃经24 h培养后,如发酵管产酸产气、显微镜检验又为革兰氏阴性无芽孢杆菌,则为阳性反应。根据培养和阳性的发酵管数目,按统计学原理即可得出大肠菌群数(每升或每100 mL中的个数)。因为数目是按统计学原理算出的,故称最可能数(MPN)。大肠菌群可能数(MPN)检索表见表12.2。

表12.2 大肠菌群可能数(MPN)检索表

阳性管数			MPN	95%可信限		阳性管数			MPN	95%可信限	
0.1	0.01	0.001		上限	下限	0.1	0.01	0.001		上限	下限
0	0	0	<3.0	—	9.5	2	2	0	21	4.5	42
0	0	1	3.0	0.15	9.6	2	2	1	28	8.7	94
0	1	0	3.0	0.15	11	2	2	2	35	8.7	94
0	1	1	6.1	1.2	18	2	3	0	29	8.7	94
0	2	0	6.2	1.2	18	2	3	1	36	8.7	94
0	3	0	9.4	3.6	38	3	0	0	23	4.6	94
1	0	0	3.6	0.17	18	3	0	1	38	8.7	110
1	0	1	7.2	1.3	18	3	0	2	64	17	180
1	0	2	11	3.6	38	3	1	0	43	9	180
1	1	0	7.4	1.3	20	3	1	1	75	17	200
1	1	1	11	3.6	38	3	1	2	120	37	420
1	2	0	11	3.6	42	3	1	3	160	40	420
1	2	1	15	4.5	42	3	2	0	93	18	420
1	3	0	16	4.5	42	3	2	1	150	37	420
2	0	0	9.2	1.4	38	3	2	2	210	40	430
2	0	1	14	3.6	42	3	2	3	290	90	1 000
2	0	2	20	4.5	42	3	3	0	240	42	1 000
2	1	0	15	3.7	42	3	3	1	460	90	2 000
2	1	1	20	4.5	42	3	3	2	1 100	180	4 100
2	1	2	27	8.7	94	3	3	3	>1 100	420	—

注:①本表采用3个稀释度(0.1 g/mL、0.01 g/mL和0.001 g/mL),每个稀释度接种3管

②表内所列检样量如改用1 g/mL、0.1 g/mL和0.01 g/mL时,表内数字应相应降低10倍;如改用0.01 g/mL、0.001 g/mL和0.000 1 g/mL时,则表内数字应相应提高10倍,其余类推

（2）滤膜法

水样通过滤膜过滤，因膜的孔径很小，大肠菌群截留在膜上。将滤膜移到远藤氏培养基上，在37 ℃经24 h培养后直接数典型菌落数，即得结果。由于滤膜要具有标准的孔径，以及操作上所需的技术要求较难掌握，滤膜法的使用还不普遍。

（3）酶底物法

采用大肠菌群细菌能产生β-半乳糖苷酶（β-D-galactosidase），分解ONPG（Ortho-nitropHenyl-β-D-galactopyranoside）使培养液呈黄色，以及大肠埃希氏菌产生β-葡萄糖醛酸酶（β-glucuronidase）分解MUG（4-methyl-umbelliferyl-β-D-glucuronide），用培养液在波长366 nm紫外光下产生荧光的原理，来判断水样中是否含有大肠菌群及大肠埃希氏菌。目前寒区净水厂多使用多管发酵法检测大肠杆菌菌群。

12.1.4 寒区水质检验合格标准

净水厂检验项目合格标准完全按照国家标准进行，由于所处地区属于寒带区域，因此随夏冬季节温差大的特点，水厂检测指标也有一定优化，详见表12.3。

表12.3 水质检验监测项目表

项目	仪器方法	限制
浊度	HACH 2100AN	3
色度	成套高型无色具塞比色管	15
pH值	DELTA 320	不小于6.5且不大于8.5
臭和味	人工观测	无异臭、异味
肉眼可见物	人工观测	无
耗氧量	高锰酸钾滴定	3（原水耗氧量大于6 mg/L时为5）
余氯	HACH Pocket Colorimeter	6～8（夏季），5～7（冬季）
氨氮	紫外分光光度计	0.5
亚硝酸盐	紫外分光光度计	20
总硬度	滴定管	450
电导率	电导率检测仪	—
碱度	滴定管	—
细菌总数	培养基培养	100
总大肠菌群	培养基培养	不得检出

由于夏冬季节温差大，因此保留在水中的氯及游离态氯的衍生物含量不同，根据北方气候特点，我们将余氯检出量控制在夏季6～8，冬季5～7范围之内。

12.1.5 净水厂混凝试验

烧杯混凝试验始于1921年，是研究和控制混凝过程的一个应用最广泛的方法，也是一种模拟城市水厂混合、絮凝和沉淀三个工艺的实际手段，具有广泛的应用价值。它能够提供给水处理构筑物的设计参数，判断系统所处的工作状态，评价混凝剂、助凝剂、pH调节剂的最佳投加量等众多作用，因此受到各国水处理工作者的重视。有关报道显示，烧杯搅拌试验在国内外应用极为广泛，我国大多数水厂在日常生产中都要求采用它来指导混凝剂的加注和处理工况的判断。

混凝试验所用的混凝剂俗称净水剂，又名聚氯化铝，是一种多羟基，多核络合体的阳离子型无机高分子絮凝剂，固体产品外观为黄色或白色固体粉末，易溶于水，有较强的架桥吸附性，在水解过程中伴随电化学、凝聚、吸附和沉淀等物理化学变化，最终生成$Al(OH)_3$，从而达到净化目的。

净水厂烧杯混凝试验是根据每天水量的多少与混凝剂吸附效果的程度进行试验的。由于混凝剂投入水中，大多可以提供大量的正离子。正离子能把胶体颗粒表面所带的负电中和掉，使其颗粒间排斥力减小，从而容易靠近并凝聚成絮状细粒，实现了使水中细小胶体颗粒脱稳并凝聚成微小细粒的过程。微小的细粒通过吸附、卷带和架桥形成更大的絮体沉淀下来，达到了可从水中分离出来净化水质的目的。混凝剂的有效成分含量与净水效果密切相关，因此做烧杯混凝试验之前，需要对混凝剂中的聚氯化铝进行含量检测。

寒区净水厂检测项目除以上外，还包括其他多种金属离子、挥发性物质等检测。所有项目合格标准均高于国家规定标准，在净水厂的水质合格标准下，完全可以保证饮水安全。详见表 12.4、表 12.5。

表 12.4　净水厂水质检测项目与检测频率

水样类别	检测项目	检测频率
水源水	浊度、色度、嗅和味、肉眼可见物、COD_{Mn}、氨氮、细菌总数、总大肠菌群数、耐热大肠菌群数	每日不少于 1 次
	GB3838 中有关水质检测的基本项目和补充项目共 29 项	每月不少于 1 次
出厂水	浊度、色度、嗅和味、肉眼可见物、COD_{Mn}、细菌总数、总大肠菌群数、耐热大肠菌群数、余氯	每日不少于 1 次
	CGT206—2005 城市供水标准表 1 的全部项目，表 2 中可能含有的有害暗物质	每月不少于 1 次
	CGT206—2005 城市供水标准表 2 的全部项目	以地表水为水源，每半年检测一次 以地下水为水源，每一年检测一次

表 12.5　水质检验项目合格率

水样检验项目 出厂水或管网水	综合	出厂水	管网水	表 1 项目	表 2 项目
合格率/%	95	95	95	95	95

注：①综合合格率为：表 1 中 42 个检验项目的加权平均合格率

②出厂水检验项目合格率：浑浊度、色度、臭和味、肉眼可见物、余氯、细菌总数、总大肠菌群、耐热大肠菌群、COD_{Mn} 共 9 项的合格率

③管网水检验项目合格率：浑浊度、色度、臭和味、余氯、细菌总数、总大肠菌群、COD_{Mn}（管网末梢点）共 7 项的合格率

④综合合格率按加权平均进行统计，计算公式：

a. $$\text{综合合格率}(\%)=\frac{\text{管网水 7 项各单项合格率之和}+\text{42 项扣除 7 项后的综合合格率}}{7+1}\times 100\%$$

b. $$\text{管网水 7 项各单项合格率}(\%)=\frac{\text{单项检验合格次数}}{\text{单项检验总次数}}\times 100\%$$

c. 42 项扣除 7 项后的综合合格率（35 项）（%）=

$$\frac{\text{35 项加权后的总检验合格次数}}{\text{各水厂出厂水的检验次数}\times 35\times\text{各该厂供水区分布的取水点数}}\times 100\%$$

注：表 1、表 2 项目均指 CGT206—2005 城市供水标准表 1、表 2

12.2 工艺过程指标监控

12.2.1 原水监测

依照《地表水环境质量标准》(GB3838—2002)标准规定,寒区净水厂应采用三类以上水源作为供水水源,即水质受轻度污染。经常规净化处理(如絮凝、沉淀、过滤、消毒等),其水质即可供生活饮用者。原水需进行日检及在线监测的项目有:浑浊度、色度、臭和味、肉眼可见物、COD_{Mn}、氨氮、细菌总数、总大肠菌群、大肠埃希氏菌或耐热大肠菌群。

其中可采用在线仪表进行监测的项目为浊度和COD_{Mn}。日常原水监测使用采水器或固定点采样管进行采样,水厂实验室进行日常化验分析。

根据寒区供水低温、低浊、pH值不稳定、季节性高色度的特点,寒区净水厂需重点对浊度、色度、pH值、温度进行监测。因低温环境的存在需注意检测时检验样品需加热至室温后立即进行。

12.2.2 沉后水、滤后水

沉淀池出水在水厂运行中被称为沉后水,又可以叫作滤前水,是净水厂常规工艺第一步的重要指标,通过对沉后水的水质指标分析,可以确定水厂原水在使用常规工艺进行处理后的初步效果,同时沉后水监测也为水厂化验室的混凝实验提供验证数据,对控制投药量和工艺参数具有重要意义。

滤后水是常规过滤工艺之后的水样简称,滤后水需进行消毒工艺,消毒后被送入清水池进行储存,由于低温环境和清水池储存周期的限制,滤后水与出厂水水质指标会略有不同,长期监测滤后水对水厂工艺控制具有重要的意义。

寒区净水厂沉后水和滤后水的水质监测指标,主要以混浊度、pH值和色度为主,滤后水可根据工艺情况进行余氯检测。浊度、pH值和余氯均可以采用在线仪表进行监测。

水厂化验室对以上参数采用日检方式进行采样,采样频率不少于每日1次,水质变化时需进行整点跟踪检测。

12.2.3 出厂水监测要点

水厂化验室应针对出厂水浑浊度、色度、臭和味、肉眼可见物、余氯、细菌总数、总大肠菌群、耐热大肠菌群、COD_{Mn}等指标进行日常检测,寒区净水厂因其工艺特点需增加检测温度、pH值。浊度、pH值和余氯均可以采用在线仪表进行监测。

水厂化验室对以上参数采用日检方式进行采样,采样频率不少于每日1次,水质变化时需进行整点跟踪检测。

第 13 章　净水厂建设与运行管理

13.1　寒区净水厂设计特点

给水处理工艺选择的主要原则是针对原水水质的特点,以最低的基建投资和经常运行费用,达到出水水质要求。给水处理工艺设计一般按扩大初步设计、施工图两阶段进行。工程规模大的可分初步设计、技术设计、施工图三阶段进行。在设计开始前,必须认真、全面地展开调查研究,掌握设计所需的全部原始资料。在采用新的处理工艺时,往往需要进行小型或中型试验,取得可靠的设计参数,做到适用、经济、安全。

13.1.1　设计要素

1. 原水水质分析

首先要确定采用哪一种水源,其供水保证率如何,决定着水源的取舍;水质是否良好,关系着处理的难易及费用。对确定的水源水质应有长期的观察资料,对于地表水来说,要认真分析比较丰水期和枯水期的水质、受潮汐影响河流的涨潮和落潮水质、表层与深层的水质等。对选定的水源水质分析,找出产生污染物的原因及其污染源。对于潜在的污染影响和今后的发展趋势,要做出正确的分析和判断。

2. 出水水质要求

供水对象不同,则对出水水质的要求也有所不同。在确定出水水质目标的同时,还要考虑今后可能对水质标准的提高所采取的相应规划措施。

3. 当地或类似水源水处理工艺的应用情况

了解当地已建成投产运行的给水处理厂水处理工艺的应用情况,分析所采用的处理工艺及其处理效果。

4. 操作人员的经验和管理水平

要对操作人员和管理人员进行严格的培训,使其熟悉所选择的工艺流程,并能正确操作和管理,以达到工艺过程预期的处理目标。

5. 场地的建设条件

工艺不同,对场地面积和地基承载要求不尽相同。因此在工艺选择时要有相关的自然资料,并留有今后扩建的可能。

6. 当地经济发展情况

当地经济发展情况决定了所选择的水处理工艺是否能够正常发挥其作用。根据当地经济条件,选择合适的基建投资和运行费用,是水处理工艺选择的重要因素之一。

13.1.2　相关实验

为了准确确定设计参数和验证拟采用的工艺处理效果,要进行必要的试验。除了对水质指标进行全面检测和分析以外,常用的水处理试验有搅拌试验、多嘴沉降管沉淀试验、泥渣凝聚性能试验和滤柱试验等。

1. 搅拌试验

搅拌试验的目的是分析絮凝过程的效果，选择合适的混凝剂品种、投加量、投加次数及次序。

在定量的烧杯中，投加不同品种和剂量的混凝剂和絮凝剂，同时可以进行 pH 值的调整。在设定的 G 值条件下进行模拟混合和絮凝的机械搅拌，观察絮凝体的形成过程情况，测定沉淀水的浊度、色度、沉淀污泥百分比、污泥的沉降速度等，另外还可检测沉淀水的耗氧量等其他指标。

2. 多嘴沉降管沉淀试验

用沉降管模拟池子深度，在不同深度处设置取样管嘴，原水在沉降管中完成混合、絮凝，然后进行静止沉淀。在不同沉淀时间和不同的深度，取样测定其剩余浊度。通过绘制沉降曲线，得出不同截留速度时的浊度去除率，现时可以分析不同沉速颗粒的组成百分比。对比不同深度处的沉降曲线，可以分析出颗粒在沉降过程中继续絮凝的情况。

3. 泥渣凝聚性能试验

进行泥渣凝聚性能试验，有助于分析泥渣接触型澄清池澄清分离性能及絮凝剂对澄清的影响。在 250 mL 的量筒中放入搅拌试验的泥渣，泥渣可以在不同的烧杯中收集，但须是在同一混凝剂加注量形成的泥渣。注入泥渣后的量筒静置 10 min，用虹吸抽出过剩泥渣，在量筒中仅剩余 50 mL 泥渣。在量筒中放入带有延伸管的漏斗，延伸管伸至离量筒底约 10 mm，在漏斗中断续地小量加入搅拌试验澄清的水，多余的水将从量筒顶端溢出。记录不同泥渣膨胀高度时的水流上升流速，上升流速可通过注入 100 mL 水的时间计算。上升流速与膨胀泥渣体积的关系呈线性。

4. 滤柱试验

采用模拟滤柱试验，可以对不同过滤介质的过滤性能进行比较，选择合适的滤料规格和厚度。对于活性炭等吸附介质的吸附效果，也可以采用类似方法进行试验。

对于过滤水浊度和水头损失，可以在试验过程中分层检测，进行不同滤速的比较。通过滤柱试验，对反冲洗效果进行分析，观察反冲时滤料的膨胀情况、双层或多层滤料不同滤层间的掺混情况以及冲洗排水的浊度变化等。

为观察过滤和反冲情况，滤柱采用有机玻璃制作。滤柱直径一般不小于 150 mm，以避免界壁对过滤效果的影响。为了防止过滤过程中滤层中出现负压，滤柱应有足够的高度。在试验时，可以并行设置多个滤柱进行比较不同滤料、不同级配和厚度时的情况。

13.2 寒区净水厂成本控制与经济技术核算

本节以寒冷地区某净水厂为例对于寒区湖库型净水厂运行成本进行分析，对 2012 年上半年处理水量及药剂、电耗进行实例分析。

13.2.1 原水量分析（图 13.1）

分析结论：2012 年原水量除 3 月份外，其他月份均没有达到计划水量；与 2011 年同期相比，除 1、2 月份没有达到 2011 年同期水平外，其他月份均高于同期水平。数值详见表 13.1。

表13.1　源水分析

序号	项目名称	单位	一月 月报	二月 月报	三月 月报	四月 月报	五月 月报	六月 月报	合计	平均
1	计划	kt	23 210.00	23 660.00	21 270.00	24 070.00	22 520.00	23 600.00	138 330.00	23 055.00
	源水量	kt	22 986.66	22 791.40	22 108.53	23 334.03	21 575.49	22 784.17	135 580.29	22 596.72
	2011年源水量	kt	24 367.68	23 098.71	21 036.61	22 612.46	20 354.78	22 531.67	134 001.91	22 333.65
	超计划量	kt	−223.34	−868.60	838.53	−735.97	−944.51	−815.83	−2 749.71	−458.28
	2012/2011年同期对比	kt	−1 381.02	−307.31	1 071.92	721.57	1 220.71	252.50	1 578.38	263.06

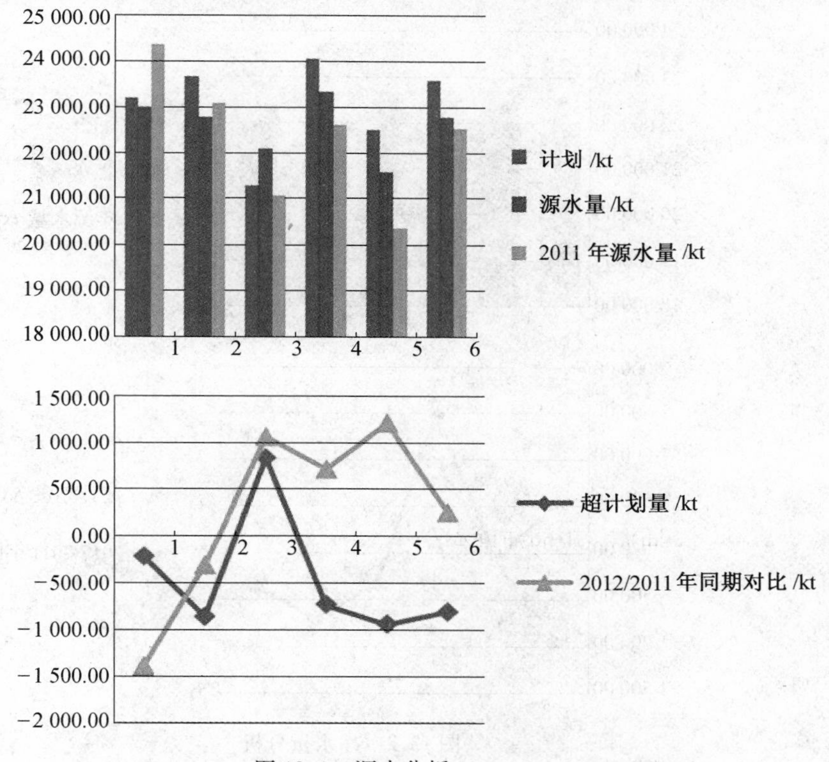

图13.1　源水分析

13.2.2　净水量分析(图13.2)

分析结论:2012年净水量除1、3月份外,其他月份均没有达到计划水量;与2011年同期相比,1、2月份没有达到2011年同期水平外,其他月份均高于同期水平。数值详见表13.2。

表 13.2　净水量分析

序号	项目名称	单位	一月 月报	二月 月报	三月 月报	四月 月报	五月 月报	六月 月报	合计	平均
2	计划	kt	22 049.50	22 477.00	20 206.50	22 866.50	21 394.00	22 420.00	131 413.50	21 902.25
	净水量	kt	22 586.52	22 404.73	21 680.41	22 533.65	20 686.22	22 050.71	131 942.24	21 990.37
	2011 年净水量	kt	23 510.50	22 537.84	20 659.13	22 146.96	19 872.19	21 874.09	130 600.71	21 766.79
	超计划量	kt	537.02	-72.27	1 473.91	-332.85	-707.78	-369.29	528.74	88.12
	2012/2011 年同期对比	kt	-923.98	-133.11	1 021.28	386.69	814.03	176.62	1341.53	223.59

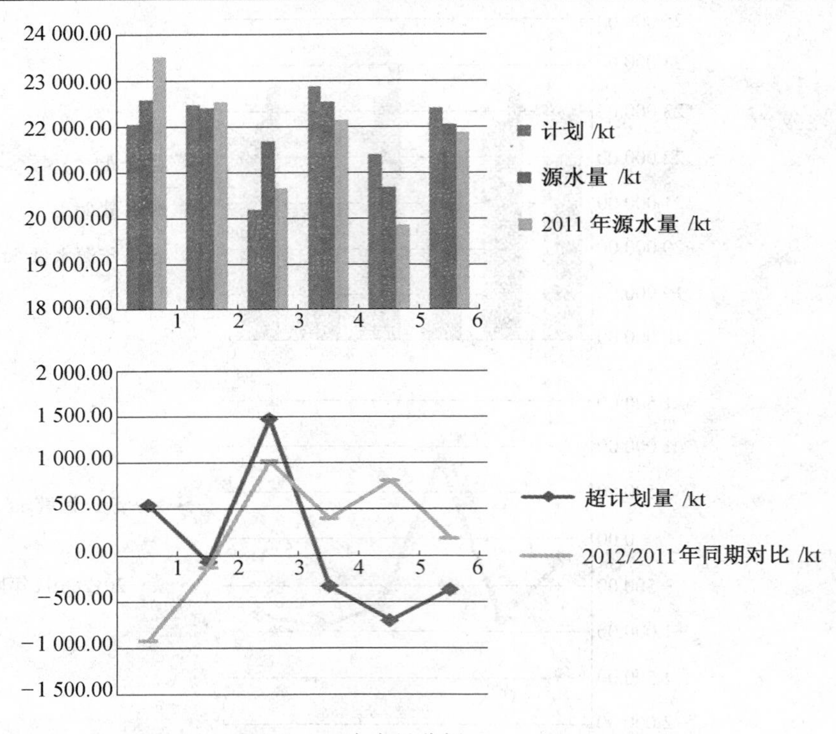

图 13.2　净水量分析

13.2.3　自用水量分析(图 13.3)

分析结论:2012 年 1 ~ 6 月自用水量都小于计划指标,特别是 1、2 月份自用水量低于 2011 年同期水平;3、6 月份持平;4、5 月份显著增高,主要原因为水量调度因素导致清水池液位居高不下,造成跑水现象发生,导致自用水量较高。数值详见表 13.3。

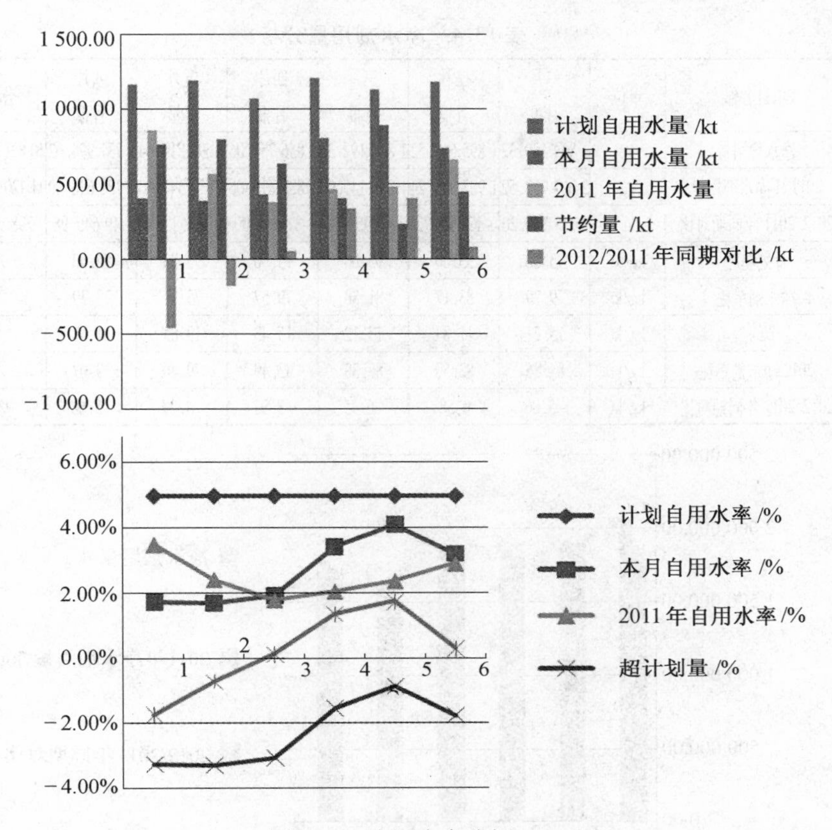

图 13.3　自用水率分析

表 13.3　自用水量分析

序号	项目名称	单位	一月 月报	二月 月报	三月 月报	四月 月报	五月 月报	六月 月报	合计	平均
3	计划自用水量	kt	1 160.50	1 183.00	1 063.50	1 203.50	1 126.00	1 180.00	6 916.50	1 152.75
	本月自用水量	kt	400.14	386.67	428.12	800.38	889.27	733.47	3 638.05	606.34
	2011 年自用水量	kt	857.18	560.87	377.48	465.50	482.59	657.58	3 401.20	566.87
	节约量	kt	760.36	796.33	635.38	403.12	236.73	446.53	3 278.45	546.41
	2012/2011 年同期对比	kt	−457.04	−174.20	50.64	334.88	406.68	75.89	236.85	39.48
	计划自用水率	%	5.00%	5.00%	5.00%	5.00%	5.00%	5.00%		5.00%
	本月自用水率	%	1.74%	1.70%	1.94%	3.43%	4.12%	3.22%		2.68%
	2011 年自用水率	%	3.52%	2.43%	1.79%	2.06%	2.37%	2.92%		2.51%
	超计划量	%	−3.26%	−3.30%	−3.06%	−1.57%	−0.88%	−1.78%		−2.32%
	2012/2011 年同期对比	%	−1.78%	−0.73%	0.14%	1.37%	1.75%	0.30%		0.18%

13.2.4　净水剂用量分析(图 13.4)

分析结论:月药剂投加总量与 2011 年同期相比,除 5 月份药剂用量增加外,其他月份药剂均有显著降低;净水剂单耗除 2 月份外,其他月份均比去年同期水平有所降低。数值详见表 13.4。

表 13.4 净水剂用量分析

序号	项目名称	单位	一月月报	二月月报	三月月报	四月月报	五月月报	六月月报	合计	平均
4	净水剂用量	kg	1 834 189.32	1 895 612.52	1 810 192.32	1 856 751.06	1 692 815.64	1 731 994.02	10 821 554.88	1 803 592.48
	2011 年净水剂用量	kg	2 067 752.52	1 907 808.24	1 858 145.00	1 887 816.06	1 617 347.60	1 781 640.00	11 120 509.42	1 853 418.24
	2012/2011 年同期对比	kg	-233 563.20	-12 195.72	-47 952.68	-31 065.00	75 468.04	-49 645.98	-298 954.54	-49 825.76
	计划单耗	kg/kt	95.00	95.00	95.00	95.00	95.00	95.00	/	95.00
	净水剂单耗	kg/kt	79.79	83.17	81.88	79.57	75.17	73.39	/	78.83
	节约量	kg/kt	15.21	11.83	13.12	15.43	19.83	21.61	/	16.17
	2012 净水剂单耗	kg/kt	84.86	82.59	88.33	83.49	79.46	79.07	/	82.97
	2012/2011 年同期对比	kg/kt	-5.06	0.58	-6.45	-3.91	-4.29	-5.68	/	-4.14

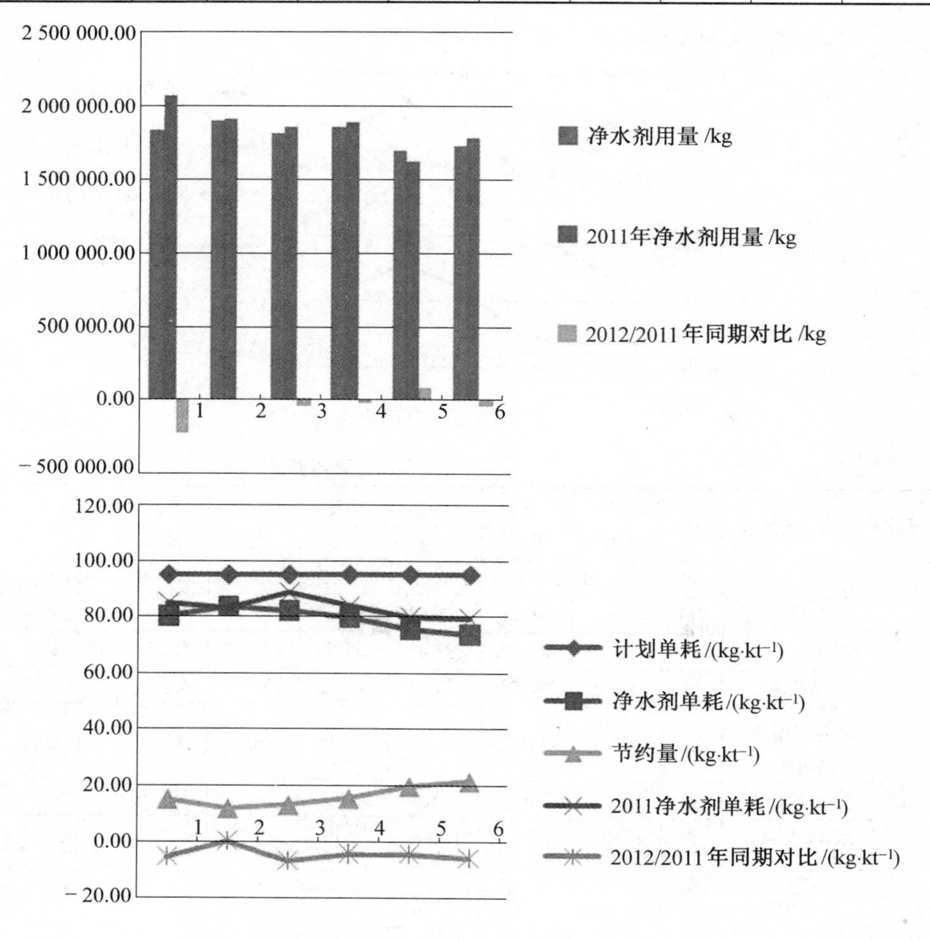

图 13.4 净水剂量分析

13.2.5 加氯量统计分析(图 13.5)

分析结论:总加药量除 1、2 月份外,其他月份用量均高于去年同期水平。1 ~ 6 月份总用量也高于去年同期水平。加氯单耗除 2 期 3 ~ 5 月份数据高于计划值外,其他参数基本正常;上半年一二期加氯系统显示读数高于实际购买量 9.11%,造成该问题的原因初步判断为 3 ~ 5 月份二期加氯系统读数偏高,其中 3 ~ 5 月二期单耗平均读数 1.94 kg/kt 高于 1、2、6

月平均读数 1.40 约 0.54 kg/kt(39%),折合用氯量约 15 218.72 kg,基本与系统和实际进厂氯量差值(15.49 t)相吻合。这说明:5 月 17 日二期加氯系统改造后,读数趋近于实际加氯量,6 月单耗基本合理,但还需进一步观察。

目前加氯总单耗有上升趋势。数值详见表 13.5。

表 13.5　加氯量分析

序号	项目名称	单位	一月月报	二月月报	三月月报	四月月报	五月月报	六月月报	合计	平均
5	2011 年氯气用量	kg	31 280.00	29 043.40	29 886.80	30 340.30	29 011.90	30 842.90	180 405.30	30 067.55
	氯气用量	kg	26 047.30	25 948.70	31 006.40	33 254.07	34 746.45	34 486.75	185 489.67	30 914.95
	2012/2011 年同期对比	kg	-5 232.70	-3 094.70	1 119.60	2 913.77	5 734.55	3 643.85	5 084.37	847.39
	购买氯量	kg	31 000.00	20 000.00	30 000.00	19 000.00	40 000.00	30 000.00	170 000.00	28 333.33
	系统与实际差值	kg	-4 952.70	5 948.70	1 006.40	14 254.07	-5 253.55	4 486.75	15 489.67	2 581.61
	一车间单耗	kg/kt	1.12	1.04	1.10	1.13	1.39	1.45		1.20
	一车间 2011 年同期单耗	kg/kt	1.39	1.33	1.49	1.48	1.52	1.41		1.44
	二车间单耗	kg/kt	1.20	1.29	1.86	1.94	2.04	1.72		1.67
	二车间 2011 年同期单耗	kg/kt	1.24	1.24	1.39	1.21	1.39	1.41		1.31
	总单耗	kg/kt	1.15	1.16	1.42	1.48	1.68	1.56		1.41
	计划单耗	kg/kt	1.80	1.80	1.80	1.80	1.80	1.80		1.80
	节约量	kg/kt	0.65	0.64	0.38	0.32	0.12	0.24		0.39

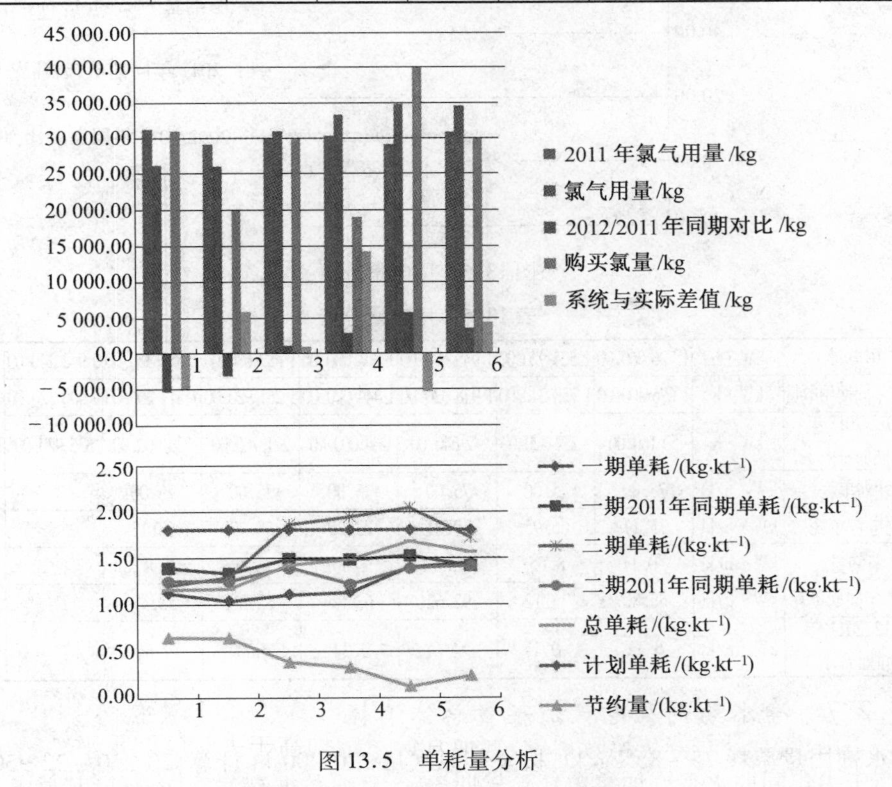

图 13.5　单耗量分析

13.2.6　用电量分析(图 13.6)

分析结论:用电总量除 2、3 月份较去年同期较少外,其他月份均有所增加;2、3 因春节放假，电业局计费周期变化导致2月用电单耗偏低，3月用电单耗偏高。目前用电单耗较去年同期水平有所增加，但均未超出计划指标。数值详见表13.6。

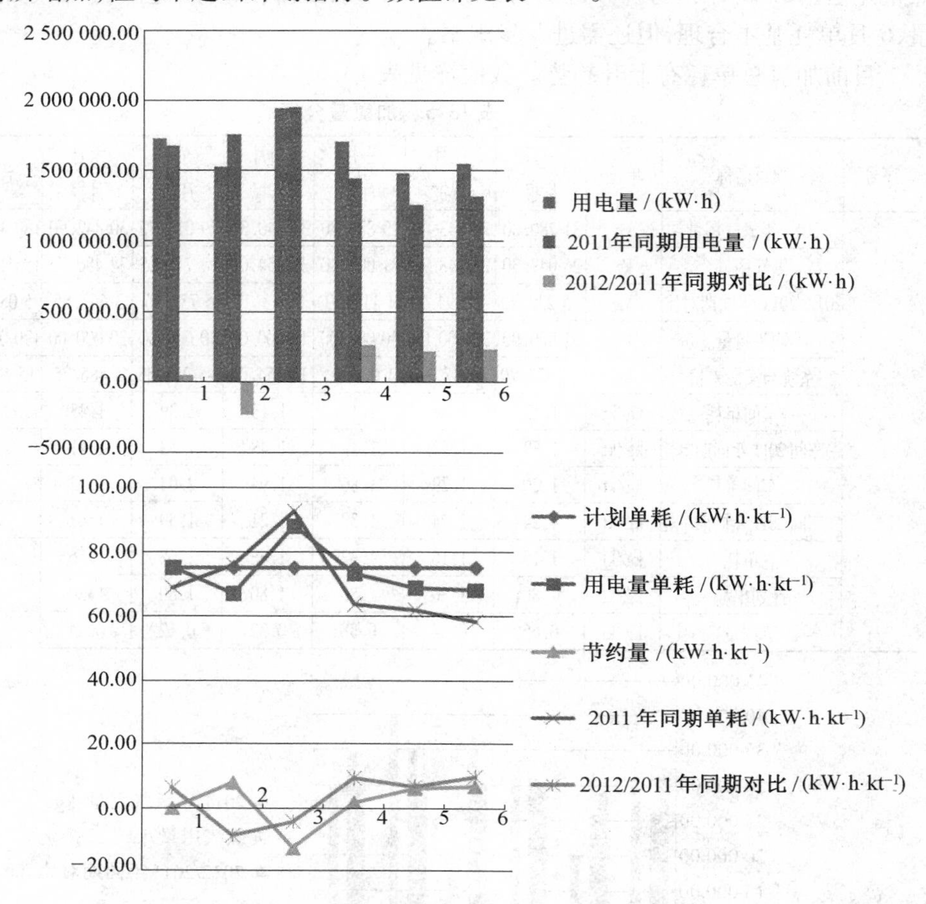

图13.6 用电量分析

表13.6 用电量分析

6	用电量	kW·h	1 726 560.00	1 525 920.00	1 945 680.00	1 708 080.00	1 483 680.00	1 552 320.00	9 942 240.00	1 657 040.00
	2011年同期用电量	kW·h	1 676 400.00	1 758 240.00	1 948 320.00	1 444 080.00	1 261 920.00	1 317 360.00	9 406 320.00	1 567 720.00
	2012/2011年同期对比	kW·h	50 160.00	−232 320.00	−2 640.00	264 000.00	221 760.00	234 960.00	535 920.00	89 320.00
	计划单耗	kW·h/kt	75.00	75.00	75.00	75.00	75.00	75.00		75.00
	用电量单耗	kW·h/kt	75.11	66.95	88.01	73.20	68.77	68.13		73.33
	节约量	kW·h/kt	−0.11	8.05	−13.01	1.80	6.23	6.87		1.67
	2011年同期单耗	kW·h/kt	68.80	76.12	92.62	63.86	62.00	58.47		70.31
	2012/2011年同期对比	kW·h/kt	6.32	−9.17	−4.61	9.34	6.77	9.66		3.02

13.2.7 净水药剂及电耗消耗量总体消耗

净水剂用量单耗75～85 kg/kt，按全年原水量270 000 kt计算，20 250～22 950 t。

氯气用量单耗1.2～1.7 kg/kt，按全年净水量260 000 kt计算，312 000～442 000 kg。

用电量单耗75～85 kW·h/kt，按全年原水量270 000 kt计算，20 250 000～22 950 000 kW·h。

第14章 寒区净水厂运行

14.1 寒区净水厂典型运行模式

14.1.1 净水厂自动化控制管理运行模式

寒区净水厂的全部工艺流程应采用自动化控制系统，设计原则为安全可靠，设备选型先进。控制系统选用集散型控制系统，即分散控制、集中监测管理的控制方式。

净水厂应设有中心控制室(主站)，主站负责全厂生产过程的调度、控制、管理及信息处理，显示净水厂水处理工艺在线检测仪表参数、设备运行状态以及电气参数，通过工业以太网，获取水库、输水管线的运行状态参数，市区配水管网系统的流量及压力信号，并将净水厂主要运行状态参数通过以太网送至供水工程调度中心。

净水厂水处理工艺过程控制的自动化，由可编程序控制器自动控制泵的开、停，阀门的自动开、关等来实现。

1. 自控系统硬件组成

中心控制室应设有微型计算机、激光打印机等设备。计算机应选用性能高、稳定性好的产品，如工控机。净水厂自控系统网络为工业以太网，网卡速度一般为100 Mbps，数据总线采用双重化结构，保证控制系统数据信号传输的可靠性。系统通过光电转换器由四芯铠装光缆传输信号。

净水厂自控系统应选用具有世界先进水平、运行可靠的可编程控制器(PLC)。自控系统设计保证有足够的扩展余地，在系统组态时，保证具有足够的灵活性。各分控站的数据通过工业以太网光缆进行传输。自控系统的设定参数的修改、变更在操作键盘上进行，控制操作程序设置主站优先权，如水质参数、液位的设定值、报警信号的设定值等，在主站或分控站通过键盘进行设定，在控制上要有优先权设定、访问权限的设置等功能。

2. 自控系统软件组成

净水厂自控系统编程软件有系统程序软件、应用程序软件。控制系统软件应建立在Windows平台上，系统软件具有开放性，即不仅有实时监控功能，还具有实时数据管理和控制功能，以保证控制系统与通讯管理系统的可靠连接，控制系统组态灵活，并能够实现数据、查询、报表等功能。

自控系统的操作软件具有丰富画面显示功能，在主站21″彩色液晶显示器上显示净水厂水处理工艺仪表参数(即仪表流程图)，并能实时动态显示各主要水处理过程和重要技术参数，在工控机上能够分窗口动态显示生产过程画面，如水泵、阀门的开、停状态显示。并能够实时显示液位、流量、浊度、pH值、余氯、压力等仪表参数变化趋势图和棒状图等。

3. 自动检测仪表

净水厂的自控系统中的在线自动检测仪表有超声液位计、压力变送器、一体化温度变送器、pH计、浊度计、污泥浓度计、污泥界面计、差压变送器、电磁流量计以及超声波流量计、出厂水余氯分析仪。净水厂的进水流量计和出水流量计，设计上选型要考虑测量精度比较高的流量计，以利于准确计量进、出厂水流量和水厂成本核算。本工程水处理工艺设置自动在线检测仪表，主要为自动控制系统提供信号，作为自动控制的依据，并能在微机上显示水处理工艺的仪表参数。

4. 净水厂闭路电视保安监控系统

在净水厂厂区的重要部位应设置户外型彩色摄像头，比如在两个大门处各安装一台户外型彩色摄像机，在厂区院墙的四个角落各安装一台户外型彩色摄像机，在综合楼保安办公室设置一台彩色监视器，作为净水厂的保安监控系统。信号传输可选用铠装同轴电缆。摄像头安装在云台上，由安放在保安办公室的控制器实时控制。每个摄像头的水平偏转角度为180°，垂直偏转角度为90°。自动巡回实时扫描，定时显示画面。摄像头的视频信号由铠装同轴电缆传输，控制信号由铠装控制电缆传输。

14.1.2 全年日常生产管理运行

1. 日常生产运行管理

①车间投药间储药池清理（每季度一次）。

②投药泵、投碱泵的过滤网清刷（每周一次）。

③车间清刷絮凝池、沉淀池（每季度一次）。

④车间反冲洗滤池（每48小时一次）。

⑤配合检修等其他部门完成日常的维修保养、抢修等工作。

⑥根据调度指令认真做好水量的调节工作。

⑦根据化验室小型试验数据及时调整净水剂、氯气、氢氧化钠的投加量。

⑧配合相关单位对滤池沉淀池进行除藻。

⑨配合药剂厂清刷车间投药间汇流排放。

⑩配合相关单位清刷清水池。

⑪配合更换各分控室静电地板。

2. 日常生产人员管理

从目前我国的生产设备和管理现状来看，自动化程度较高的水厂生产的运行管理要达到比较完美的境地存在着相当大的难度。自动化水厂生产运行值班人员责任重大，但工作简单枯燥，长时间的单调工作极容易造成值班人员精神上的松弛，如果再遇上一些思想不够稳定的人，则又增加了安全上的不稳定因素。即使所有的值班人员的责任感都很强，技术水平也相当高，如果一旦发生故障，要能够立即判断并迅速做出应急处理却不是一件很容易的事。所以对于已实现自动化运行的水厂来说，在计算机替代了绝大部分的运行值班工作以后，就应根据新情况，努力建立一个简洁、高效的运行保证体系。这就需要有一支精干的、训练有素的管理队伍和一套求实、有效的管理方法。鉴于现代化水厂的生产特点，在今后的工作中生产运行科将从宏观管理的角度出发，结合具体情况完善生产运行管理制度。

（1）科学管理

①各工艺单元控制室内均有运行人员值班。

②建立严格的运转工考核制度及奖惩条例。

③各类记录、文件、规章制度、资料档案齐全，归档率100%。

④完善净水厂操作值班制度。

⑤建立完善的工作票及操作票制度，完善运行日志。

⑥对职工进行技术培训，有针对性地开展技术进步课题，并撰写技术总结。

(2)安全管理

①建立安全管理制度,成立安全管理机构。

②各岗位应建立安全操作规程,运转工必须经过培训后并考核合格后方可上岗,禁止违规操作。

③建立完善的各工艺巡检制度。

④建立突然事件应急处理小组。

(3)交接班会议及生产巡检制度

时间:早班(上班时间);夜班(下班时间)。(如遇堵车等其他原因,可酌情安排开会时间。)

参加人员:生产运行科科长、生产运行科日勤人员、交接班班长、交接班班组的净水间负责人。

交接形式:

①会议由生产运行科科长主持(周六、周日由日勤值班人员负责主持),交班班长及交班的工序负责人总结设备运行情况及注意事项。

②会议主持人作详细的交接班记录并安排接班班组的日常工作。

③加氯间、泵站、净水间交班人员在现场与接班人员做现场交接。

交班内容:

①稳压井、净水间、鼓风机房、投药间、加氯间、污泥处理间、反冲洗水塔、泵站等车间的照明情况和设备运行情况。

②净水剂数量、比重及投加量。

③水量情况、水质情况。

④加氯量。

⑤生产日报、交接班日报(即各工序情况汇总表)。

⑥生产用具和生活用具。

⑦值班室卫生。

⑧重要事件记录。

⑨交接中控设备及系统的安全用具,通讯设备。

(4)故障报修及工作安排

①交班会议结束后,生产运行科日勤人员总结设备运行情况,并填写设备故障保修单并递交技术科,由技术科安排相关人员进行修复。

②接班班长在会议结束后用电话通知加氯间及泵站等现场接班人员会议内容并作日常工作安排。

③保修单递交后,生产运行科应根据现场设备运行情况安排日勤及当班人员配合检修,确保生产。

④发现问题及时向生产运行部负责人汇报。

(5)净水厂生产巡检制度

①生产运行人员必须严格按照本制度进行巡视检查,并认真填写巡检记录。

②生产运行车间每班巡视两次(接班后巡视一次,交班前巡视一次)。

③厂区工艺阀门每班巡视一次。

④在巡视过程中除对生产运行状况、设备运转情况进行巡视外,还要对照明系统、安全

保障系统及卫生状况一并巡视。

⑤在巡视过程中发现有设备故障，必须认真填写净水厂设备故障报修单，并上报领导。

⑥在巡视过程中发现有安全问题及卫生问题转报主管副厂长。

3. 运行人员技术水平的提高

生产运行科室的管理人员在完成日常工作的同时，规定每星期的学习日制度，制定了规范的培训制度。要求水厂所有运行人员熟练掌握各种设备的操作规程、岗位职责，熟知水厂工艺技术、自动控制原理、软硬件知识，了解国外先进设备构造及性能等，并分阶段考试考核已经达到的应知水平和实际操作管理技能。通过这样的努力，使生产运行科尽快造就出一支技术全面、实际工作能力强、管理业务精、思想品质好的有理想、有道德、有文化、有纪律的职工队伍。

①建立培训小组。

②完善培训制度及考核标准。

③定期分批次进行各项操作技能的培训及考核。

④挑选骨干人员到国内先进水厂学习管理及生产经验。

14.1.3 各种应急预案的完善与应急演习

城市供水是人民生活和工业生产的重要支柱，“水质好，水压足，水量够”是供水企业的基本服务要求。由于水厂生产过程的机械化程度比较高，虽然操作人员的体力劳动强度相对来讲不算大，但所肩负的重大责任不容忽视。只要稍有疏忽，出了什么问题，就会立刻反映到社会上，造成不良影响或严重后果。这就需要水厂的每一个工作人员都有相当高的责任感与对突发事件的处理能力，来保证设备的完好和对生产过程的正常调控。因此生产运行科将根据具体情况来完善各项应急预案，同时为确保每一位运转工能及时准确地根据应急预案的内容来处理突发事件，在今后的工作中，生产运行科将有计划有组织地举办各种应急演习，如：

①建立晃电演习预案。

②建立停电演习预案。

③建立漏氯演习预案。

④建立应急投药演习预案。

14.1.4 净水厂各工序操作规程

1. 稳压井系统操作规程

①检查稳压井内供电系统信号指示是否正常，四个系列阀门的开、关状态。

②检查进水阀门开启度及稳压井液位计指示是否正常。

③确定各系列堰门状态。

④确定溢流是否正常。

⑤确认进水流量及溢流情况。

⑥在操作员站观察各系列注水情况反馈。

⑦在操作员站根据净水间各系列对应池的准备情况先后逐次拟定送/停水指令。

⑧在自控系统监控画面中调节各系列阀门的开启度。

2. 稳压井临时投药系统操作规程

①启动柴油发电机，并与临时投药控制箱连接，使其处于带电状态。

②联系净水剂生产厂家，保证临时投药箱内净水剂的供给量。

③启动投药搅拌机，将投加管线的阀门打开。

④启动投药泵，调节相关阀门，使四个系列的配药量均等。

⑤定时观察、检测各流程水质情况，并相应调整投加量，以保证水质。

3. 混合池竖轴搅拌机操作规程(图 14.1)

①将竖轴搅拌机工作状态设定为远控位置。

②打开操作员站竖轴搅拌机的操作画面，通过激活启停开关控制搅拌机的启、停。

③如不能启动，需立即通知中控室与检修车间进行检修并做好记录。

4. 反应池水平轴搅拌机操作规程(图 14.2)

①将水平轴搅拌机工作状态设定为远控位置。

②打开操作员站水平轴搅拌机的操作画面，通过激活启停开关进行搅拌机的启、停。

③如不能启动，需立即通知中控室与检修车间进行检修并做好记录。

图 14.1　混合池搅拌机控制窗口

图 14.2　絮凝池搅拌机控制窗口

5. 非金属链条刮泥机操作规程(图 14.3)

①将非金属链条刮泥机工作状态设定为远控位置。

②打开操作员站非金属链条刮泥机的操作画面，通过激活启停开关进行搅拌机的启、停。

③如不能启动，需立即通知中控室与检修车间进行检修并做好记录。

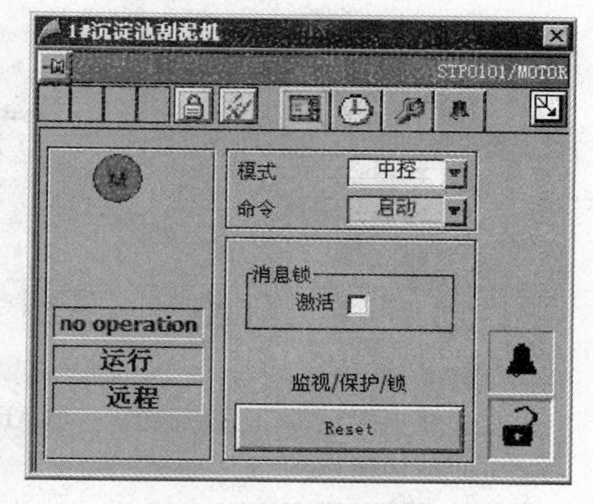

图 14.3　刮泥机控制窗口

6. 排泥阀系统操作规程(图 14.4)

单击每一个沉淀池流程图左上方的“顺序控制”按钮，就进入沉淀池顺序排泥操作面板，在该流程图单击右上方的“参数设定”按钮，就进入了参数设定窗口。

①鼠标点击排泥间隔超时设定激活该窗口，在白框里输入间隔时间(例如，本组本次排泥每 3 个小时排泥 1 次就在白框里输入“3”)。

②鼠标点击污泥界面超限设定激活该窗口,在白框里输入超限(例如,超限 1 m 就在白框里输入“1”)。

③鼠标点击排泥时间设定激活该窗口在白框里输入排泥时间(例如,排泥时间 1.5 min,就在白框里输入“1.5”)。

④鼠标点击排泥时间间隔设定激活该窗口在白框里输入排泥间隔时间(例如,排泥间隔时间 10 min,就在白框里输入“10”)。

⑤鼠标点击频率报警延时设定激活该窗口在白框里输入频率报警延时时间(例如,频率报警延时时间 7 min,就在白框里输入“7”)。

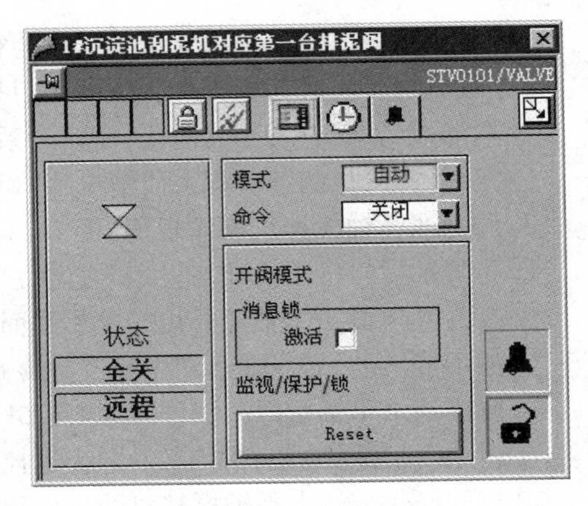

图 14.4　排泥阀控制窗口

参数设定完后,在操作面板激活总控制操作窗口并单击“投入”按钮,然后将参与排泥的排泥阀关闭并投入自动。

注意:正在排泥的排泥阀如出现报警,一定要等到自动排泥结束后再转到手动处理报警。

7. 滤池反冲洗系统操作规程(图 14.5)

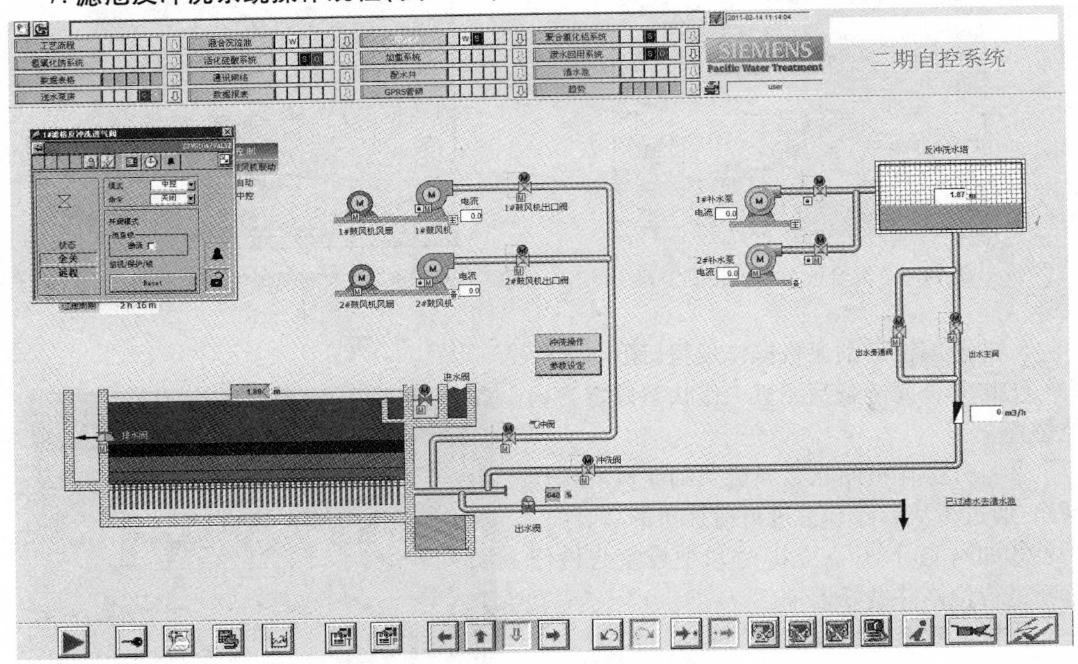

图 14.5　反冲洗流程图

①首先将所要反冲洗的滤池由自动(AR)转至手动(MR)。

②关闭滤池进水阀门。

③待滤池液位降至 0.2 m 时,关闭滤池出水阀门。

④将滤池反冲洗进气阀门打开,同时将鼓风机出口电动阀打开。

⑤启动鼓风机进行气洗。

⑥气洗 3 min 后，将反冲洗水塔 DN500 mm 旁通阀门打开，同时将滤池反冲洗 DN800 mm进水阀门打开，进行气水混合洗。

⑦待滤池液位升至0.6 m时，停止鼓风机，关闭鼓风机出口阀门及滤池反冲洗进气阀门。

⑧同时，将反冲洗水塔 DN1 000 mm 主阀门打开进行水洗。

⑨待滤池液位升至1.8 m时，关闭滤池 DN800 mm 反冲洗进水阀门。

⑩静沉 30 s 后，将滤池排水翻板阀打开排水。

⑪待滤池液位降至0.2 m时，关闭排水翻板阀。

⑫打开滤池反冲洗进水阀，进行水洗。

⑬待滤池液位升至1.8 m时，关闭滤池反冲洗进水阀门。

⑭静沉 30 s 后，将滤池排水翻板阀打开排水。

⑮待滤池液位降至0.2 m时，关闭排水翻板阀。

⑯打开滤池反冲洗进水阀门，待滤池液位升至1.40 m时，关闭滤池反冲洗进水阀。

⑰关闭反冲洗水塔主出水阀门及旁通阀门。

⑱打开滤池进水阀门，待阀门完全打开后，将滤池手动（MR）转至自动（AR）运行。

8. 翻板阀操作规程（图 14.6）

①先在主画面点击滤池流程图。

②把自动“AR”转换到手动“MR”，关闭滤池进水阀和出水阀。

③点击反冲洗排水阀，出现对话框点击打开，滤池液位降至0.2 m时点击关闭。

④注意不要在反冲洗排水阀打开的情况下打开滤池进水阀和出水阀。

9. 鼓风机房增压泵操作规程（图 14.7）

①开启时先在现场打开增压泵前、后手动阀。

②在操作员站上先打开增压泵出口阀再打开增压泵。

③关闭时先在电脑上关闭增压泵，再关闭增压泵出口阀。

④在操作员站上操作完毕后在现场关闭增压泵前后手动阀。

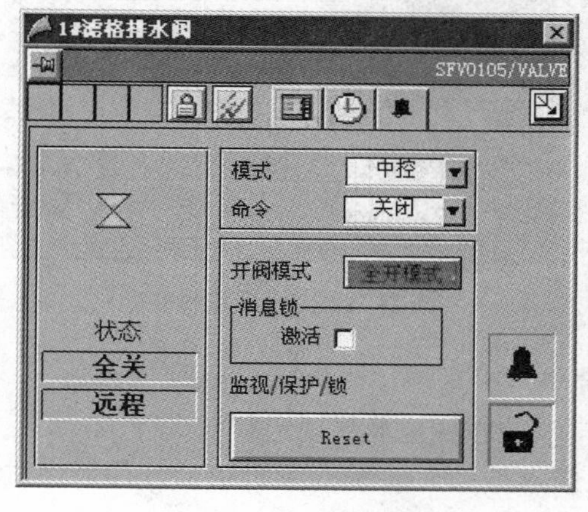

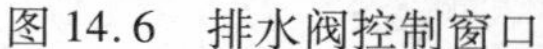

图 14.6　排水阀控制窗口

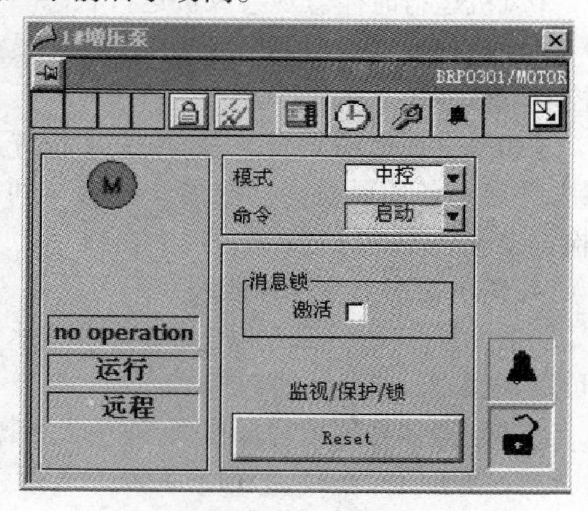

图 14.7　增压泵控制窗口

10. 空压机系统（含储气罐干燥器）操作规程

①检查净水间配电室的主电源开关是否处于 ON 状态。

②将现场操作柜的电源开关打到 ON 状态。

③检查空压机出口阀门是否已关闭。

④启动空压机,检查空压机达到压力高限时是否自动卸载,检查其自动排放阀是否动作,检查机器是否有漏气现象。

⑤检查主管管道的沿线阀门是否已打开。

⑥打开空压机出口阀,观察机器运行是否正常。

11. 反冲洗水泵操作规程

①启动水泵前应先检查电源电压是否正常。

②检查水泵轴承的油位、油质是否正常,转动双轮是否灵活,水泵运行指示是否完好。

③开启水泵的进水阀、排气阀,待水泵内空气排完后,关闭排气阀。

④对照相应的启动按钮、水泵标示牌,按启动按钮,运转指示灯亮。

⑤运转中检查水泵轴承是否完好,水泵、电机的声音、振动、轴承温度、压力是否正常,电机轴承是否发热,水泵盘根是否发热。

⑥打开启动泵的出口阀供水。

⑦停止时,先关闭运行泵出口阀,按停止按钮,水泵停止运行,指示灯熄灭,开启出口阀作备用,并检查有无反转现象。

12. 微阻缓闭止回阀操作规程

①水泵没有启动前禁止打开止回阀。

②确保现场没有工作人员或确保工作人员身体远离配重锤。

③在液压油不足时禁止打开止回阀。

④在操作员站上点击缓闭止回阀,在弹出的窗口中激活开、关进行缓闭止回阀的开、关。

13. 鼓风机操作规程(图 14.8)

①鼓风机启动前,将欲冲洗的滤池的进气阀门打开。

②在操作员站上控制风机启动。

③风机运行时注意观察风机运行状态。

④在达到反冲洗气洗标准后,在操作员站上控制风机停止。

⑤如果发现电机运行异常,应立即按停止按钮,并启动备用风机。同时通知检修车间人员检查出现故障的风机。

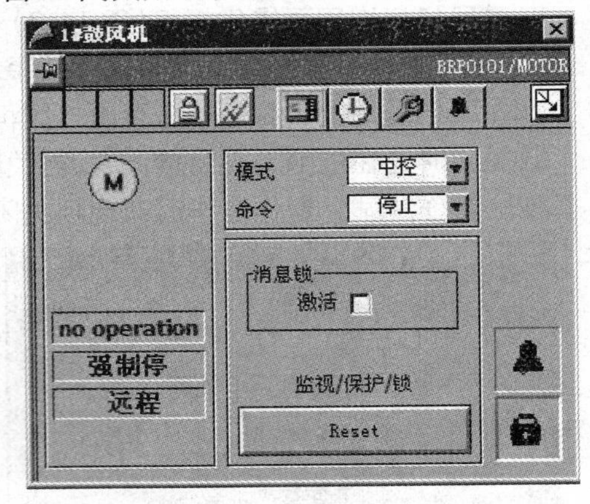

图 14.8　鼓风机控制窗口

14. 送水泵房安全操作规程

①倒闸操作必须三人以上进行,由送水泵房负责人操作,运行班长监护。

②倒闸操作必须填写操作票,逐项进行操作,坚决按照电业局规定制度执行。

③变频机组停车时,必须三人以上进行(检修人员二人),按变频机组的开停顺序进行操作。

④定速机组开停车时,必须二人以上进行操作,按操作顺序进行。

⑤开停车前检查高压柜手车是否在分闸位置。

⑥机组开启要认真检查设备的运行是否正常。运行人员必须认真执行,发现故障及时解决,解决不了的上报中控室及厂领导。

15. 送水泵真空系统操作规程

①首先检查泵主轴是否有卡阻现象，可用手转动主轴，主轴可自由转动，则可启动。

②关闭泵前阀。

③检查电压是否正常。

④上述检查程序完成后，可启动。

⑤启动后慢慢打开泵水阀，直至真空达到约0.1 Mpa。

⑥打开泵前阀，即可正常运行。

⑦关闭程序。

⑧关闭泵前阀。

⑨关闭电源开关。

⑩关闭泵水阀门。

⑪保护系统（可两人操作，在关闭泵前阀后），缓冲缸放空，放空后即关闭。

16. 变频调速装置操作规程

①在电脑上单击所要操作设备的图标。

②出现对话框后点击右侧框激活。

③在输出值空格里输入所要调节的设定转速百分比（例如，50%）。

17. 多功能液控缓闭止回蝶阀操作规程

①水泵没有启动前禁止打开止回阀。

②确保现场没有工作人员或确保工作人员身体远离配重锤。

③在液压油不足时禁止打开止回阀。

④在操作员站上点击缓闭止回阀，在弹出的窗口中激活开、关进行缓闭止回阀的开、关。

18. 自动免维护直流电源屏操作规程

启动前的检查：

①断路器1QF、2QF、3QF、4QF、5QF必须关断，即在“OFF”或“0”位置。

②紧停按钮EPO置于释放状态。

③控制柜内维修旁路开关“SA2”置于“OFF”。

初次启动程序：

①合外部（用户进线电源）保护断路器，检查输入电压是否在规定的范围内。

②合电池充电断路器3QF，控制板上的液晶显示屏进入主屏幕状态，微机监控系统投入运行。

③合主电源断路器1QF、旁路电源断路器2QF，控制面板模拟图中主电源、旁路电源指示灯亮。

④合控制母线断路器4QF，合闸母线断路器5QF，这样接至控制母线、合闸母线输出上的负荷就由本设备提供电源。

⑤合控制板上ON/OFF启动开关。

⑥几秒钟后，充电机及直流控制器开始工作。

完全停机：

①断开控制板上的“ON/OFF”启动开关。

②断开输入断路器1QF、2QF。

③断开电池充电断路器3QF。

④断开输出断路器4QF、5QF。

紧急断电:遇到紧急情况,可按下“EPO”按钮,立即关闭本设备自动控制系统。

注意:在手动操作电池连接端之前,应确认电容器已放电至安全电压以下。

19. 自控自吸泵的操作规程

①自吸泵在电脑上显示失灵时,到现场检查电子浮标是否正常,在就地控制箱上合上自吸泵控制开关。当排水井液位达到电子浮标上限时启动自吸泵,打开排水阀。

②水井液位降到电子浮标下限时关闭自吸泵,关闭排水阀。

20. 药系统操作规程

①检查橡胶手套、拆装维修工具等齐全有效。

②查后接通控制柜及变频器的电源。

③检查加药管道是否有泄漏现象。

④查加药管道上所有阀门的开/闭状态,确认溶液池出口阀打开,工作一路的阀门处于开启状态(泵的入口阀、出口阀、管路上相应通路的所有阀门),备用一路的阀门则应处于关闭状态。确认从计量泵出口到投药点出口管道畅通(关闭溶液池出口阀,观察Y型过滤器是否有水流通过)。

⑤在操作员站上将投药泵控制面板上相对应计量泵的状态开关选择“远控”位置。

⑥在控制面板上,激活投药泵启动画面,按启动按钮,开启加药泵。

⑦通过调节面板上对应每台泵的“转速”控制转速。

⑧将控制面板上的“转速调节方式”选择到“自动”位置。

21. 加药量的两种调节方法

①在操作员站通过激活转速调节画面来给定投药泵电机转速(在设定值上白框里输入要调整的转速),同时转速反馈窗口有相应显示。

②在操作员站通过激活冲程调节画面来给定投药泵电机冲程(在设定值上白框里输入要调整的冲程),同时冲程反馈窗口有相应显示。

22. 加药泵停机

①在操作员站上点击需要停机的投药泵,在弹出窗口中点击“停止”按钮。

②如长期停用,可将管路阀门关闭,切断控制柜电源。

23. 投药(计量)泵操作规程(图14.9)

①在操作员站上点开加药系统。

②点击所要调整的投药泵。

③出现对话框后点击左侧,激活后启动。

④启动后点击左侧激活,在设定值上白框里输入要调整的转速。

⑤点击相对应的计量泵冲程,把冲程调整到适合位置。

24. 药池搅拌机操作规程(图14.10)

①将药池搅拌机工作状态设定为远控位置。

②打开操作员站药池搅拌机的操作画面,通过激活启停开关进行搅拌机的启、停。

③如不能启动,需立即通知中控室与检修车间进行检修并做好记录。

图 14.9　投药(计量)泵控制窗口

图 14.10　药池搅拌机控制窗口

25. 投药泵控制柜操作规程

①将配电室操作台上对应的开关合上并打到相应位置。

②将变频柜显示面板、手自动转换按键设到手动。

③按启动按钮,变频器开始工作。

④调整面板电位计,调到所需工作频率。

⑤按冲程调节按钮,调节到所需冲程位置。

⑥当某一台泵出现故障时,应及时通知中控室更换备用泵进行投药。

⑦将故障情况通知检修人员,由检修人员进行检查、维修。

⑧修复后调试正常,检修人员通知中控室值班人员投药泵可以运行后,方可再投入使用。

26. 加氯间加氯系统操作规程

①投氯前准备工作:

a. 确认氯瓶、氯气质量。

b. 确认切换器、蒸发器、加热器、增压泵、减压阀的电源是否正常。

c. 检查蒸发器的压力水是否正常,如一切正常,启动增压泵,检查水射器前端的水压力应在 3.5 ~5.5 bar。

②打开氯瓶液氯管道出口阀(气体管道在一般情况下不用), 打开相应的切换器、蒸发器的进出阀,打开加氯管道上的所有阀门(另一条备用管道上的阀门应关闭)。

③检查将要启动的加氯机的真空度,打开加氯机的进出口阀,把加氯机的旋钮放到手动的位置(往外拉为手动),用旋钮按要求加氯量加氯。

④运行平稳后,启动采样泵。

⑤暂时停止加氯时,需关闭切换器和其相邻的手动阀,再把加氯机的旋钮拧到 0 位。

⑥如果是较长时间停止加氯,先关闭氯瓶的出口阀,当管线中的氯气压力降至 1 kg/cm^2 以下(可观察压力表)时,停加氯机并关闭切换器和其相邻的手动阀,最后停压力水。

⑦更换氯瓶时,必须佩戴防毒面具,同时开启排风机。

⑧更换氯瓶前应检查扼钳及垫圈是否完好,如有损坏需更换新的扼钳。

⑨开启氯瓶时,先开扼钳上的小阀,再缓慢开启氯瓶上的大阀,并用氨水检测是否有漏氯现象,一旦漏氯立即将大阀关闭,同时检查漏氯原因。

⑩在使用气氯时,应将前端胶圈置于轴座上,使氯瓶保持前高后低的倾斜状态。

注:加氯前一定要检查投氯点的阀门是否打开和采样点的阀门是否打开。

27. 加氯机操作规程

加氯系统开机程序:

①将加氯机的流量控制阀旋到关闭位置。

②开启升压泵和水射器的供水阀门,再缓慢开启加氯机的出口阀门。

③调节加氯机的加氯控制阀,使加氯量达到要求的投加量。有三种调节方式:

a. 强制手动调节:将加氯机上的红色手柄拉出,即使加氯机处于强制手动状态。逆时针旋转手柄增加加氯量;顺时针旋转减少加氯量。

读取流量计管中浮子的最大截面处所对应的刻度线,得出瞬时加氯量,单位为 kg/d(千克/日)。

b. 电控手动调节:将加氯机上的红色手柄推入,加氯机处于电动控制状态。在控制器面板出现“手形”标志时,按“△▽”键使面板出现“Act Position”,再按下“┘”键,这时阀门开启度显示值前会出现“〉”,按“△▽”键即可调整加氯量。

读取流量计管中浮子的最大截面处所对应的刻度线,得出瞬时加氯量,单位为“kg/d”。

c. 远程/自动调节:将加氯机上的红色手柄推入,加氯机处于电动控制状态。操作控制器面板使加氯机进入自动控制状态。

根据工艺要求调整流量控制比例系数。这时氯气投加量会根据工艺管道水量变化自动调节。

注意:加氯机运行时,加氯机下部的真空表读数应不低于“6”汞柱,否则控制盘低真空报警灯亮,表示水射器供水压力不足,或管道有严重泄漏。

加氯系统停机程序:

①如短时停机(数小时),关闭水射器升压泵即可(如需重新加氯,开启升压泵即可)。

②如长时间停用加氯机(数天),首先关闭水射器升压泵,再关闭真空调节器入口阀门;10 min 后关闭氯瓶角阀。(如需重新加氯,顺序开启氯瓶角阀→真空调节器入口阀门→升压泵即可。)

③如加氯系统需停机数月,应首先关闭真空调节器入口阀门;10 min 后关闭氯瓶角阀。开启真空调节器入口阀门,开升压泵,开加氯机,待蒸发器压力表指示压力下降到 0.1 MPa 时关闭真空调节器出口 PVC 球阀,再关闭升压泵。(如需重新加氯,执行上述的初始启用操作程序。)

28. 漏氯中和装置操作规程

①经常保证设备完好。每半月开动一次,连续运行半小时,如发现问题及时进行检修。

②经常检查碱液数量和浓度,当碱液质量分数低于 4% 时即应更换。

③在更换碱液时,应对吸收塔、碱液槽等彻底清洗干净后,再投加新碱液。

④新碱液当使用固体氢氧化钠用水溶解时,应先在槽外溶解降温后再投入槽内,并注意操作时发热和注意操作安全。

⑤新碱液向槽内投入时,应加尼纶网过滤,以防杂物入内造成堵塞。

⑥当发现碱泵出碱压力增高或从视镜中观察到喷碱不足时，则表明出碱管过滤器堵塞，应及时清理。

⑦当手动打开中和装置时，先开碱液泵，后开风机；关闭中和装置时，先关风机，后关碱液泵。

⑧通过液位计观察液面高度，当液面高度低于槽顶向下500 mm时，应及时补充水到槽顶向下200 mm。

29. 氯瓶自动压力切换系统操作规程

①1#气源供气，2#气源备用时，控制箱上1#气源绿色指示灯亮；复位开关指向1#。

②当1#气源耗尽，供气压力下降到压力开关动作值时，1#电动阀自动关闭，1#红色指示灯亮；2#电动阀自动开启，2#绿色指示灯亮；2#气源开始供应液氯。

③操作员将1#气源更新后，应将“RESET”（复位）键由1#旋转到2#；这时1#气源的红色指示灯会熄灭，表示已更换新瓶，同时控制盘上对应的流量计算仪的初始值会复位到2 000 kg满氯瓶显示。

④氯气供应由2#气源自动转到1#气源的过程与上述相同。

30. 反冲洗水塔运行操作规程

①滤池反冲洗前，检查反冲洗水塔液位是否已达到2.7 m。

②如液位不到2.7 m，打开DN600上水阀门，液位达到2.7 m后，关闭上水阀门。

③反冲洗水塔DN 1 000出水阀门的开度已调好，没接到中控室的通知，不得随意调整。

④反冲洗结束后，再打开DN 600上水阀门，使反冲洗水塔液位恢复到2.7 m，再关上水塔上的水阀门。

⑤冲洗时间及冲洗方式应按中控室指令进行。

31. 电气系统操作规程高低压柜操作规程

①工作时要穿戴相应的安全用具。

②操作时要有两人以上的工作人员在场。

③具体操作的时候，高压柜要检查仪表，看高压柜数据是否正处于正常状态。

④确认处于正常状态后把手车摇入，然后合闸。

⑤如状态不正常，应及时通知中控室联系变电所人员进行抢修。

⑥关闭的时候应先分闸，然后摇出手车。

32. 就地控制箱操作规程

①确认已送电后，先把控制箱的保险合上。

②将操作台上控制按钮由“自动”转至“手动”。

③按照中控室指令进行相应操作。

④现场操作完成后，再将控制按钮由“手动”转至“自动”。

33. UPS不间断电源操作规程

①启动的时候按绿色的“ON”按钮。

②禁止系统在旁路模式运行太久。

③不要修改参数。

④如有报警可以通过按“※”，再按上下键查看报警信息。

⑤可通过按消音键将报警铃复位。

⑥如果要求UPS停止工作一周以上，就必须同时按红色和绿色按钮关闭UPS。

34. 絮凝池、沉淀池清洗安全操作规程

①关进水阀门,停投药泵、搅拌机、刮泥机,开排泥阀门。

②接好临时配电装置,接好安全工作行灯。

③安装调试潜水泵,接好水龙带、水枪,牢固设置工作梯。

④工作人员先穿戴好安全帽、手套、水靴和防水服装。

⑤工作人员严禁酒后作业。

⑥工作中严禁压力水枪对着他人。

⑦工作中认真负责,不留死角。

⑧清洗结束后通知中控室恢复运行。

35. 水门井操作规程

①必须接到上级领导指令,认真填写操作票后方可操作。

②在操作时必须两名以上工作人员到现场操作。

③打开水门井盖后必须放气 10 min,然后点火测试是否缺氧。

④检查水门井里是否还有积水,如有积水应及时通知检修人员立即抽水。

⑤在下井前用有害气体探测器进行检验,在无探测器情况时,可用燃烧的蜡烛或纸张落到井底仍然燃烧作为参考。

⑥检查井室梯凳是否牢固可靠,下井后要站稳。

⑦按中控室指令开大或关小水门。

⑧操作后盖严水门井盖。

36. 生产报表规程

①要认真填写,禁止有涂改,要记录当班班长、班员姓名及班次日期。

②每天早上当班班长将前一天截止到 24 时报表送到中控室负责人手里。

③中控室负责人检查报表合格后,报主管领导审核后存档。

37. 设备维修后安全启动操作规程

①设备维修后,检查拆下的零件是否全部正确重新安装。

②检查维修现场的工具杂物等是否已清理干净。

③设备启动前必须通知有关人员及值班班长到现场,并通知设备所在车间值班员做启动准备 。

④设备启动后,观察设备运行是否正常。

⑤设备运行正常后,检修人员方可离开现场。

⑥填写维修记录,由检修车间主任签字,必要时通知技术人员对相应图纸进行修改。

38. 水厂停产规程

稳压井:

①先把自动转为手动(点击 AR 出现对话框,点手动转为 MR) 。

②点参数设定:

a. 按起调下限→控制下限→控制上限→起调上限的顺序输入设定值。

b. 把手动转到自动(点击 MR 出现对话框,点手动转为 AR) 。

注意:开始先把进水量减到 18 000,等到管线修改完参数后再向下调,具体水量根据实际情况与管线协商而定。

投药间:

①在源水量逐渐减少的同时,合理降低净水剂投加量。

②待水量调到 0 后,把单因子转到手动,关闭计量泵(左键点击计量泵,出现对话框,点击左上角中文,激活点击停止)。关闭出药阀(左键点击出药阀,出现对话框,点击停止)。关闭搅拌机(左键点击搅拌机出现对话框,点击停止。)

③关闭控制室电脑,关闭 2 台控制器,关闭 2 电源(控制柜后)关闭 UPS(按◎)。

净水间:

①关闭混合池与絮凝池搅拌机(直接点击搅拌机,出现对话框,点击左上中文激活,点停止)。

②关闭刮泥机(直接点图出现对话框,点停止)。

③排泥阀组在关闭状态下由自动转到手动(点击 AR 出现对话框,点手动)。

滤池:

①先把远程自动转为远程手动(点击 AR 出现对话框,点手动转为 MR)。

②关闭进水阀,进水阀关闭后,关闭出水阀。

③进出水阀全关后,让现场工作人员把就地控制箱上的就地远程开关转到就地。

④现场人员关闭净水间控制室的电脑和 4 个控制器和 8 个电源,再关闭 UPS(按◎)。

加氯间:

①关闭加氯机后,关闭加氯间控制室两电源 UPS(按◎)。

②控制人员在电脑上点出菜单,点鼓风机房,点加氯增压泵,出现对话框,点停止,然后点泵出口阀,出现对话框,点关闭。

③去污泥处理间,关闭污泥处理间控制室 2 个控制器和背面的 2 个电源,再关闭 UPS(按◎)。

送水泵房:

①操作人员在电脑上,先点击变频泵,激活右边,点击向下箭头,把转数降到 25 Hz。

②点击出水阀,出现对话框后点击关闭。

③点击水泵出现对话框后,点击左上中文激活对话框,点击停止。

④现场人员关闭泵房控制室的电脑和 2 个控制器和 2 个电源,再关闭 UPS(按◎)。

中控室:

①关闭操作台上的电脑(最后关 213 站)。

②关闭监控电脑。

③关闭 UPS。

方法:a. 同时按主机上红色和绿色按钮。

b. 断开配电柜后 MCCB 电池开关。

c. 断开 UPS 输入开关。

14.1.5　净水厂运行管理制度

1. 稳压配水井管理制度

①严格禁止闲杂人员进入稳压配水井逗留。

②工作人员进入稳压配水井时,严禁穿高跟鞋及携带与工作内容无关的物品。

③巡视中发现照明、水门盖板及扶手等存在安全隐患时,应及时通知检修车间并予以协助维修。

④稳压配水井内严禁存放任何杂物,保持好室内卫生。

⑤进入稳压配水井内采水样时必须两人以上,人员必须站在护栏外安全位置方可操作。

⑥进入稳压配水井内采水样时必须用绳系紧取样工具,另一头系到固定物上。

⑦任何人在没有得到生产运行科指令的情况下,不得随意开启或关闭进、出水阀门。

⑧任何人在没有得到生产运行科指令的情况下,不得随意调整进入四个系列的手动堰门。

2. 投药间管理制度

①严格禁止闲杂人员进入投药间逗留。

②工作人员进入投药间前必须穿戴好防护服、胶皮手套,严格禁止赤手操作。

③经常检查胶皮手套是否有损坏,拆装维修所需的工具是否齐全、有无损坏。

④必须定期检查投药间的配电系统电源柜供电是否正常;检查控制柜变频器电源显示是否正常。

⑤经常检查投药管道有无泄漏现象。

⑥经常检查投药管道上的所有阀门是否按照中控室的操作指令处于开状态或闭状态。

⑦备用投药管道上的阀门必须处于关闭状态。

⑧投药系统的手动控制必须得到中控室的指令后方可进行手动操作。

⑨交接班时必须检查设备的运行情况、原水水质、投药量、药的库存及拆装维修工具。保证安全防护用具使用的可靠性。

3. 加氯间管理制度

①加氯间值班人员必须持证上岗。

②加氯间由当日值班人员全面负责。加氯间无人时,必须上锁。加氯间禁止外人出入,如需进入时必须由净水厂主管领导同意,并有相关人员陪同。

③值班人员在巡视时,应重点对电动葫芦、钢丝绳、氯瓶、柔性管、氯气回收装置、加氯系统、回收通道盖板、照明系统进行检查。一旦发现异常情况,应及时向班长、中控室负责人及主管厂长汇报,由主管厂长组织检修人员及时对其进行抢修、维修、维护等。

④备用氯气瓶必须在指定的满瓶存放区存放,存放数量不得超过 14 t。

⑤空瓶、满瓶分区放置,并设指示牌标示。

⑥在发生意外事故时,必须听从统一指挥。

⑦在启动中和塔前,应穿好防护服。

⑧具体救援措施,执行净水厂《事故救援预案》。

⑨加氯间必须备有抢修器材,加氯间值班人员交接时应互检。

⑩漏氯报警仪探头必须每周用漂白精进行一次灵敏度测试。

⑪加氯间要有良好的通风设备,室内空气含氯量质量浓度不得超过 1 mg/L。

⑫投火碱时必须穿工作服,带胶皮手套、眼镜、口罩;搅拌火碱时要轻搅轻拌,不要溅出桶外。投料地面要保持干净,地面不准有溅水,防止滑倒;按要求投加火碱量,不准多投或少投。

4. 净水间管理制度

①工作区内禁止穿高跟鞋。

②工作期间上下楼梯时,要手扶扶手,上下楼梯要注意安全。

③登高作业时,必须两人以上,必须系安全绳做到有人监护。

④发现盖板未复位时,检修人员应及时将其复位,以确保行走安全。

⑤当工作巡视时,发现照明问题应及时与检修车间取得联系,进行更换。

⑥当巡视排泥廊道时,要注意脚下的盖板及墙体的脱落。

⑦工作区内禁止堆放杂物,凡是与生产无关的物品应及时清理。

⑧高空作业人员作业时必须佩戴安全带;作业梯子必须安全可靠,需与其他物品相连接时,一定要保证牢固,并且有人监护。

⑨沉淀池、滤池等作业在无安全保障情况下禁止进行。

⑩反冲洗滤池时,必须站在滤池护栏外,如果需下滤池作业,要系好安全带。

⑪清刷沉淀池时,上下池要注意安全,照明电压必须符合安全电压。

⑫非生产人员不得任意到絮凝池、混合池、沉淀池、滤池逗留,到上述地点检查时,必须二人以上并且一定要站在护栏外。

⑬认真履行交接班制度,做好运行记录,本班使用的一切设备、工具、防护用品交接班前要擦干净,保持完好,否则不得交班。

5. 鼓风机房管理制度

①鼓风机房严格禁止闲杂人员进入逗留。

②值班人员定时对鼓风机房的设备、仪表进行巡查,并做好巡查记录。

③值班人员发现设备、仪表异常,立即报告中控室。

④没有中控室指令,严禁手动操作鼓风机房内的设备。

⑤需手动操作鼓风机房内的设备时,现场必须两人以上方可。

⑥必须在确认储气罐无压后方可进行检查。

⑦检查机械设备、电气设备必须切断电源。

6. 反冲洗水塔管理制度

①鼓风机房严格禁止闲杂人员进入逗留。

②定期对反冲洗水塔进行巡视检查,发现异常情况要立即报告中控室。

③到反冲洗水塔检查时应注意上下楼梯的陡度,手必须扶好楼梯扶手,没有特殊情况,禁止使用螺旋楼梯。

④没有中控室的指令,严禁手动操作反冲洗开关阀门。

7. 污泥处理间管理制度

①无关人员严禁进入污泥处理间。

②定时检查污泥储池、废水回收池、回收水调节池,防止液位过高造成跑水。

③保证设备完好率,定期检查。

④对电器设备运转情况经常检查,发现问题及时处理汇报。

⑤根据情况及时调整投料量。

⑥污泥间变压器及低压配电系统需操作时必须根据班长或电气负责人命令,由两人执行,一人操作,一人监护。

⑦经处理后的污泥饼要做好储存及运输工作。

⑧安全用具、防火用品和劳动保护用品需配备齐全并加强保管。

8. 送水泵房管理制度

①新工人未经技术安全培训考试合格,不允许独立操作。

②设备启动前,应对阀门的开度(要求进出水手动阀门必须全开,出水液控阀在关闭状态)、真空状态、高压开关的位置进行必要的检查。

③设备运行中,操作人员应仔细倾听设备声音,观察压力表、电流表、电压表和指示灯是否正常,不准超压运行。

④设备运行中，不得进行危及安全的任何修理。

⑤临时停电时，操作人员不得离开现场，并应关闭总电源等候送电。

⑥压力表每半年或一年检查校验一次，停车时压力表指针应指向零位，如发现不正常情况要及时向上级领导汇报，协助相关部门人员修复或更换。

⑦无水时不得关闭阀门开泵，叶轮不得反向转动。

⑧泵站内应保持清洁，如有油类等物质时，应及时通知相关部门清除。

⑨没有中控室的指令，严禁手动操作送水泵房内的设备。

⑩搞好泵站控制室卫生，做好交接班记录。

9. 中控室管理制度

①值班人员必须遵守系统管理的各项规章制度。

②值班人员未经领导批准不得擅自更改系统配置和程序。

③中控室内严禁吸烟、吃食物，保持室内卫生，保持系统设备在良好环境中运行。

④值班人员在任何时间不得带外人在中控室内停留。

⑤值班人员交接班时应整理好设备日报，检查系统是否正常运行，做好交接班工作。

⑥注意检查交换机、UPS 以及供电系统是否正常，暖气有无漏水，维护好空调设备，确保室内温度、湿度适宜。

⑦坚决禁用其他软硬件与系统网络连接，防止病毒进入破坏系统的正常运行。

⑧非中控室值班人员未经领导批准不得进入系统中心控制室，系统管理人员不得泄露密码。

⑨遇见紧急情况，应立即报告领导，并及时处理解决，做好故障原因及处理办法的记录。

⑩中控值班人员应熟悉报警设备及灭火器。

⑪中控值班人员必须严格遵守安全、防火、防盗制度。

⑫值班人员必须坚守岗位，不得漏岗、睡觉。

14.2 典型寒区净水厂运行工艺参数

本节以黑龙江某净水厂为例，该净水厂总处理规模为 90 万 m^3/d。净水厂采用分期建设，一期建设规模为 45 万 m^3/d，二期扩建规模为 45 万 m^3/d，水厂自用系数为 3%。工艺处理构筑物包括：稳压配水井、净水间、鼓风机房及反冲洗泵房、清水池、送水泵房、投药间、加氯间、废水回收水池及污泥贮池、污泥处理间等。

稳压配水井、净水间、投药间、鼓风机房及反冲洗泵房、废水回收水池及污泥贮池等均为一、二期分建；加氯间、污泥处理间等为一、二期合建，土建一期一次完成，设备分期安装。

14.2.1 稳压配水井

设两座稳压配水井，一、二期工程各一座。稳压配水井为方形钢筋混凝土结构，设计水力停留时间为 6.1 min。

水厂总进水由 1 根来自水库的钢管通入稳压配水井中间竖井，采用薄壁堰配水形式，设 4 个可调式手动堰门，可根据需要分别对配水至 4 个净水系列的配水堰堰上水头进行调节，当净水间内 1 组池子检修时，调整堰门以保证出水流量分配均匀，当净水间内 1 个系列池子检修时，提升堰门，关闭此系列出水；稳压配水井设四根出水管，分别通向四个净水系列。配水井设有溢流、放空及氢氧化钠投加等工艺管道。稳压配水井室内设液位计、浊度计、温度计、碱度计及pH计等仪表。

14.2.2 净水间及净化构筑物

共设2座净水间,一、二期工程各1座。净水间内设机械混合池、水平轴机械搅拌絮凝池、异向流斜管沉淀池及翻板滤池净水构筑物,净水系统共设4个大系列,分上下两层布置。

14.2.3 机械混合池

共分4个系列,每系列设2座混合池,共计8座,混合时间为1 min。

每座混合池分3格,第1格为进水竖井;后两格内设2级竖轴式搅拌机,第1级混合池速度梯度 $G=550\ S^{-1}$,$GT=3.3\times10^{4}$;第2级混合池速度梯度 $G=350\ S^{-1}$,$GT=2.1\times10^{4}$。搅拌机设计参数详见表14.1。

表14.1 混合池搅拌机设计参数

项　目	第1级搅拌机	第2级搅拌机
搅拌机外缘线速度/($m\cdot s^{-1}$)	2.8	1.9
搅拌机转速/rpm	52	35
搅拌机角速度/(弧度·s^{-1})	5.46	3.7
搅拌机计算轴功率/kW	4.50	1.8
电机功率/kW	7.5	3.7
设计搅拌机直径/m	1.2	1.2
搅拌机叶数	4	4
搅拌机宽度/m	0.4	0.4
搅拌机层数	2	2

14.2.4 水平轴机械搅拌絮凝池

絮凝池共分4个系列,每系列2座絮凝池,总共8座,设计絮凝时间为25.3 min,每座絮凝池分为3级,每级絮凝时间8.43 min,平均速度梯度为 $G=72.43\ S^{-1}$,$GT=1.1\times10^{5}$,每座絮凝池设有3排水平轴机械搅拌机,每个搅拌机长为20.2 m;搅拌机上缘离水面及下缘离池底距离为0.15 m;搅拌机外缘直径为3.7 m;每个搅拌机上装有4块叶片,叶片宽度为0.40 m。搅拌机的各项设计参数详见表14.2。

表14.2 絮凝池搅拌机设计参数

项　目	第一排	第二排	第三排
叶轮桨中心点线速度/($m\cdot s^{-1}$)	0.5	0.40	0.30
叶轮转数/($r\cdot min^{-1}$)	2.894	2.315	1.736
叶轮角速度/(弧度·s^{-1})	0.303	0.242	0.182
每个叶轮所耗功率/kW	0.703	0.255	0.107
理论叶轮所耗功率/kW	2.108	0.764	0.322
实际叶轮所耗功率/kW	3.514	1.273	0.537
搅拌机额定功率/kW	3.7	1.5	0.75
速度梯度/(S^{-1})	78.95	47.52	30.86

在絮凝池出水侧设有过渡段,絮凝后的原水经过渡段进入斜管沉淀池。在每座絮凝池的前端设投药取样点。

14.2.5 异向流斜管沉淀池

斜管沉淀池共分4个系列,每个系统2座沉淀池,共计8座,沉淀池清水区上升流速度为1.2 mm/s。池体竖向由污泥区、布水区、斜管区、清水区及超高组成。

斜管采用ϕ30的乙丙共聚蜂窝斜管；在每座沉淀池内设有非金属链条水下刮泥机2台，并设调速装置，根据原水浊度控制刮泥机的转速；同时，池内设有排泥阀、污泥界面计等配套辅助设备及仪表。

沉淀池设计进水最大*SS*值为88 mg/L，平均为40 mg/L，设计出水浊度为3NTU，排泥含水率为99.3%。排泥按时间控制，并由污泥界面计控制开始排泥时间，同时提供按时间排泥条件。

每个系列沉淀池出水通过总汇水渠进入翻板滤池。

14.2.6 双层滤料翻板滤池

在净水间中滤池分两排布置，管廊设在两排滤池中间。设计滤速7.0 m/h，强制滤速7.3 m/h，恒水位过滤，以过滤水头损失控制滤池反冲洗，采用水泵冲洗。滤料分上下两层，上层为无烟煤（粒径$d=1.4\sim2.5$ mm），滤料厚0.7 m，下层为石英砂（粒径$d=0.7\sim1.2$ mm），滤料厚0.8 m；承托层用粗砂，厚0.45 m，依次是粒径$d=3\sim5$ mm的粗砂厚0.20 m，粒径$d=8\sim12$ mm的粗砂厚0.25 m。除滤池出水调节阀为电动阀门外，其余选用气动阀门。

滤池内不设反冲洗集水系统，仅在滤层上方设排水翻板阀。配水系统采用中央干渠竖管及PE支渠式形式。反冲洗分三个阶段：第一阶段，先单独气洗，强度16.7 L/s·m^2，历时3 min；第二阶段，气、水同时洗，其中气洗强度16.7 L/s·m^2，水洗强度3.5 L/s·m^2，历时4 min；第三阶段，单独水洗，分两次进行，强度15.8 L/s·m^2。第一次水洗，历时35 s，当滤池水位达到最高液位时，停止进水，静沉20 s后开始排水，翻板阀先开启50%，5~10 s后再100%打开，持续90 s后（滤池水位降至滤料层面时）停止排水，开始第二次水洗。第二次水洗持续85 s后（滤池水位达到最高液位时），停止进水，同样静沉20 s后开始排水，翻板阀首先开启50%，5~10 s后再100%打开，持续90 s后（滤池水位降至滤料层面时）停止排水，开启反冲洗进水阀，约60 s后，升水至滤池有效水深的60%后，反冲洗停止，开始正常过滤。反冲洗水洗总历时3 min。

14.2.7 鼓风机房及反冲洗泵房

本项目共设2座鼓风机房及反冲洗泵房，一、二期各1座，相邻净水间布置，为净水间内滤池反冲洗提供反冲洗气、水，并为净水间内气动阀门提供气源。

反冲洗泵房及鼓风机房合建，其中反冲洗泵房设计为半地下式，反冲洗泵房及鼓风机房地面以上部分分成上下两层。

反冲洗泵房及鼓风机房底层设有反冲洗水泵、鼓风机、空压机及与之配套的气压罐、干燥器等。另设有走廊，顶层布置净水间的低压配电间、控制值班室等。

根据滤池反冲洗要求，滤池反冲洗气、水合洗阶段开启1台水泵，滤池反冲洗单独水洗阶段开启水泵；气洗用鼓风机选用三叶罗茨鼓风机，空气经气体净化装置除尘干燥后，由无油润滑压缩机给净化间内气动阀门的开启提供气源。

14.2.8 清水池

清水池是调节净水厂处理水与送水泵房送水之间不平衡性的贮水构筑物，水厂清水池容积按设计规模的20%调节。

清水池内设置液位计，通过液位变送器传示最高、最低水位给控制室。

14.2.9　送水泵房及吸水井

送水泵房一、二期合建，送水泵房形式为半地下式。中部为变压器室、配电室及值班室等，两侧布置水泵间。

送水泵选用高、低压两种压力单级双吸水平中开式离心清水泵，具体有：

水泵吸水管上设有手动蝶阀，出水管上电动液压缓闭止回蝶阀、手动蝶阀。

考虑到泵房内排水以及事故被淹的可能性，操作间内设集水槽，移动式潜污泵排除；另外在泵间内单设专用排水管，可将事故积水及时排除。

送水泵房前设吸水井，吸水井采用钢筋混凝土结构，中间隔墙上设连通管和阀门，吸水井设置液位计，通过液位变送器传示最高、最低水位给控制室，用以控制水泵的开停。

表 14.3　一期工程各工况水泵组合表

最高日最大时			
供水区域	流量/(L·S^{-1})	扬程/M	水泵工作情况
重力供水区	3 404.29	0.00	
低压供水区	1 024.23	26.00	启动 1 台 1 号泵,1 台 2 号泵
高压供水区	1 657.64	47.00	启动 2 台 3 号泵
平均日平均时			
供水区域	流量/(L·S^{-1})	扬程/M	水泵工作情况
重力供水区	2 433.80	0.00	
低压供水区	952.99	26.00	启动 1 台 1 号泵
高压供水区	900.96	47.00	启动 1 台 3 号泵
消防校核			
供水区域	流量/(L·S^{-1})	扬程/M	水泵工作情况
重力供水区	3 604.68	0.00	
低压供水区	1 079.07	26.00	启动 1 台 1 号泵,1 台 2 号泵
高压供水区	1 686.78	47.00	启动 2 台 3 号泵
断管事故校核			
供水区域	流量/(L·S^{-1})	扬程/M	水泵工作情况
重力供水区	2 697.84	0.00	
低压供水区	962.04	26.00	启动 1 台 1 号泵
高压供水区	1 313.25	47.00	启动 2 台 3 号泵

表 14.4　二期工程各工况水泵组合表

最高日最大时			
供水区域	流量/(L·S^{-1})	扬程/M	水泵工作情况
重力供水区	4 101.04	0.00	
低压供水区	4 621.58	26.00	启动5台 1 号泵,其中 2 台变频到 0.96
高压供水区	3 140.85	47.00	启动 4 台 3 号泵和 1 台 4 号泵
平均日平均时			
供水区域	流量/(L·S^{-1})	扬程/M	水泵工作情况
重力供水区	3 009.73	0.00	
低压供水区	3 804.05	26.00	启动 4 台 1 号泵
高压供水区	2 680.74	47.00	启动 3 台 3 号泵和 1 台 4 号泵, 2 台 3 号泵变频到 0.95

续表 14.4

消防校核			
供水区域	流量/(L·S^{-1})	扬程/M	水泵工作情况
重力供水区	4 298.03	0.00	
低压供水区	4 719.95	26.00	启动5台1号泵,其中2台变频到0.96
高压供水区	3 272.54	47.00	启动4台3号泵和1台4号泵
断管事故校核			
供水区域	流量/(L·S^{-1})	扬程/M	水泵工作情况
重力供水区	3 293.57	0.00	
低压供水区	3 795.49	26.00	启动4台1号泵
高压供水区	2 472.25	47.00	启动3台3号泵

注:1 号泵为:Q=3 600 m^3/h,H=26 m,2 号泵为:Q=1 320 m^3/h,H=26 m

3 号泵为:Q=3 276 m^3/h,H=47 m,4 号泵为:Q=1 080 m^3/h,H=48 m

14.2.10 投药间

投药工艺以精制氯化铝为混凝剂,并季节性投加氢氧化钠。药剂的溶解和配制采用机械搅拌,药剂投加方式采用湿式计量投加。商品氯化铝设计最大投加量为 40 mg/L,平均投加量为 30 mg/L,药液投加质量分数为 10%,投加点为两处,前投加点设在混合池前端,以进行混凝絮凝,后投加点设在沉淀池出水渠,季节性投加,经搅拌器搅拌后进行微絮凝;苛性钠设计最大投加量为 20 mg/L,药液投加质量分数为 15%,投加点设在配水井内,对水厂来水碱度进行调节,以保证混凝剂的处理效果,投药间内设操作间及药库,药液采用机械搅拌形式。

氯化铝在溶药池内溶解后,经耐腐蚀离心泵,提升至溶液池,配制成标准溶液后,采用隔膜计量泵投加至净水间混合池投药点或沉淀池出水总管;苛性钠配制成标准溶液后,在原水碱度较低时,采用隔膜计量泵投加至稳压配水井投药点。

混凝剂投加采用单因子流动电流自动投药系统。苛性钠采用原水流量及碱度值控制投加量。

14.2.11 加氯间

加氯间及氯库一、二期工程合建,由加氯间、水泵间、工作氯瓶间、氯库和漏氯中和处理间组成。其中水泵间、工作氯瓶间和氯库一、二期共用,加氯机间一、二期相互独立,漏氯中和装置一、二期共用一套。

加氯系统可对水厂沉淀池出水(中加氯)和滤池出水(后加氯)进行投加,设计氯气投加量均为 2 mg/L。中加氯用于除铁除锰,后加氯系统对水厂出水消毒,均采用真空加氯系统。中加氯采用流量配比控制,后加氯采用复合环路控制。

加氯间选用真空加氯机,其中中加氯单机最大加氯量为 75 kg/h 的加氯机,后加氯单机最大加氯量为 40 kg/h 的加氯机。后加氯系统设余氯分析仪 2 台,置于鼓风机房及反冲洗泵房内;在厂区采样井内设采样泵 2 台。

氯瓶间及氯库一期配吨级氯瓶 40 个(存储时间为 15 天),在线工作氯瓶数量为 6 个,通过压力切换系统进行切换。由于寒区市地处北方,冬夏温差较大,在气温较低时,只靠氯瓶的自然蒸发,满足不了所需加氯量要求,故采用液氯蒸发器 2 台,1 用 1 备,单台最大蒸发量 120 kg/h,在低温时使用。采用 2 t 液压秤 2 台,监测工作氯瓶的使用情况。二期相应增加 40 个吨级氯瓶及 1 台液氯蒸发器。氯库内设有 1 台 2 t 电动单梁悬挂起重机,用于氯瓶的起吊和运输。

为保证安全及保护环境，设有漏氯检测仪1套于加氯间内，其2个探头安装在氯库内，当室内氯气含量（体积分数）达到1×10^{-6}时，漏氯检测仪自动报警，当空气中含量氯气（体积分数）超过3×10^{-6}时，在报警的同时启动漏氯中和装置。

漏氯中和间内装中和能力为1 000 kg/h漏氯中和装置1套。

加氯点为3个，其中中加氯点为1个，设在沉淀池出水处；后加氯点为2个，分别设于滤池2条出水管上，后10倍管径处设有余氯分析采样点，采样水经采样泵加压进入余氯分析仪。

14.2.12　废水回收水池及污泥贮池

本工程滤池反冲洗废水回收水池与污泥贮池采取合建形式，一、二期分别建设。一期设2座滤池反冲洗废水回收水池及2座污泥贮池，二期内容同一期。

每座废水回收水池容积按接纳单格滤池反冲洗废水量设计，每座污泥贮池容积按接纳净水系统6 h产泥量设计。

14.2.13　废水回收水池

两座废水回收水池轮流使用，反冲洗废水在废水回收水池经过1 h静沉后，通过滗水器出水到吸水井利用废水回收泵输送至稳压配水井，液位达到最高设定液位的污泥贮池滗水器出水并开启上清液回流泵送至滗水的废水回收水池，待废水回收水池滗水结束后，利用池内排泥泵将沉淀污泥输送至污泥贮池。依靠电动调节阀和流量计控制废水恒定回流。

14.2.14　污泥贮池

一期工程设计进泥量含水率为99.3%，浓缩后含水率为99.0%。

污泥贮池间歇进泥，来泥经过一段静沉后，贮池达到设计液位，开始滗水，利用上清液回流泵送至废水回收水池边将污泥输送至污泥处理间；在其中一座达到设计液位，同时另一座开始进泥。在污泥贮池中，设安装非金属链条式刮泥机。

14.2.15　污泥处理间

污泥处理采用浓缩脱水一体机，一期工程设计进泥量为77.3 m^3/h，含水率为99.0%，脱水后含水率为80%。

污泥处理间一、二期工程合建，分上下两层，一层由设备间、药库、污泥装运间、低压配电间及值班控制室等组成。

一层设备间设有2套加药装置一体机，其额定加药量为1 000 L/h，药剂投加比率采用污泥干重的0.5%投加，药液投加浓度（质量分数）为0.1%。药库用于聚丙烯酰胺的存储。

二层主要为污泥浓缩脱水机的设备间，内部设有2套污泥浓缩脱水一体机，设备间另外设置1套螺旋输送机及污泥斗，以用于泥饼的输送及装运，污泥处理间二层内设有电动单梁桥式起重机，用于设备的起吊和安装。

脱水后干污泥外运，作为建筑材料，上清液重力回流至废水回收水池。

14.2.16　厂区排水

净水厂厂址所在位置为城市建设规划区，由于水厂投产后规划区内排水系统有可能建设滞后的情况，本次设计在厂区内设生活污水处理一体化设备，将厂区内生活污水进行处理，达到污水综合排放标准后重力排放至E区开发区雨水暗渠中，规划区排水系统建成后，厂区生活污水可直接排入厂外排水系统,进入城市污水处理厂进行处理。

厂区雨水及配水井、清水池事故溢流水,收集后经 DN2200 管道重力接入 E 区开发区雨水暗渠中,排至排水总渠。

厂区排水管道采用高密度聚乙烯缠绕增强管,电熔承插接口,素土基础。

14.3 寒区净水厂保温防冻及低温运行方法

14.3.1 净水厂防冻防寒措施

净水厂:水厂各个取水口、阀门井,及室外仪表多数需要保温措施。可包裹防寒毡、草绳包扎、外敷石灰膏等。对裸露的室外管线、阀门、水质仪表灯进行有效的防护保温。

低温低浊水质处理:温度降低可能会产生低温低浊现象,应适当增加混凝剂和助凝剂等以确保水质达标。

加氯量控制:注意由于温度低氯气反应不完全而带来的余氯量增大问题。因此,应做好氯库保温。注意观察水质情况,确保余氯合格。

加氯间防冻:一般加氯间高压水管线易结冻,应观察和注意高压水管线及水射器周边管件,并采取相应防冻措施,对于不连续供水的情况,可在加氯管线上增加放空阀,在不供水时将管道水放空。

值班室控制室防冻:由于控制室有大量线路与室外或其他车间相连,保温性不良。首先应在控制室与室外或其他车间发生换热的线路口填塞隔热阻燃材料。如条件不允许,应加装电暖气、热风幕等供暖电器以保证 24 h 供热达标。

车间各个入口处大门防冻:此处属日常维护常开闭口,换热次数频繁,应加装热风幕并注意热风幕正常工作,以确保门口处投药管等管线不会突然冻结影响生产。

14.3.2 供水管网及设施防冻措施

井盖防护:可采用稻草填埋在井内防寒,或采用五彩布或塑料布,外加防寒毡或苯板,垫在井盖下,起保温作用,并注意布要比井盖尺寸大一些,防寒毡尺寸与井盖尺寸相当。

外露管线、阀门、仪表防护:采用稻草绳外加石灰膏,塑料布加防寒毡包裹,起到隔潮、保温、防寒作用。

管网防冻措施:在管线低点处及管网入户处等不利点,应尽量增加长流水设施,使管网内水体保持流动状态,防止结冻。

排水排泥设施防冻:室外排水排泥等设施,由于有积水问题,应尽量排空,防止局部结冻,如有观察井应做好防寒。

阀门控制措施:如有半开闭等未全开启的阀门,在保证管网压力能够承受的前提下,尽量大打或全开,增加管网流速以减少管网内碎冰碴梗阻情况,保证管网内水体流动不结冻。

14.3.3 抢修措施

如果外露小管线被冻(DN200 左右),可使用电焊机,通过被冻管线使零线和焊钳短路进行解冻。

管线被冻,不要用喷灯烤,以防受热不均匀。除第一种方法外,还可使用电热蒸汽解冻,或采用电阻线缠绕通电的方式进行加热解冻。

如阀门被冻,不能直接用热水烫,易裂,应采用缓慢加热解冻的方式。

如已停水，应在正式送水前考虑到检修阀、排气阀、水表等设施配件是否已被冻坏冻裂，正式送水后是否需要进行更换，因此，应提前进行配件储备，特别是排气阀要绝对好用，防止水击爆管。

14.4　寒区净水厂设备维护与调控

1. 检修维护规程

检修人员负责全厂机电设备的保养、维护、维修，以保证正常安全生产。

①严格遵守设备技术手册的要求，做好设备保养工作。

②建立设备保养、维护、维修规程，认真记录设备保养、维护、维修的日期和内容，并签字。

③负责设备的临时检修。

④对于设备维护、维修工作，检修组必须建立一套合理的设备维护、维修档案，并通知技术人员对相应的图纸进行修改与更新。

⑤在进行维护、维修工作时，检修人员必须严格遵守有关安全操作守则。

⑥协助仓库管理员制定设备备件库存量。

2. 漏氯报警仪检测规程

①将 250 g 漂白精加入烧杯中。

②将 300 g 蒸馏水加入装有漂白精的烧杯中。

③用玻璃棒将其搅拌均匀。

④将漂白精溶液放在漏氯报警仪探头处，2 ~ 3 min 后漏氯报警仪显示器将显示气体探测数值。

3. 竖轴搅拌机保养、维修规程

维护、维修工作：

①及时清理装置表面附着的灰尘，特别是去除在电机冷却风扇之间的附着物，以及在风扇防护空气出口处的沉积物。

②如遇停水，应及时检查搅拌桨。

③根据电机轴承的磨损状况进行及时更换。

④经常检查油位并根据实际情况更换润滑油。（油型：美孚齿轮 630）

4. 水平轴搅拌机保养、维修规程

维护、维修工作：

①及时清理装置表面附着的灰尘，特别是去除在电机冷却风扇之间的附着物，以及在风扇防护空气出口处的沉积物。

②如遇停水，应及时检查搅拌桨。

③根据电机轴承的磨损状况进行及时更换。

④经常检查油位并根据实际情况更换润滑油。（油型：美孚齿轮 630）

⑤应经常检查金属连接链条是否有拉伸以及磨损情况，如有磨损情况应及时更换链条。

5. 非金属链条刮泥机保养、维修规程

（1）保养工作

每半年全面检查一次油位、油量，如油烧灼或上蜡，应立即更换，必要时冲洗原件。

(2)维护、维修工作

①在不影响正常生产的情况下,利用刷洗沉淀池之机,对刮泥机所有非金属部分进行:a. 检查松动或失落的附装硬件。b. 过度磨损情况并及时采取措施。

②刮泥机运行方式为不间歇式运行,因此应经常检查电动机声音是否异常,如发现异常,及时采取措施,并及时清理电动机灰尘积聚。

③必要时更换电动机轴承。

④根据实际运行情况更换润滑油。

6. 电动阀、气动阀、电磁阀、气动快开刀闸阀、手动蝶阀、闸阀的保养及维修规程

(1)保养

①定时、定期对电动阀、气动阀、电磁阀、气动快开刀闸阀、手动蝶阀、闸阀进行养护、注油。

②对于长时间处于关闭或开启状态的阀门要适当进行动作,以免阀门出现生锈、开关不严等现象。

③定期检查气动阀、电磁阀、气动快开刀闸阀的管路是否有漏气现象。

(2)维修

①对阀门进行维修时要确定其不在工作状态。

②拆卸阀门时要确定阀门前后管道内无压力。

7. 鼓风机保养、维修规程

(1)保养工作

①每半年对空气过滤器滤芯进行清尘或更换。

②每 2 000 h 更换一次润滑油,油位要准确(间歇式运行)。(油型:美孚齿轮 630)

③经常检查皮带是否有松动现象,如有松动需要立即更换皮带。

(2)维护、维修工作

经常清除设备表面灰尘。

8. 空压机保养、维修规程

(1)保养工作

①每 3 个月更换空压机过滤器滤芯。

②每 1 000 h 更换一次润滑油(间歇式运行,以时间计时器为准)。(油型:壳牌润滑油 F32)

(2)维护、维修工作

①从事任何电器连接和拆卸之前,必须断开主电源。

②空压机工作或内部有压力时不能从事任何保养工作。

③检查润滑油油位。

④利用安放在下面的排气阀来排空其贮气罐(润滑剂的混合物与水均必须流出)。在反流出空气时,关闭其排气阀。

⑤检查螺母、螺钉的紧固程度。特别检查气缸盖上面的螺钉。

⑥对冷却片上的灰尘进行清理。

⑦对单向阀的积炭进行清洗。

⑧根据轴承磨损情况随时更换。

9. 储气罐的保养、检测规程

(1)保养

日巡检应检查储气罐的压力情况,储气罐内的压力低于 0.8 MPa 时,应检查储气罐密封处、连接处是否有露气现象。

(2)维修

进行任何维护保养、维修工作时必须停止设备的运行。在储气罐内有压力的情况下,禁止进行任何维护保养、维修工作。

10. 干燥器保养、维修规程

(1)常维护

①设备自运行起,视实际情况(6~12 个月)应全部更换吸附剂。

②定期清扫,吹洗前置滤芯以及电磁切换阀。

③前置滤芯的寿命为 8 000 h,到时应及时更换。

(2)检查维修

①进行任何维护保养、维修工作时必须停止设备的运行。

②在储气罐内有压力的情况下,禁止进行任何维护保养、维修工作。

11. 轴流风机运行、保养、维修规程

(1)维护保养

①日巡检应检查轴流风机是否有异常响声,检查是否有震动。

②定时、定期擦拭电机、风扇叶片,避免灰尘进入电机。

③定期给轴承注油,并检查底角螺栓是否有松动。

(2)维修

如发现风扇叶片转动滞涩,有异常声响,应及时更换电机轴承或更换风机。

12. 渠装闸板启闭机保养、维修规程

①经常检查闸板阀丝杠是否有弯曲,丝扣是否有损坏。

②每半年要对丝杠进行保养,在丝扣上涂抹润滑脂。

③每半年检查闸板表面是否有渗漏,闸板轨道槽是否有杂物,轨道是否变形,闸板关闭时有无渗漏。

13. 送水泵真空系统保养、维修规程

(1)维护保养

①设备长时间停放时,应定期启动设备,避免设备因长时间不工作而造成生锈,影响设备正常工作。

②开机时首先检查电机和泵体的运转情况是否滞涩,开机后检查电机、泵体是否有异常响动。

③定期检查管路是否有漏气现象。

④每半年换一次润滑油,加油量不宜过多。

(2)维修

①维修时要注意首先要把储水罐内的水放空。

②拆卸电机时,要把旧油放空,维修后要更换新油。

14. 自控自吸泵的保养、维修规程

(1)维护保养

定期检查水泵的运行情况,有无异常响动,有无漏水情况。检查水泵底部过滤网有无堵塞情况。

(2)维修

水泵需要维修时首先要对水泵进行冲洗,如需要更换轴承时,对拆卸下来的零部件进行冲洗。

15. 双泵头隔膜计量泵保养、维修规程

(1)保养工作

每台投药泵累计运行 10 000 h 更换一次润滑油,确保润滑油排出时保证环境卫生。运行方式:交替式运行,时间以计时器为准。(油型:埃索 SPARTANEP 220)

(2)维护、维修工作

①不定期利用压力水冲刷投药管线,确保投药泵正常运行。

冲刷方法是:如冲刷一号投药管,关闭一号投药泵,关闭一号管出药水门,在汇流排处接压力水,打开一号管进水水门(要注意:确保其他投药管的进水阀门处于关闭状态),然后到净水间,打开一号管投药点的水门活结处,然后打开高压水进行冲洗,直到管口处流出清水,关闭压力水,接好阀门,关闭投药间汇流排的一号管进水水门,最后打开一号管的出药阀门。

②在驱动件中检查润滑剂液位,必须从油可视玻璃上看见润滑液。每一次更换润滑剂,确认工作的润滑剂不暴露出来,使环境得到安全保障。打开低的螺丝插头和排放的润滑剂,把螺丝插头拧上并拧下空气过滤器,把润滑剂注入驱动装置内,注入适当润滑剂。每个驱动装置的润滑剂容量为 30 L,驱动件启动温度在 55 ℃,周围温度-20～40 ℃,清理设备表面灰尘,并监听电机声音是否异常。

16. 单泵头隔膜计量泵保养、维修规程

(1)保养工作

每台投药泵累计运行 10 000 h 更换一次润滑油,确保润滑油排出时保证环境卫生。运行方式:交替式运行,时间以计时器为准。(油型:埃索 SPARTANEP 220)

(2)维护、维修工作

①不定期利用压力水冲刷投药管线,确保投药泵正常运行。

冲刷方法是:如冲刷一号投药管,关闭一号投药泵,关闭一号管出药水门,在汇流排处接压力水,打开一号管进水水门(要注意:确保其他投药管的进水阀门处于关闭状态),然后到净水间,打开一号管投药点的水门活结处,然后打开高压水进行冲洗,直到管口处流出清水,关闭压力水,接好阀门,关闭投药间汇流排的一号管进水水门,最后打开一号管的出药阀门。

②在驱动件中检查润滑剂液位,必须从油可视玻璃上看见润滑液。

每一次更换润滑剂,确认工作的润滑剂不暴露出来,使环境得到安全保障。打开低的螺丝插头和排放的润滑剂,把螺丝插头拧上并拧下空气过滤器,把润滑剂注入驱动装置内,注入适当润滑剂。每个驱动装置的润滑剂容量为 30 L,驱动件启动温度在 55 ℃,周围温度-20～40 ℃,清理设备表面的灰尘,并监听电机声音是否异常。

17. 就地控制箱检修维护规程

(1)维护保养

定期对就地控制箱内部进行清扫、除尘。保持控制箱内部的清洁。

经常检查控制箱内部的电子元器件是否有老化、损坏的现象。

(2)维修

需要对控制箱进行维修时,首先要确定控制箱属于停止工作的状态,并且在维修之前要切断主电源,以及控制电源。维修人员必须是经过培训,持有维修电工证的专业技术人员方可对控制箱进行维护保养、维修。

18. 全真空加氯机保养、维修规程

(1)保养工作

每半年检查流量计管、流量计浮子、V 缺口插塞或阀座,如果被污染,应将它们取出清洗。积累在气体接触的零件上的残留物,大部分通常是可以用温水洗掉的。如果需要进一步清洗,则金属、玻璃和陶瓷零件可用溶剂三氯乙烷清洗。塑料和硬橡胶零件只能用温水和洗涤剂清洗,然后再用变性酒精清洗,为了避免损伤,水温不得超过 40 ℃。不得使用甲醇、乙醚、汽油或石油蒸馏液。在零件重新安装之前,要将零件上的溶剂和水分痕迹完全去掉。

(2)维护、维修工作

①氯气渗漏。干燥氯气是无腐蚀性的。但有水分时,氯对大多数金属有极大的腐蚀性。使用浓缩氨水经常检查全部接头是否渗漏氯气,零件上的绿色或淡红色积垢也表示有氯气渗漏。

②水分。当一个接头破裂,哪怕是短时间,所产生的口子必须立即塞住以防止水分进入而避免腐蚀。

③水的渗漏。任何水的渗漏均应立即排除。

④塑料零件。在任何时候装配塑料零件,都要给螺纹加上酮油,以防止这些零件冻结在一起,此种类型的接头中只能用手坚固。对加氯机有任何情况需要维修时,必须确保气源阀门关闭,并且排净管内残存气体后方可进行维修。

19. 液氯蒸发器保养检修规程

每 3 个月检查热水圆筒内的水位是否正确,检查阴极保护系统线路。

每年清洗并检查蒸发器内氯气筒。

下面的说明详细叙述了在取下蒸发器内氯气圆筒的情况下,清洗蒸发器残余物的方法。

利用水作为溶剂并用清洗剂清除杂质之后,再用抹布和来自蒸发器箱内的余热干燥圆筒。洗涤和干燥过程中,供水管路必须靠近蒸发器,方便清洗工作。

在清洗操作时,不断开电加热器而保持蒸发器箱内的水温是很重要的。由于利用了含氯的清洗水,所以可以提供合适的排放条件。在清洗操作时,工作场所应保持通风良好,做好合适的预防措施,如在进行以后的运行时,由于氯气将蒸发器中的残余物中分离出来,应该戴上防毒面具。将喷射器连接到供水管和排水软管上,并将一个吸入软管 DN13 附加到喷射器的吸入口。该软管 DN13 不包括在专用的清洗工具内。接通供水管并用吸出管将圆筒内的所有残余物吸出。用抹布擦净残余物的沉积物,同时,彻底弄干圆筒内表面和蒸发器法兰组件。目测检查压力圆筒的内表面并将插管加到上部法兰上,并检查是否发生严重的腐蚀。应特别注意圆筒的底部,那里可能汇集着大量的腐蚀性沉积物,还要特别注意至圆筒底部以上大约 300 mm 处的内表面。如果安全膜部件已安装于氯管线上,则更换安全膜部件。

在正常情况下,可以发现极板几乎已消耗掉,需要更换。如果极板未被消耗掉,可能是电流不足或是极板电路有故障。建议使用 5 年后对蒸发器内氯气筒进行检查,同时检查热水圆筒和加热器。

20. 电子秤保养、维修规程

(1)维护保养

秤台必须保持灵活自如,不得有异物卡住,经常检查各限位间隙及卸荷间隙是否符合规定。计量重物不应该超过平台秤的最大量程(2T),平台秤应定期检定。

(2)维修

维修人员必须经过专门的培训,掌握了平台秤的基本原理及各部分的故障的判断、排除方法后方可进行维修。显示仪表应有良好的接地线,接地的电阻小于等于4 Ω,接地线应该单独设置。

21. 非金属链条刮泥机保养、维修规程

(1)保养工作

每半年全面检查一次油位、油量,如油烧灼或上蜡,立即更换,必要时冲洗原件。

(2)维护、维修工作

①刮泥机非金属部分要求最少维护,并且是在不影响正常生产的情况下,利用刷洗沉淀池之机,对所有非金属部分进行:a. 检查松动或失落的附装硬件。b. 过度磨损情况并及时采取措施。

②刮泥机运行方式为不间歇式运行,因此应经常检查电动机声音是否异常,如发现异常,及时采取措施,并及时清理电动机灰尘积聚。

③必要时更换电动机轴承。

④根据实际运行情况更换润滑油。(油型:亚米茄690)

22. 无动力滗水器保养、维修规程

(1)维护保养

应定期检查滗水器的各肘关节能转动灵活无阻滞,检查滗水器的连接螺栓有无松动。

(2)维修

维修时要注意各个连接部位的灵活性,要把所有连接螺栓完全紧固。

23. 潜水排污泵保养、维修规程

(1)维护保养

应定期地检查和预防性的保养,确保运行的可靠性,泵应每年进行检查,每3年进行一次大修。新水泵若是更换了密封件,运行一个星期后要进行一次检查。

(2)维修

维修作业前首先用清水彻底冲洗水泵。维修作业时要始终佩戴橡胶手套。将水泵拆卸后,用清水清洗零部件。

24. 智能水泵控制装置保养、维修规程

(1)日常维护

①电机是否有异常声音及震动。

②宝利佳及电机是否发热正常。

③环境温度是否过高。

④负载电流表是否与往常值一样。

⑤宝利佳的冷却风扇是否正常运转。

(2)定期维护

至少每6个月对宝利佳进行一次维护,在定期保养维护时,一定要切断电源,待监视器无显示及主电路电源指示灯熄灭5 min以后,才能进行检查,以免宝利佳的电容器残留的电力,伤及保养人员。

①检查主回路端子、控制回路端子螺丝钉是否有松动,若有松动,用螺丝刀拧紧。

②检查散热片、PCB印刷电路板及功率元件是否有灰尘,若有灰尘,用4~6 kg/cm^2 压力的干燥压缩空气吹掉。

③检查冷却风扇转动是否灵活,是否有异常声音、异常振动,若有上述现象,应更换冷却风扇。

④检查电解电容是否变色、鼓泡、漏液,是否有异味,若有上述现象,应更换电解电容。

在检查中,不可随意拆卸器件或摇动器件,更不可随意拔掉插件接头。

25. 水平无轴螺旋输送器保养、维修规程

按各润滑部位说明规定的时间填充润滑脂,更换润滑脂时应避免灰尘或杂物进入轴承座内,应将旧油脂用煤油或洗油清洗干净后再添加新油脂,运转过程中严格执行操作规程。轴承润滑脂供油量以充满轴承和轴承壳体空间的1/3为宜。润滑脂每6个月需要更换一次,每月加油一次。但不能加太多,如果油脂太多会造成轴承发热。

26. 污泥处理间投药泵保养、维修规程

(1)保养工作

每台投药泵累计运行10 000 h更换一次润滑油,确保润滑油排出时保证环境卫生。运行方式:交替式运行,时间以计时器为准。(油型:埃索SPARTANEP 220)

(2)维护、维修工作

①不定期利用压力水冲刷投药管线,确保投药泵正常运行。

②在驱动件中检查润滑剂液位,必须从油可视玻璃上看见润滑液。每一次更换润滑剂,确认工作的润滑剂不暴露出来,使环境得到安全保障。打开低的螺丝插头和排放的润滑剂,把螺丝插头拧上并拧下空气过滤器,把润滑剂注入驱动装置内,注入适当润滑剂。每个驱动装置的润滑剂容量为30 L,驱动件启动温度在55 ℃,周围温度-20~40 ℃,清理设备表面的灰尘,并监听电机声音是否异常。

27. 离心浓缩脱水一体机保养、维修规程

①检查设备周围是否清洁。

②检查设备是否有震动。

③检查轴承温度是否超过80 ℃。

④检查是否漏油。

⑤检查弹性连接是否变形。

⑥每3个月(2 000 h)要对设备进行一次全面的检查,主要的检查内容有:

a. 螺旋输送器及转鼓磨损情况;

b. 检查刀片(机器上若装有的时候),若有磨损的痕迹则更换定位螺钉;

c. 检查转鼓排查嘴,若磨损大于2 mm,将排查嘴转动90°,方法见更换排嘴的顺序;

d. 检查圆盘上的两部件以观测其水密封性,在其支撑柱开始磨损前必须更换它;

e. 检查排渣箱壳内壁尤其是排查嘴,若磨损大于5 mm时修复或更换更可靠的保护壁。

28. 乙炔气瓶的安全使用规程

①严格遵守一般焊工安全操作规程和有关电石、乙炔发生器、溶解乙炔气瓶、水封安全

器、橡胶软管、氧气瓶的安全使用规则和焊(割)安全操作规程。

②工作前,必须检查所有设备。乙炔瓶、氧气瓶及橡胶软管的接头,阀门及紧固件均应紧固牢靠,不准有松动、破损和漏气现象。氧气瓶及其附件、橡胶软管、工具上不能沾染油脂的泥垢。

③检查设备、附件及管路漏气时,只准用肥皂水试验。试验时,周围不准有明火,不准抽烟。严禁用火试验漏气。

④氧气瓶、乙炔气瓶与明火间的距离应在 10 m 以上。如条件限制也不准小于 5 m,并应采取隔离措施。

⑤禁止用易产生火花的工具去开启氧气或乙炔气阀门。

⑥气瓶设备管道冻结时,严禁用火烤或用工具敲击冻块。氧气阀或管道要用40 ℃的温水溶化,乙炔瓶、回火防止器及管道可用热水或蒸气加热解冻,或用23% ~30% 氯化钠热水溶液解冻,保温。

⑦焊接场地应备有相应的消防器材。露天作业时应防止阳光直射在氧气瓶或乙炔瓶上。

⑧压力容器及压力表、安全阀,应按规定定期送交校验和试验。检查、调整压力器件及安全附件,应取出电石篮,采取措施,消除余气后才能进行。

⑨工作完毕或离开工作现场时要拧上气瓶的安全帽,收拾现场,把气瓶和乙炔发生器放在指定地点。氧气和乙炔不能存放在一起,如不具备条件需要同室存放时,氧气瓶和乙炔瓶应保持5 m 以上的距离。

29. 电焊工操作规程

①电焊工必须具有必要的专业知识、技术培训及经有关部门考核发证后方能上岗操作,严禁无证操作,如有违章,安全员有权停止其工作。

②在焊接工作场地 10 m 内,不准有易燃易爆物品(如油类、漆类、氧气瓶等)。如工作需要进行电焊时,必须采取有效防护措施。

③工作时必须穿戴好专用防护用品,以防触电。

④焊接台案或焊接点及电焊机外壳均应良好接地,接地线不准接到钢绳、拉线及瓦斯、氯气管上。

⑤电焊机的一次线和二次线必须绝缘良好,连接处应连接可靠导线,跨越通道时,应采取防止机械损伤的保护措施。

⑥电源开关必须有保护罩,拉合电源开关时应戴绝缘手套。

⑦焊把必须具有良好的绝缘和耐热性能,以免烧伤手部。

⑧焊件禁止压在电线上,翻移、搬动焊件时要小心轻放。

⑨禁止切焊带电的物件,严禁切焊内部有压力的物件和未经用蒸气清扫处理过的瓦斯、氯气管道。

⑩仰面焊接时,应防止焊渣掉在身上,打渣时应戴防护眼镜。

⑪在潮湿地面焊接时,要铺上干燥木板或穿上绝缘鞋,在通风不良处焊接时,应采取措施排除有毒气体和烟尘。

⑫室外焊接时,雨天必须搭设防雨篷,电源要用木棍支起。如遇狂风暴雨或雷电天气时,必须停止作业,切断电源。

⑬在容器内焊接时必须保证两人以上轮流作业,一人操作、一人在外监护,照明应使用

24 V以下的安全电压。

⑭焊接完工后,电焊把钳应妥善保管,不准随意乱放。电焊机应有专人负责,上面严禁放重物,经常擦拭,保持整洁。

⑮切焊工作与其他工作同时作业时,应通知其他有关人员注意安全。

⑯每次焊接结束后,必须认真检查周围是否有明火存在,及时消除因焊接造成的火灾隐患,确认安全后,方可离开现场。

30. 仪表工安全操作规程

①保证仪表工进行维修时安全用电。

②仪表工在维修仪表时先关掉电源。

③要有维修人员进行监护,有二人以上方可工作。

④拆除自控设备及仪表设备时要有安全挂牌显示,严禁乱拉乱接仪表线及电源线。

⑤仪表被维修后,要按操作顺序,关掉电源后再安装仪表,查证信号线安装准确后,方可送电,送电时有人监护,至仪表正常运行为止。

⑥维修仪表时,要有安全操作记录,如维修过程、时间、更换久用件等,保证仪表安全运行使用。

⑦对加药投氯间的仪表维修,一定要有保护措施,进行抢修时,要穿带防护服,保证安全操作。

31. 维修钳工安全操作规程

①维修设备时,必须首先切断电源,取下保险丝,防止机械转动伤人,重要设备维修前,必须与有关部门协调后方可进行维修。

②使用起重设备要有专人指挥,所有人员要相互配合好,认真执行相关规定,确保安全作业。

③使用砂轮、电锯或铲、凿作业时要戴防护眼镜,防止铁屑飞起伤人。

④从事有毒有害物工作时,必须穿戴好防护服或防毒面具,做好通风。

⑤大部件拆装工作时,必须合理采用工具、绳索等。

⑥使用手持电动工具时,须先认真检查是否漏电,工作时应戴绝缘手套。

⑦有尖锐锋口的工具要有护套,并安放在安全可靠的位置,防止碰撞掉落伤人。

⑧从事高空作业时,要戴安全帽,并有安全员监护。

⑨维修工作结束后,必须清点工具和所用物品,防止遗落在机电设备内,造成设备损坏。

32. 高低压柜保养检修维护规程

①在全部和部分带电的盘上进行工作,应将检修设备与运行设备以明显标志隔开。

②电流互感器和电压互感器的二次绕组应有永久性的、可靠的保护接地。

③在运行的电流互感器二次回路上工作时,应采取下列安全措施:a. 严禁将电流回路断开。b. 为了可靠地将电流互感器二次线圈短路,必须使用短路片和短路线,禁止使用导线缠绕。c. 禁止在电流互感器与短路端子之间的回路和导线上进行任何工作。

④在运行中的电压互感器二次回路上工作时,应采取下列安全措施:a. 严格防止短路或接地。b. 应使用绝缘工具,戴绝缘手套,必要时在工作前停用有关继电保护装置。c. 接临时负载时,必须装有专用的开关和熔断器。d. 二次回路通电试验时,为防止由二次侧向一次反变压,除将二次回路断开外,还应取下一次熔断器。e. 二次回路通电或耐压试验前,应通知值班员和有关人员,并派人看守现场,检查回路,确认无人工作后方可加压。f. 检查断电保

护和二次回路的工作人员,未经值班人员许可,不准进行任何倒闸操作。

33. 就地控制箱保养检修维护规程

(1)维护保养

①定期对就地控制箱内部进行清扫、除尘,保持控制箱内部的清洁。

②经常检查控制箱内部的电子元器件是否有老化、损坏的现象。

(2)维修

①需要对控制箱进行维修时,首先要确定控制箱属于停止工作的状态,并且在维修之前要切断主电源,以及控制电源。

②经过培训、持有维修电工证的专业技术人员方可对控制箱进行维护保养、维修。

第15章 寒区净水厂应急方案

15.1 净水厂可能出现的突发事件分析

15.1.1 消毒剂使用问题

在生产过程中,所储存、使用的危险化学品为液氯,其固有的理化特性、潜在危险、氯化学性质相当活泼,于水生成次氯酸和盐酸,次氯酸再分解为盐酸新生态氧、氯酸。本品不燃,但可助燃。在日光下与易燃气体混合时会发生燃烧爆炸。与许多物质反应引起燃烧和爆炸,主要经呼吸道侵入,损害上呼吸道;空气中氯浓度较高时也侵入深部呼吸道。氯气吸入后,主要作用于气管、支气管、细支气管和肺泡,导致相应的病变,部分氯气又可由呼吸道呼出。人体对氯的嗅阈为0.06 mg/m^3;90 mg/m^3,可致剧咳;120~180 mg/m^3,30~60 min可引起中毒性肺炎和肺水肿;300 mg/m^3时,可造成致命损害;3 000 mg/m^3时,危及生命;高达30 000 mg/m^3时,一般滤过性防毒面具也无保护作用。凡有明显的呼吸系统慢性疾病,明显的心血管系统疾病的患者不宜从事氯气作业。

加氯装置在运行过程中,受约束的物质能量或介质就潜藏着危险、有害性。它们一旦失去约束就会发生事故,造成危害。氯气自身就有毒害性,一旦扩散到空气中,就会引起生物中毒。遇到有机物质、可燃物质或碱性金属会引起火灾,激烈时会发生爆炸。所以,加氯装置的设备、管路、管件阀门、仪表发生泄漏都会造成危害。由于加氯过程中设备主要集中在加氯间,因此加氯间的设备、设施均为潜在的主要危险、有害因素。

液氯是在0.8 MPa的压力下贮存,温度恒定至关重要。南京夏季高温时间长,极端最高温可达43 ℃。液氯钢瓶内部物料蒸发(膨胀),压力增大,会产生内压而爆裂;储存、使用过程中造成氯气大量泄漏,潜藏着爆炸、中毒、窒息、死亡的危险,会殃及厂区设施、人员和周边生产企业、居民。

15.1.2 供电系统及电气设备故障

净水厂供电系统与电气设备的安全运行是保证水厂运行的重要技术条件,特别是在寒冷地区,一旦设备出现可能受到外界环境因素影响造成恶劣的后果,同时重点供电系统或关键电气设备的故障还可能直接影响系统运行和城市供水,造成巨大的经济损失和社会风险,常见的供电系统和电气设备故障包括:

1.互感器故障

互感器故障包括电压互感器故障和电流互感器故障,电压互感器故障常由电压互感器内部发生匝间、层间或相间短路以及一相接地等故障,二次回路故障,电力系统发生铁磁谐振等造成;电流互感器故障是指电压互感器在过负荷、二次开路,以及绝缘损坏而发生放电现象等情况下造成的运行异常状况,也可能由于半导体漆涂刷不匀而造成局部电晕,引起较大响声。

2.电缆故障

由于电力电缆属于另一专业,且电力电缆的故障是相间短路,即使是单相短路但由于放电时间长等原因,很快会发展成两相以上短路。所以应在查明电缆线路掉闸原因并经过处理后才能送电,否则有可能造成更大事故。处理方法是查故障点,然后处理,处理后做试验,合格后方可送电。

3. 三相异步电机故障

①绕组老化,受潮、受热、受侵蚀、异物侵入、外力的冲击都会造成对绕组的伤害,电机过载、欠电压、过电压,缺相运行也能引起绕组故障。绕组故障一般分为绕组接地、短路、开路、接线错误。

②电气拖动体系中常用两个热继电器作过载维护与单项维护,以防止异步电念头单项运行。因为热继电器经常发生三相异步电念头单相及运行的故障,使电念头过热或烧坏。这种故障发生的原因有电念头故障和主电路不正常两方面。

③三相异步电念头定子绕组匝间短路,是指在某相绕组的线圈中线匝之间发生的短路。这种短路是因为线圈中导线表皮绝缘破坏,使相邻的导体互相接触而造成的。

4. 热继电器故障

热继电器的主要故障包括:

①热继电器可调剂部件的固定支钉松动,不在原整定点上。

②热继电器经过短路电流后,双金属元件已发生永久变形。

③热继电器久未查验,尘埃聚积或生锈,或动作机构卡住、磨损、胶木零件变形。

④热继电器可调剂部件破坏。(原因:热继电器外接线螺钉未拧紧或整定电流值偏低仍动作;整定电流值。)

15.1.3　原水水质恶化

根据前面内容可知寒区湖库型水体水质受外源输入影响较大,特别是水文条件和汇水区内变化(诸如山体滑坡、植被枯荣、冻融等)对其影响较大,因此在特定的季节往往出现水质突然变化等问题,具体表现为:

1. 春季融雪水质恶化

春季融雪季节水体逐步结束封冻,在原有封冻期内湖库外源输入几乎为零,而冰层及汇水区域内固化的污染物质总量极易在短时间内进入水体内,造成水质的恶化。此外,由于我国北方地区春季降雨及春汛的存在,使得上游来水水质出现很大的不确定性,检测发现,春季初降雨水 *SS* 甚至可达 200 mg/L,大量污染物的短时间进入对于浊度和色度影响较大。

2. 夏季暴雨水质恶化

由于我国北方寒冷地区受季风影响强烈,每年 6 ~ 9 月常易受到暴雨的影响,其影响主要表现为:

①短时间暴雨使水位增高,库低淤泥稳定性变差,水质恶化。

②上游汇水区山洪暴发,水土流失并大量进入库区,致使浊度、色度等主要指标快速上升,水质恶化。

3. 外源污染型水质恶化

外源污染型水质恶化,其种类多样,且是造成水体恶化的主要原因,外源污染一旦发生对于供水的安全影响巨大,相应特征污染物质在较长的周期内难以彻底消除,甚至有可能使水源地丧失功能,因此,在选择水源保护区时,应尽量降低外源污染风险,已形成的水源地应考虑污染物运输、迁移以及管理的风险,降低污染活动发生概率,此外也要防止上游水体污染而造成水源地破坏。

15.2 寒区净水系统应急处理方案

本节以我国东北地区某典型寒区净水系统为例,对净水系统的若干问题应急处理方案进行分析。

15.2.1　66 kV 和 10 kV 备用电源同时停电应急预案

该厂采用 66 kV 电源和 10 kV 备用电源,当两电源同时停电时,水厂工艺生产难以为继,更为重要的是由于重力供水形式,可能造成输配水区部分管段超压爆管等问题,因此应考虑:

①及时与调度室沟通,加大 A 区、B 区重力流配水量,手动打开泵站低压区泵后液控缓闭阀门,利用水位差向 D 区区管线重力流配水,重力流配水总量大约为 11 000 m^3/h。

②及时调整原水量,减少流量为 5 000 ~ 6 000 m^3/h。此工作由长输管线处完成。

③启动净水厂应急投药系统,通过发电机将混凝剂集中投加至稳压井内,要求净水材料厂利用发电机将药剂送至稳压井临时装置内。

④调整稳压井出水阀,通过稳压井溢流一部分水量及下水管道,确保净水厂不发生水淹事故。

⑤将净水间内滤池全部调至现场手动运行状态,并派人员到现场手动调节出水阀,避免自控系统因断电而采集不到相关信号而影响生产运行。

⑥人工向清水池进水口处投加漂白精,确保余氯量。以上操作,在机构指挥下进行,执行单位为净水厂运行部及检修部车间。

⑦检修和专业技术人员要立即赶到事故现场查明事故原因,如果是厂内事故造成的停电,马上启动备用设备,如果是电业局线路故障将由净水厂变电所负责人协调电业局立即投运备用电源。查明事故原因后变电所将根据指挥机构的指令供电。

15.2.2　稳压配水井进入杂物清淘预案

①一旦稳压配水井进入大量的杂物,势必影响到正常调试供水工作,监察人员要及时通知抢险部门采用一切有效手段对滞留在稳压配水井内的杂物进行清掏。

②如需长输管线停水进行清掏,及时通知指挥部负责人与长输管线和水库进行沟通协调工作。

15.2.3　原水有机物含量突然增高应急预案

由于水源地相对封闭,且距离净水厂距离较远,因此应对水源地加大监控,同时在其有机物含量突然增高时应做到:

①及时与公司相关部门联系启动输水管线预氧化系统。

②调整投药量。

③有机物指标超过国家标准时不能向市区供水,同时与调度室联系,请求减少源水来水量。

④调整杀菌剂的投加量,每 15 min 对沉淀池、滤池出水浊度进行一次检测,水质正常后将系统恢复正常运行状态。

15.2.4　源水 pH 值突然降低应急预案

当水源地 pH 值突然降低时对于净水过程和效果影响较大,因此必须保证:

①及时调整投药量,同时投加碱剂。

②沉淀池出水浊度低于 50NTU 时,将滤池净水阀门开度调小,将超标的滤上水放掉。

③沉淀池出水浊度高于 50NTU 时,将滤池净水阀门关闭,将沉淀池水部分放掉,滤池水全部放掉,同时与调度室联系,请求减少源水来水量。

④调整杀菌剂的投加量,每 15 min 对沉淀池、滤池出水浊度进行一次检测,水质正常后将系统恢复正常运行状态。

15.2.5 水厂投药系统故障应急预案

迅速查找原因,加大检测力度,并根据水质变化情况执行下列紧急处置措施:

①投药管线出漏时,立即启动临时投药系统,逐级上报的同时,迅速抢修泄漏管线。

②投药泵发生故障时,及时倒用备用泵,并对投药泵进行维修。

③发生故障后,净水厂化验室加强水质监测次数。沉淀池出水浊度大于 20NTU 低于 50NTU 时,将滤池净水阀门开度调小,将超标的滤上水放掉。

④沉淀池出水浊度高于 50NTU 时,将滤池净水阀门关闭,将沉淀池水部分放掉,滤池水全部放掉,同时与调度室联系,请求减少源水来水量。

⑤调整杀菌剂的投加量,每 15 min 对沉淀池、滤池出水浊度进行一次检测,水质正常后将系统恢复正常运行状态。

15.2.6 晃电事故应急预案

净水厂突然发生“晃电”事故,当班班长应立刻通知生产运行科科长说明现场情况并联系变电所确认“晃电”原因,生产运行科科长立刻向上级领导进行汇报,同时启动净水厂《晃电事故处理预案》。

中控室人员——留守办公楼控制室接听电话,用对讲机与现场人员进行联系,了解送电情况并进行界面操作,观察液位,做好记录并送主楼电源并及时与领导联系汇报现场情况,同时对现场工作人员传达领导指示。

污泥间人员 ——去污泥处理间送加药间、加氯间以及主楼电源,先送进线柜,再送母联,观察电压、电流是否正常,抽屉柜指示灯在合闸位置的是否亮起,并通知控制室留守人员开启加药系统。(此处工作人员应急时可到 1 期加药间现场确认加药情况,并辅助控制室工作人员恢复加药系统。)

一、二期净水间人员——去净水间将滤池就地控制台与排泥阀由自动转换为手动,并确认滤池进水阀门是否在开启状态,滤池出水调节阀开度是否正常并观察滤池与沉淀池液位,然后去净水间一楼低压配电室送净水间电源,先送进线柜,再送母联,观察电压、电流是否正常,抽屉柜指示灯在合闸位置的是亮起,然后通知控制室留守人员开启加氯增加泵,并在现场开启空压机与干燥器。(空压机开始方法:绿色按钮为启动按钮,待空压机启动后将空压机由就地状态 M 转换为自动状态 A。)空压机开启后开启干燥器,然后回到净水间控制室观察系统操作页面并留守等待下一步通知。

泵站人员——先在综合保护系统上检查高压柜电源报警信息,然后进行复位。然后到变频器室给变频器送电,先点击变频器柜上左边第一个送电按钮,点击完成后看右边第一个故障灯是否亮起,如果亮起点击右侧第一个复位按钮进行复位,同时通知控制室人员启动与此变频柜相对应的变频泵。(变频泵打开(左键点水泵图标出现对话框后,点击左上中文激活,点击启动,初始转速设定 25 Hz),泵后压力达到 100 KPa 时,打开出口阀(点击出口阀图标,出现对话框后,点击打开),出口阀全开后,提高转速调整压力(左键点击水泵图标,出现对话框后,点击右上中文激活,点击输出值上边的上下箭头,调整转速))。

先在综合保护系统上检查高压柜电源报警信息,然后进行复位。如二期定速泵在电脑操作界面上显示故障需到现场切除电源,而后再次送电消除故障报警,并给定速泵排气直到排气管出水后关闭排气阀门,以上工作完成后,通知控制室人员启动定速泵。

待所有系统开启后联系变电所再次确认原因。如一切恢复正常,请示上级领导是否可以恢复净水间自动生产,待领导批准后对净水间所有滤池和排泥阀进行逐一的恢复,将滤池控制台由手动状态转换到自动状态,待滤池恒水位自动运行稳定后再对下一滤池进行操作。待各单体全部恢复后班长需进行逐一确认。

15.2.7　应对破坏性地震紧急处置预案

收到本市辖区及周边地区发生5级以上破坏性地震的临震预报后,启动应对破坏性地震紧急处置预案,主要采取以下措施:

①及时向集团公司及地震部门了解震情监视情况及震情变化。加强设备维护、检查、巡查工作。要求在岗生产职工戴好安全帽,以防意外发生。

②主管技术、安全厂长组织抢险人员对各工艺系统的建(构)筑物、稳压配水井、净水间、送水泵房、加氯间、氯气库、投药间、污泥处理间及变电所、控制室和水质化验室进行安全检查,按工程抗震要求加强设防。

③加强电气设备、氯气消毒设备巡查和必要的防护,保证生产安全。

④对生产作业区的玻璃门窗贴上胶纸,防止发生地震时碎裂玻璃伤人。

⑤严密监视生产区、生活区建筑物安全情况,如发现建筑物大梁柱有裂痕,立即疏散职工,待稳定后再巡查生产设施损坏情况。

⑥抢险组加强上水管路、厂区生产管路、出厂水管路巡查,发现管路爆裂及时抢修。

⑦做好地震应急宣传教育工作,有效平息出现的谣传或误传,保持一线职工思想稳定。

地震后应急完成以下措施:

①总指挥在破坏性地震发生后,第一时间将受灾情况上报集团公司。

②水厂各部门按指挥部的指令,落实各自职责,做好抢险的各项工作。抢险期间要设立抢险专线电话,并派专人24 h值守,领导小组成员通信工具必须24 h处于开机状态。

③抢险组立即对遭到破坏的供水设施进行抢修,做到小修不过夜,大修连夜抢,尽快恢复城市供水,同时开启备用机组和备用电源。水厂办公室、技术室、化验室、变电所、后勤、保卫等部门要密切配合,听从指挥,协助抢险指挥部做好抢险工作。

15.2.8　高空坠落救援应急预案

①现场监护人员应在第一时间内通知技术部、生产运行部及检修部负责人员。

②安全技术部将情况通知生产副厂长,生产运行部及检修部及时赶到现场了解情况,根据现场情况组织救援。

③如果是有害气体造成的井下坠落,应及时通风,并穿戴防毒面具进行井下救援。

④如果是高空作业中坠落,根据伤害程度,进行简单处置后,立即将伤员送到医院救治。

15.2.9　溺水救援应急预案

①监护人员应第一时间将救生圈抛给溺水人,并立即呼救,通知生产运行部、检修部。

②现场负责人及时通知事故救援指挥部并及时赶到现场,了解情况并根据现场情况组

织救援。

③在滤池发生溺水情况时,关闭进水阀门,打开出水阀门,利用绳索等器具进行救助。在反应池发生溺水情况时,关闭进水阀门,关闭搅拌桨,打开沉淀池排泥阀门,并利用绳索等器具将伤者救出后,立即送医院治疗。

15.2.10 化学品中毒的应急预案

①根据净水厂危险源分级评价表确认的有害化学品为碘化泵、铬酸盐、苯酚、苯胺盐以及浓酸浓碱等,对人体可能造成的伤害为:中毒、窒息、化学灼伤、烧伤等。

②当实验室人员受到有害化学品伤害时,应立即进行以下处理:

a. 急救之前,救援人员应了解受伤者是受何种有害化学品的伤害,以便迅速采取对症救援。

b. 作好自身和伤者的个体防护,防止发生继发性损害。

c. 迅速将患者脱离现场至环境安全、空气新鲜处。

d. 呼吸困难时给氧。

e. 皮肤污染时,脱去污染的衣服,用流动清水冲洗,冲洗要及时、彻底、反复多次;头面部灼伤时,要注意眼、耳、鼻、口腔的清洗。

f. 当人员发生烧伤时,应迅速将衣服脱去,用流动清水冲洗降温,用清洁布覆盖创伤面,避免创面污染,不要任意把水疱弄破,患者口渴时,可适量饮水或含盐饮料。

h. 如出现误服有害化学品,可根据有害物性质,对症处理。

i. 向上级领导汇报伤者情况,经现场处理后,迅速就医。

15.2.11 安全防火应急预案

①保卫人员在接到报警后立即组织义务消防队员赶赴现场,将现场人员包括伤员疏散至安全场所,并尽力切断一切火源、电源。

②在现场疏散人员的同时,保卫人员根据火情大小组织灭火或指派专人向“119”报告火情求助。

③保卫人员组织划定危险区域并设置警示围栏。

④义务消防队员利用现场的灭火器及消火栓等灭火工具对现场火情进行有效控制。

⑤组织救护、后援补给:

a. 化验室协同抢救组为伤员提供烧伤药品、包扎用品及氧气袋,并对伤员进行必要的处置,防止伤病加剧,同时拨打急救中心电话;

b. 综合部立即准备现场救援车辆;

c. 抢救组准备抢险救援物资,其中包括应急抢险各种工具、通信器材、药品等。

⑥在采取有效措施后,立即向供水工程公司安全技术部汇报事故情况及所采取的措施。

15.2.12 内部治安应急预案

①保卫人员接到报案后第一时间到达现场并对现场进行隔离、保护,对治安案件嫌疑人进行监控,并维持好现场秩序。

②指派专人将现场情况报告事故救援组织机构,根据情况向上级主管部门报告及公安机关报案。

③对受伤人员应立即采取自救,由救治人员提供必要的药品,并作初步伤情处理,同时综合部派车将受伤人员尽快送往车辆救治,伤情严重者立即与急救中心取得联系。生产部

负责提供必要的救助器材，尽可能快地对受损设备设施进行维修。

④保护好现场当事人，积极配合有关部门提供有价值的线索。

⑤保卫人员协同相关部门及时地做好善后处理工作，尽快恢复调试工作，使损失降到最低。

15.2.13　水处理工艺系统应急预案

①投药系统发生故障，立即切换到备用投药泵继续投加，注意各手动阀门切换状态。

②混合搅拌系统发生故障，观察沉淀池出水浊度和排泥渠流量，调整排泥参数，采用加大排泥时间进行处理。

③滤池系统发生故障，切换至其他滤格，在保证单车间滤池滤速不超过7 m/s的状态下，使用强制过滤，同时观察出水水质，及时进行反冲洗。

④送水泵房系统发生故障，切换至备用水泵机组，清水池水位过高时根据情况采用溢流方式处置。加氯系统出现故障，立即切换至备用加氯机，根据情况加大后续投氯量，保证清水池内余氯量满足要求。

⑤各车间出现供电线路停电问题，各阀门均保持在原位置，采用加大巡查力度方式观察各系列生产指标。各车间出现控制回路断电，且备用电源未启动，导致PLC停止供电时，立即切换所有阀门至手动位置，同时观察阀门状态，保证手动运行，供电恢复后立即切换回自控状。

参考文献

[1] 国家技术监督局. GB/T 14848. 12—1993 地下水质量标准[S]. 北京:中国标准出版社, 1992.

[2] 中华人民共和国卫生部,中国国家标准化管理委员会. GB5749—2006 生活饮用水卫生标准[S]. 北京:中国标准出版社,2005.

[3] Definition of pH Scales, Standard Reference Values, Measurement of pH and Related Terminology, Pure Appl Chem, 57(1985), 531-542.

[4] 倪晓丽. 电解质电导率国家计量基准[J]. 中国计量,1999(01):26-27.

[5] 蔡成翔. 毛细滴管-吸量管数滴微型滴定法现场快速测定水的总硬度[J]. 工业水处理, 2006,126(12),70-73.

[6] 崔晓波. 关于测定水中总硬度的分析[J]. 科技情报开发与经济,2004,14(8):152.

[7] 方加灼, 黄秀美, 林丽卿. 水质细菌检测两种方法的比较[J]. 海峡预防医学杂志, 2002, 8 (3): 60-61.

[8] 赵国俊, 范放. 电阻抗法检测食品中的细菌总数与平板计数法的比较[J]. 食品工业科技, 1998, 14 (2): 63-65.

[9] 许欣,裴晓方,赵亮,等. 微菌落技术快速定量测定矿泉水中细菌总数的初步研究[J]. 预防医学情报杂志,2001, 17 (3): 137-138.

[10] 中华人民共和国卫生部,GB/T 4789. 3—2002 食品微生物学检验 大肠菌群计数[S]. 北京:中国标准出版社,2001.

[11] 中华人民共和国卫生部,中国国家标准化管理委员会. GB/T 5750. 12—2006 生活饮用水标准检验方法[S]. 北京:中国标准出版社,2005.

[12] 遇晓杰,谢平会,焦艳玲,等. 固定底物酶底物法与多管发酵法检测水中耐热大肠杆菌群的比较研究[J]. 中国公共卫生管理,2012,28(2):251-252.

[13] 王秀茹. 预防医学微生物学及检验技术[M]. 北京:人民卫生出版社,2002.

[14] HAll L W, BURTON D T, MARGREY S L, et al. A comparison of the avoidance responses of individual and schooling juvenile Atlantic menhaden, Brevoortia tyrannus subjected to simultaneous chlorine and delta T conditions[J]. J Toxicol. Environ. Health. , 1982,10: 1017-1026.

[15] 王广志. 固定化生物活性炭中优势菌群生物稳定性的控制研究[D]. 哈尔滨,哈尔滨工业大学市政工程系,2008,46-47.

[16] 曾光明,黄瑾辉. 三大饮用水水质标准指标体系及特点比较[J]. 中国给水排水,2003(07):30-32.

[17] 侯红娟,王洪洋,周琪. 进水 COD 浓度及 C/N 值对脱氮效果的影响[J]. 中国给水排水,2003(07):19-23.

[18] 史立娜,王彩芹,胡镇山. 自动磁化电热饮水机桶装纯净水中亚硝酸盐的检测及其意义[J]. 北华大学学报, 2007,8(6):517-519.

[19] 王玉秀. 循环冷却水水质 pH 值与碱度关系的试验研究[J]. 河南电力,2012(01):48-50.

[20] 马涛，赵朝成，刘芳，等,循环冷却水水质对生物粘泥活性的影响研究[J]. 中国给水排水,2011(01):88-91.

[21]许保玖.烧杯搅拌实验的发展[J].中国给水排水,1985(01):33-34.

[22]武道吉.烧杯混凝试验中需探讨的几个问题[J].水处理技术,1998(01):45.

[23] 中华人民共和国国家质量监督检验检疫总局,中国国家标准化管理委员会. GB/T 15892.04—2009 生活饮用水用聚氯化铝[S].北京:中国标准出版社,2009.

[24]严煦世,范瑾初.给水工程[M].4 版.北京:中国建筑工业出版社,1999.

[25]吕宏德.水处理工程技术.北京:中国建筑工业出版社,2005.

[26]林选才,刘慈慰,等.给水排水设计手册[M].2 版.北京:中国建筑工业出版社,2004.

[27]上海市建设和交通委员会,中华人民共和国建设部. GB 50013—2006 室外给水设计规范[S].北京:中国标准出版社,2006.

[28]张悦,张晓健,陈超,等.城市供水系统应急净水技术指导手册[M].北京:中国建筑工业出版社,2009.

[29]吴丰昌,等.天然有机质及其与污染物的相互作用[M].北京:科学出版社,2010.